工业设计（产品结构设计方向）

一体化课程教学指导手册

主　　编　周可爱　伍平平

副 主 编　梁廷波　张競龙　陈泽群　李　爽

参　　编　朱国苹　黄　奕　张　婷　王　华　林枫

编　　辑　林　枫　李　夏　李　晶

校　　对　甘素文　廖婷婷

封面设计　林　枫　李燕东

图书在版编目（CIP）数据

工业设计（产品结构设计方向）一体化课程教学指导手册 / 周可爱，伍平平主编. —成都：西南交通大学出版社，2021.10
ISBN 978-7-5643-8332-9

Ⅰ. ①工… Ⅱ. ①周… ②伍… Ⅲ. ①工业设计 - 课程建设 - 技工学校 - 手册 Ⅳ. ①TB47-62

中国版本图书馆 CIP 数据核字（2021）第 205547 号

Gongye Sheji (Chanpin Jiegou Sheji Fangxiang) Yitihua Kecheng Jiaoxue Zhidao Shouce

工业设计（产品结构设计方向）一体化课程教学指导手册

主编　周可爱　伍平平

责任编辑　黄淑文
封面设计　林　枫　李燕东
出版发行　西南交通大学出版社
（四川省成都市金牛区二环路北一段 111 号
西南交通大学创新大厦 21 楼）
发行部电话　028-87600564　028-87600533
邮政编码　610031
网　　址　http://www.xnjdcbs.com
印　　刷　四川玖艺呈现印刷有限公司
成品尺寸　210 mm × 260 mm
印　　张　23.25
字　　数　511 千
版　　次　2021 年 10 月第 1 版
印　　次　2021 年 10 月第 1 次
书　　号　ISBN 978-7-5643-8332-9
定　　价　192.00 元

广州市工贸技师学院

一体化课程教学指导手册

编写委员会

主　　任　汤伟群

副 主 任　翟恩民　陈海娜

委　　员　周志德　刘炽平　伍尚勤　刘志文

杨素娟　陈志佳　吴多万　周红霞

王正旭　高小秋　朱　漫　甘　路

张扬吉　陈静君　宋　雄　符　强

李　江　寿丽君　陈　波

前言

为贯彻落实习近平总书记在学校思想政治理论课教师座谈会上的重要讲话和中共中央办公厅、国务院办公厅印发的《关于深化新时代学校思想政治理论课改革创新的若干意见》文件精神，挖掘其他课程和教学方式中蕴含的思想政治教育资源，发挥所有课程育人功能，构建全面覆盖、类型丰富、层次递进、相互支撑的课程体系，使各类课程与思政课同向同行，形成协同效应，实现全员全程全方位育人，广州市工贸技师学院在不断深入推进以职业活动为导向、以校企合作为基础、以综合职业能力培养为核心，理论教学与实践教学相融通、学习岗位与工作岗位相对接、职业能力与岗位能力相对接的一体化课程教学改革基础上，构建了一专业一特点的一体化课程与思政教育相互融合的课程与教学体系。

为帮助教师全面系统把握思政融合逻辑、课程内部结构，扎实推进思政融合一体化课程的教学实施，学院以专业为单位组织编写了《一体化课程教学指导手册》共 15 册。系列手册中，各专业系统梳理一体化课程中蕴涵的国家意识、人文素养、技术思想、职业素养、专业文化五个领域的思政教育资源，精心选取思政元素，合理布局融合点，深化教学融合设计，结构化地呈现了专业人才培养目标、课程思政方案、课程标准、教学活动等，从而帮助教师快速把握融合思政元素的一体化课程设计思路、教学目标、教学模式、课堂活动及其评价方式。

同时，《人力资源社会保障部办公厅关于推进技工院校学生创业创新工作的通知》（人社厅发〔2018〕138 号）文件明确指出，要加强技工教育创业创新课程体系建设，将创业创新课程纳入技工院校教学计划，将创业创新意识教育课程与公共课程相结合，将创业创新实践课程与专业课程相结合。系列手册中，各专业在部分工学结合的一体化学习任务基础上，融合了商机发掘、团队组建、市场调查、产品制造、商业模式设计、财务预测、项目路演等创新创业知识与技能，在日常专业教学过程中渗透培养创新意识和创业精神，从而提高学生创新创业能力。

由于思政融合、专创融合的一体化课程设计及其教学实施在技工院校尚属探索阶段，加之编者水平有限，手册尚存不足之处，恳请批评指正。

广州市工贸技师学院

2021 年 5 月

人才培养目标

◆ 培养定位

培养具有良好的政治素养与人文素养，扎实的软件操作技能，具有创新思维与方法，遵循设计标准、保密要求、产品材料环保要求，能适应工业设计、3D 打印、钣金结构设计等行业企业发展需要的新时代中国高素质创新型高技能设计人才。

◆ 就业面向的行业企业类型

专门从事工业设计的企业和内部设有产品设计（研发）部门的生产企业。

◆ 适应的岗位或岗位群

适应助理结构工程师、结构工程师、钣金工程师等岗位工作。

◆ 能胜任的工作任务

胜任零件测绘、技术文件整理与归档、产品建模、产品结构设计、技术文件编制、产品结构改良与创新等工作任务。

◆ 需具备的通用职业能力

具有认真细致的工作态度，良好的沟通能力、团队合作能力以及自主学习能力等通用职业能力。

工业设计（产品结构设计方向）专业思政特点

以创新设计为核心，在产品设计中坚持以人为本，突出产品设计融入中国元素，提升创新设计能力、环保意识、忠诚担当和国家安全意识，振兴我国制造业。

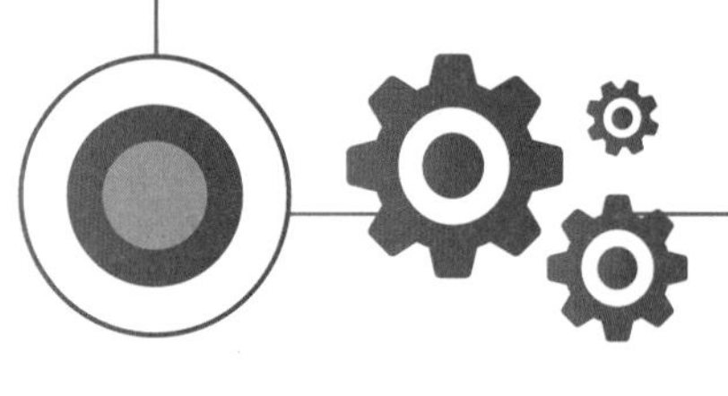

工业设计（产品结构设计方向）课程思政方案

思政领域	融合的思政元素	课程名称	学习任务	思政内容
国家意识	家国情怀（中国制造）	产品手绘	基于几何形态为主的产品手绘	通过对我国知名产品设计案例进行介绍并对本土设计品牌分析提炼设计元素，提高对中国制造和设计的认同感。
	国情观念（传统元素）	塑料成型类产品结构设计	吹塑成型类产品结构设计	结合产品的特点介绍中国元素的设计思路，通过运用中国元素的表现手法，传承中国文化精华，培养国情观念。

思政领域	融合的思政元素	课程名称	学习任务	思政内容
人文素养	审美情趣（造型外观）	塑料成型类产品结构设计	简单注塑成型类产品结构设计	结合卡通熊猫造型的特点设计惟妙惟肖的产品外观，提高审美情趣。

思政领域	融合的思政元素	课程名称	学习任务	思政内容
技术思想	技术运用（人性化设计）	产品手绘	多几何体交叉组合的产品手绘	在确定创意产品的造型、纹样、尺寸、配色、材质等的过程中，将人机工程学结合人文关怀（如考虑残疾人、老年人、儿童等特殊人群的人机易用性）融入产品形态设计中，树立人性化设计理念。

工业设计（产品结构设计方向）课程思政方案

思政领域	融合的思政元素	课程名称	学习任务	思政内容
技术思想	崇尚实践（企业实践）	产品手绘	带曲面形态的产品手绘	通过学习带曲面形态的产品手绘，培养崇尚实践的理念和能力，将构想的设计理念手稿通过企业实践制作出成果。
	崇尚实践（建模过程）	产品建模	轴类零件建模	根据零件的特点，思考出多种方法付诸实践，进行轴类零件三维建模，培养崇尚实践的工作态度。
	技术应用（更新迭代）	机械加工类产品结构设计	铣削加工类产品结构设计	观看大国重器纪录片，了解生产技术和设备的更新迭代；分析机床的结构，并根据虎钳压板的加工工艺选择铣床完成产品加工。理解技术创新对制造的影响，提高技术运用能力。
	批判质疑（设计评审）	钣金成型类产品结构设计	折弯成型钣金类产品结构设计	按照钣金设计手册和行业标准评审设计作品，培养严谨的设计思维和批判质疑精神。

思政领域	融合的思政元素	课程名称	学习任务	思政内容
职业素养	企业精神（企业传统）	技术文件编制	物料清单编制	通过学习企业的物料清单模板，编制和评价物料清单，熟悉企业传统，培养企业精神。
	规则意识（国家制图标准）	产品零件测绘	轴类零件测绘	能按照国家机械制图中的绘图及尺寸标准完成轴零件工程图的绘制及评价，增强技能强国观念。
	忠诚担当（文件保密）	技术文件编制	工程图编制	工程图编制完成后签订保密协议，对工程图技术文件严格保密，树立忠诚担当意识。

思政领域	融合的思政元素	课程名称	学习任务	思政内容
专业文化	工匠精神（精准测量）	产品零件测绘	盘类零件测绘	选用合适的测量工具，精准测量齿轮零件并准确记录数据，培养精益求精的工匠精神。
	创新技能（外观设计）	钣金成型类产品结构设计	冲压成型钣金类产品结构设计	根据蓝牙音箱实物进行外观创新设计，对已有物品进行改良，激发创新设计思维，培养创新能力。
	综合技能（手板制作）	塑料成型类产品结构设计	复杂注塑成型类产品结构设计	遵循以人为本的设计理念，在运用技术采集鼠标油泥模型数据及制作鼠标油泥模型的过程中，体现崇尚实践和精益求精的工匠精神，训练并提高综合技能。

目录

思政融合

专创任务

中级工
生手

高级工
熟手

职业能力成长阶梯

课程 1.《产品零件测绘》

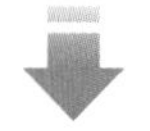

学习任务 1	学习任务 2	学习任务 3
轴类零件测绘	盘类零件测绘	叉架类零件测绘
（36）课时	（48）课时	（24）课时

课程目标

学习完本课程后，学生应当能够胜任产品零件测绘的任务，包括：轴类零件测绘、盘类零件测绘、叉架类零件测绘以及进行整机测绘等，其中整机测绘中包含有箱壳类零件，并严格按照国家制图标准以及 AutoCAD 绘图规范对不同结构的零件进行表达以及尺寸标注，养成在测绘过程中严谨、细致的职业素养。具体目标为：

1. 通过阅读任务书，明确任务完成时间、资料提交要求，通过查阅资料明确各类零件几何特征、零件图样以及装配图样的含义，通过查阅技术资料或咨询教师进一步明确任务要求中的专业技术指标，最终在任务书中签字确认。

2. 能够分解测绘各类零件的工作内容以及工作步骤，并能制订出测绘各类零件以及整机的工作计划表。

3. 能够正确识别工具箱中各种类型的工具，明确各工具的使用场合，并能汇总工具箱中所有工具的名称、功能、使用场合以及注意事项等。

4. 能够通过阅读产品说明书、观察产品结构等方式讲述产品的功能原理，并能制订出产品的拆解方案。

5. 能够根据产品的结构特征分模块进行拆解，并能绘制出零件结构示意图，分析零件的用途、结构特点等。

6. 能够正确使用各种测量工具，能针对不同的零件结构特征选择合适的测量工具进行测量并准确读数。

7. 能够根据不同结构特征的零件选择合适的视图表达方案，并能进行徒手绘图以及根据国家制图标准进行尺规绘图。

8. 能够通过查阅资料对各类零件进行尺寸分析，能准确全面地标注尺寸。

9. 能够熟练使用 AutoCAD 软件的各项命令，并能利用 AutoCAD 软件对各类零件以及整机进行零件图绘制和装配图绘制。

10. 展示汇报各类零件测绘的成果，能够根据评价标准进行自检，并能审核他人成果以及提出修改意见。

课时：168

学习任务 4

整机测绘

（60）课时

课程内容

本课程的主要学习内容包括：

一、轴类零件测绘

1. 确定零件测绘、几何特征、零件图样、轴类零件的含义；
2. 测绘轴类零件的工作流程；
3. 产品拆解方法；
4. 轴类零件的用途、分类、结构特点等；
5. 正确使用游标卡尺、千分尺、半径规、粗糙度比较样块等测量工具；
6. 徒手绘图的技巧；
7. 尺规绘制轴类零件表达方案；
8. 轴类零件尺寸分析；
9. 查阅机械设计手册的方法；
10. 分析轴上键槽尺寸、轴的工艺结构尺寸；
11. 根据国家制图标准利用尺规绘制轴类零件图；
12.AutoCAD 计算机绘制轴类零件图；
13.8S 管理相关知识。

二、盘类零件测绘

1. 盘类零件的结构特点；
2. 齿轮、传动比、轮系的含义及齿轮的主要参数；
3. 绘制平面连杆机构的结构示意图；
4. 齿轮、蜗轮蜗杆、轮系的分类和凸轮传动原理；
5. 齿轮传动原理示意图；
6. 齿轮各部分名称定义及代号；
7. 测量齿轮数据，计算齿轮主要参数；
8. 尺规绘制齿轮零件；
9. 盘类零件尺寸分析；
10.AutoCAD 计算机绘制齿轮零件图。

三、叉架类零件测绘

1. 叉架类零件的结构特点、作用，常见的叉架零件产品；
2. 测绘叉架类零件的工作流程；
3. 变速机构、制动系统、链传动、带传动；
4. 计算链轮的齿数、链传动的传动比，分析变速原理；
5. 对叉架类零件进行视图表达；
6. 尺规绘制叉架零件图；
7. 叉架类零件尺寸分析；
8. AutoCAD 计算机绘制叉架零件图。

四、整机测绘

1. 箱壳零件的结构特点、作用及装配图的含义
2. 整机测绘的工作流程；
3. 螺纹规的正确使用；
4. 螺旋传动原理；
5. 标准件选型；
6. 装配结构示意图；
7. 螺纹连接方式；
8. 装配工程图；
9. 装配图的尺寸标注；
10.AutoCAD 计算机绘制整机各零件图以及装配图；
11. 文件格式转换并打印装配图。

学习任务 1：轴类零件测绘

任务描述

学习任务课时：**36** 课时

任务情境：

某家用电器生产厂要开发设计新型和面机，设计人员首先要对市场中畅销的和面机结构、外观、性能、成本等做对比分析，为后续设计开发提供可参照数据。其中对和面机动力传动轴系零件的测绘是一项关键工作，该项工作的失误将导致开发工作的不必要返工，甚至影响新产品在市场中的竞争力。该类轴的测绘技术相对简单，几何特征测量及零件图样绘制工作有严格的规范标准，需要专注、细心，并须通过授权人员审核方可通过。我院产业系与该产业群有密切的合作关系，该企业的技术人员咨询我们在校生能否帮助他们完成该项简单、量大但重要的工作。教师团队认为大家在老师指导下，通过学习国家制图标准以及测绘工具等相关内容，应用学院现有量具及绘图工具完全可以胜任。企业给我们提供了和面机样品，希望我们在样品到货三周内完成所有样品中传动轴系零件的测绘，绘制的图纸符合国家标准规范，由专业教师审核签字，提交企业打印版及电子版图纸。优秀作品展示在学业成果展中，并由企业给作品优秀的学生提供现场参观的机会。

具体要求见下页。

产品零件测绘

工作流程和标准

工作环节 1

接受测绘任务，明确任务要求

1. 阅读任务书，明确任务要求。通过阅读任务书，明确任务完成时间、资料提交要求，内容包括轴类零件的测绘、提交打印版及电子版的零件图纸；用荧光笔在任务书中画出关键词，如轴类零件的测绘、几何特征测量、零件图样绘制等；查阅资料明确轴类零件、零件测绘几何特征以及零件图样的含义，为什么要进行零件测绘；口述零件测绘、几何特征以及零件图样的含义并进行举例说明，完成工作页中引导问题的回答，明确工程中的图纸是工程界交流语言。
2. 对任务要求中不明确或不懂的专业技术指标，通过查阅技术资料或咨询教师进一步明确，最终在任务书中签字确认，明确责任意识。

工作成果：
签字后的任务书

学习成果：
工作页

知识点、技能点：
零件测绘及其几何特征、零件图样的含义、轴类零件的含义。

职业素养：
阅读能力，培养于阅读任务书的过程中；获取信息的能力，培养于查阅技术资料的过程中；分析问题以及表达和倾听的能力，培养于提出任务书中不明之处并咨询专家的过程中。

工作环节 2

制订工作计划表

分解测绘轴类零件的工作内容及工作步骤，工作环节内容可分为：了解产品功能及整体结构、拆解样品提取轴类零件、轴类零件几何特征测量记录与草图手绘、零件图手工绘制、零件图 AutoCAD 计算机绘制等。明确小组内人员分工及职责。估算阶段性工作时间及具体日期安排。制订工作计划文本，工作计划内容包括工作环节内容、人员分工、工作要求、时间安排等要素。展示汇报工作计划表，针对教师及他人的合理意见进行修订，最后获得审定定稿。

学习成果：
工作计划表

知识点、技能点：
测绘轴类零件的工作流程

职业素养：
规划能力，培养于确定工作计划中的时间安排的过程中；协调能力，培养于进行人员分工安排的过程中；考虑周到的能力，培养于制订全面工作计划的过程中；汇报能力，培养于汇报工作计划的过程中。

工作环节 3 见第 7 页

工作环节 4

成果审核验收

学生审核其他 2 名同学的电子版零件图及打印出来的 AutoCAD 图纸。检查轴类零件的结构特点是否表达完整、尺寸标注与实物实际尺寸的一致性，列表记录错误处，并在原图上做彩色标注，被审核图纸经作者修改后由审核者确认并签字。经 2 名同学审核签字的图纸，提交教师最终审定，后附勘误表及勘误原图。图纸经教师审定签字后，纸质版包装，电子版加密，提交给客户（企业技术人员）做成果验收。

学习成果：

检查核对后的零件工程图 DWG 格式、PDF 格式、打印出来的图纸。

知识点、技能点：

检查图纸的方法技巧、修改 AutoCAD 图纸的技巧。

职业素养：

严谨细致、遵循工程图标准和规范的能力，培养于修订零件工程图纸的过程中。

工作流程和标准

工作环节 3

测绘轴类零件

3

1. 准备工作现场。领取和面机样品、工具箱以及测绘工具（图板、游标卡尺、圆角规等），布置工作现场。正确识别工具箱中各种类型的工具，明确各工具的使用场合，各小组在大白纸上汇总工具箱中所有工具的名称、功能、使用场合以及注意事项等。

2. 制订拆解方案。明确拆解方案的重要性，阅读产品说明书，了解产品的功能原理，观察产品结构，并通过拍照方式记录产品完整的外形结构。讲述产品的功能原理，对产品的使用方法进行演示，并对记录的照片进行展示说明。根据产品说明书，制订各自的零件清单，制订拆解方案。拆解方案内容包括拆解步骤、拆解工具、人员分工等信息。拆解方案需通过教师审定后方可实施。

3. 拆解样品，提取轴类零件。根据和面机的结构特征分模块进行拆解，重点了解和面机变速箱的传动原理与各零件之间的装配关系，并手工绘制出变速箱结构说明示意图。每一个拆解步骤都需要拍照记录，规范摆放零件，最终提取出变速箱轴类零件。查阅机械零件相关技术资料，列表汇总轴的分类、用途以及结构特点。手工绘制出轴的结构示意图，并在示意图上标明轴颈、轴头、轴身、轴肩等要素。

4. 正确使用测量工具。学习有关游标卡尺、千分尺、半径规、粗糙度比较样块等测量工具的种类、名称、规格、用途、选用原则及读数规则等知识，读数要准确。制作一份常用量具技术信息表，后附游标卡尺、千分尺的读数案例。

5. 选择轴类零件视图。在坐标纸上徒手绘制出轴类零件的几何特征，根据轴类零件的视图选择原则选择合适的视图方向作为主视图，针对轴上的局部结构，采用局部剖视图、移出断面图、局部放大图进行表达。检查现有的视图表达是否符合国家标准规范，是否完整清晰表达轴类零件的结构。展示汇报各组的零件视图，总结归纳类似轴类零件的视图表达技巧并进行汇报。

6. 记录轴类零件尺寸。利用测量工具（直尺、游标卡尺等）测量零件的所有几何体的特征尺寸，有配合要求部分的尺寸选用游标卡尺测量。在手绘图纸的基础上进行尺寸记录，明确轴类零件的尺寸基准（设计基准、工艺基准）的含义、尺寸标注的原则；查阅机械设计手册，分析轴上键槽与轴的工艺结构（倒角、圆角、退刀槽及越程槽、中心孔），分析各加工面的表面粗糙度并进行正确标注，分析尺寸公差、形位公差并进行正确标注，分析技术要求。检查现有的尺寸标注是否完整。

7. 尺规绘制零件图。根据徒手绘制的零件草图，应用绘图工具手工绘制一份 A4 零件图，图纸需符合国家制图标准，明确零件图的基本要素（标题栏、视图、尺寸标注、技术要求），根据轴类零件图形的大小确定绘图比例，规划视图布局，使用尺规绘图先打底稿，绘制尺寸线和箭头，填写尺寸数字，根据零件结构表面使用粗糙度比较样块确定各表面的粗糙度符号、尺寸公差、几何公差和技术要求等项目，并将零件的名称、比例、材料、质量等内容填写到标题栏，检查核对图纸信息是否完整正确，整理图纸卷面，加深轮廓线。学生审核其他 2 名同学的手绘零件图，检查轴类零件的结构特点是否表达完整、尺寸标注与实物实际尺寸是否一致，列表记录错误处，并在原图上做彩色标注，被审核图纸经作者修改后由审核者确认并签字。

8. AutoCAD 计算机绘制零件图。AutoCAD 软件的功能介绍；根据手工绘制的零件图纸应用 AutoCAD 绘图软件进行计算机绘图，按照国家标准线型规定设置图层，按照国家标准中的文字、尺寸等规定设置文字样式与标注样式，根据 A4 图纸尺寸绘制 A4 图框、标题栏，创建 AutoCAD 零件图纸模板文件；应用绘图、编辑、尺寸标注等工具栏绘制出轴类零件的工程图，保存为 DWG 格式，并转换成 PDF 格式，打印成 A4 图纸。

学习任务 1：轴类零件测绘

工作成果：

1. 布置后的工作现场；工具汇总表；
2. AutoCAD 零件图纸模板文件，零件工程图 DWG 格式、PDF 格式、打印出来的图纸。

学习成果：

1. 记录的照片、零件清单、拆解方案；
2. 变速箱结构说明示意图、轴的分类列表、轴的结构示意图；
3. 常用量具技术信息表；
4. 轴类零件的视图表达手绘图纸、汇报轴类零件的表达技巧；
5. 标注尺寸的轴类零件的手绘图纸；
6. 手工绘制的零件图。

知识点、技能点：

1. 各工具的名称、功能、使用场合以及注意事项；
2. 全面记录产品结构的方法、拆解方法及技巧；
3. 变速箱的工作原理，变速箱结构示意图，轴的用途、分类、结构特点；
4. 游标卡尺、千分尺、尺规、粗糙度比较样块等测量工具的功能以及使用场合；
5. 徒手绘图的技巧、轴类零件的视图表达（主视图、其他视图的选择、局部剖视图、移出断面图、局部放大图的表达）、轴类零件的视图表达技巧；
6. 轴类零件的尺寸分析、尺寸基准（设计基准、工艺基准）的含义、尺寸标注的原则，轴上键槽与轴的工艺结构（倒角、圆角、退刀槽及越程槽、中心孔），机械设计手册的查表方法，表面粗糙度的判定及标注，尺寸公差、形位公差的选择并标注，技术要求的分析；
7. 零件图的基本要素、绘图工具的正确使用、尺规绘图的技巧；
8. AutoCAD 零件图纸模板文件的创建方法，AutoCAD 绘图工具栏（矩形、直线、圆、图案填充等）、编辑工具栏（移动、修剪、复制等）、标注工具栏、图层的使用，PDF 格式转换打印。

职业素养：

1. 查阅资料的能力，培养于搜集各工具的信息资料的过程中；
2. 语言表达能力、展示汇报能力，培养于讲述原理以及展示结构的过程中；
3. 8S 管理意识，培养于提取轴类零件的过程中；认真细致的工作态度，培养于每一个拆解步骤都拍照记录的过程中；
4. 严谨细致的工作态度，培养于测量工具的正确读数过程中；
5. 选择合适方法的能力，培养于针对轴类零件的结构特点选择合适的视图表达的过程中；
6. 认真细致、考虑周到的能力，培养于全面标注尺寸的过程中；
7. 强化国家标准意识，所绘图形的线型、尺寸等要符合国家标准规定；
8. 遵循工程图标准和规范的能力，培养于用 AutoCAD 软件绘制零件工程图的过程中。

思政元素：

1. 使用测量工具测量尺寸和读数时，要做到注重细节、一丝不苟、精益求精；
2. 能严格按照国家机械制图标准绘图，强化国家标准规则意识；
3. 强化国家标准意识，所绘图形的线型、尺寸等要符合国家标准规定。

学习内容

知识点	1.1 零件测绘以及几何特征； 1.2 零件图样的含义； 1.3 轴类零件的含义。	2.1 测绘轴类零件的工作流程。	3.1 各工具的名称、功能、使用场合以及注意事项。	4.1 拆解方法及技巧。	5.1 变速箱的工作原理； 5.2 变速箱的结构示意图； 5.3 轴的用途、分类、结构特点。	6.1 游标卡尺、千分尺、尺规、粗糙度比较样块等测量工具的功能以及使用场合。
技能点	1.1 从任务书中提取关键词； 1.2 能查阅资料明确关键词含义。	2.1 完善轴类零件的工作流程中缺少的要素。	3.1 汇总出各工具的名称、功能、使用场合以及注意事项。	4.1 全面记录产品零件清单及拆解顺序。	5.1 汇总轴的分类、用途以及结构特点； 5.2 手工绘制出轴的结构示意图，并在示意图上标明轴颈、轴头、轴身、轴肩等要素。	6.1 能正确使用各测量工具。
工作环节	工作环节 1 接受测绘任务，明确任务要求	制订工作计划表 工作环节 2	1. 准备工作现场	2. 制订拆解方案	3. 拆解样品提取轴类零件	4. 正确使用测量工具
成果	1.1 工作成果：签字后的任务书； 1.2 学习成果：工作页。	2.1 工作成果：工作计划表。	工作成果：置后的工作现场； 学习成果：工具汇总表。	学习成果：记录的照片、零件清单、拆解方案。	学习成果：变速箱结构说明示意图、轴的分类列表、轴的结构示意图。	学习成果：常用量具技术信息表。
素养	1.1 阅读能力，培养于阅读任务书的过程中；获取信息的能力，培养于查阅技术资料的过程中；分析问题及表达、倾听的能力，培养于提出任务书中不明之处并咨询专家的过程中。	2.1 规划能力，培养于工作计划中的时间安排过程中；协调能力，培养于对人员分工安排、考虑周到的能力，培养于制订出全面的工作计划的过程中；汇报能力的培养于汇报工作计划过程中；学术争辩的能力。	3.1 查阅资料的能力，培养于搜集各工具的信息资料的过程中。	4.1语言表达能力、展示汇报能力，培养于讲述原理以及展示结构的过程中；全面考虑问题的能力，培养于制订拆解方案的过程中。	5.1 8S 管理意识，培养于提取轴类零件的过程中；认真细致的工作态度，培养于每一个拆解步骤都拍照记录的过程中。	6.1 严谨细致的工作态度，培养于测量工具的正确读数过程中； 6.2 使用测量工具测量尺寸读数要注重细节、一丝不苟，做到精益求精。

学习任务 1：轴类零件测绘

7.1 徒手绘图的技巧； 7.2 轴类零件的视图表达（主视图、其他视图的选择、局部剖视图、移出断面图、局部放大图的表达。	8.1 轴类零件的尺寸分析、尺寸基准（设计基准、工艺基准）的含义、尺寸标注的原则； 8.2 轴上键槽与轴的工艺结构（倒角、圆角、退刀槽及越程槽、中心孔）； 8.3 机械设计手册的查表方法； 8.4 表面粗糙度的判定及标注，尺寸公差、形位公差的选择并标注，技术要求的分析。	9.1 零件图的基本要素； 9.2 绘图工具的正确使用； 9.3 尺规绘图的技巧。	10.1 AutoCAD 零件图纸模板文件的创建方法； 10.2 AutoCAD 绘图工具栏（矩形、直线、圆、图案填充等）、编辑工具栏（移动、修剪、复制等）、标注工具栏、图层的使用； 10.3 PDF 格式转换打印。	11.1 检查轴零件图纸的方法技巧。	12.1 PPT 制作方法； 12.2 汇报展示技巧； 12.3 评价的重要性。
7.1 能绘制出轴零件的视图。	8.1 能正确标注轴零件的基本尺寸； 8.2 能正确标注轴零件的技术要求。	9.1 按照国家标准规范绘制轴零件图。	10.1 能用 Auto CAD 软件创建零件图模板文件； 10.2 用 AutoCAD 软件绘制完整的轴零件图； 10.3 能将 AutoCAD 图形文件转换成其他的文件类型。	11.1 能对图纸进行修改。	12.1 能制作 PPT 总结任务过程并进行汇报； 12.2 进行客观评价。

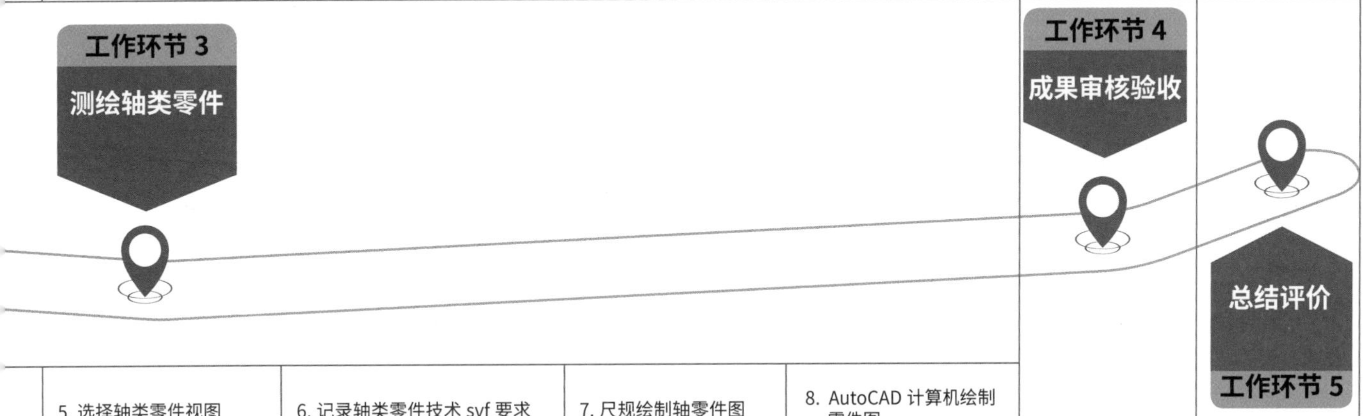

工作环节 3

测绘轴类零件

工作环节 4

成果审核验收

总结评价

工作环节 5

5. 选择轴类零件视图	6. 记录轴类零件技术 svf 要求	7. 尺规绘制轴零件图	8. AutoCAD 计算机绘制零件图		
轴类零件的视图表达手绘图纸。	标注尺寸的轴类零件的手绘图纸。	学习成果：手工绘制的零件图。	工作成果：AutoCAD 零件图纸模板文件，零件工程图 DWG 格式、PDF 格式、打印出来的图纸。	学习成果：检查核对后的零件工程图 DWG 格式、PDF 格式、打印出来的图纸。	学习成果：PPT 报告、评价反馈表。
7.1 选择合适的方法的能力，培养于针对轴类零件的结构特点选择合适的视图表达的过程中； 7.2 能严格遵守国家机械制图标准绘图，强化国家标准规则意识。	8.1 认真细致、考虑周到的能力，培养于全面标注尺寸的过程中。	9.1 严格律己的能力，培养于手工绘制零件工程图的过程中； 9.1 强化国家标准意识，所绘图形的线型、尺寸等要符合国家标准规定。	10.1 遵循工程图标准和规范的能力，培养于 AutoCAD 绘制零件工程图的过程中。	11.1 严谨细致、遵循工程图标准和规范的能力，培养于修订零件工程图纸的过程中。	12.1 总结汇报能力，培养于制作 PPT 总结报告的过程中；客观评价的能力，培养于评价过程中。

教学活动

课程 1.《产品零件测绘》

学习任务 1：轴类零件测绘

1 接受测绘任务，明确任务要求 → 2 制订工作计划表 → 3 测绘轴类零件 → 4 成果审核验收 → 5 总结评价

接受测绘任务，明确任务要求

工作子步骤	教师活动	学生活动	评价
阅读任务书，明确任务要求	1. 通过 PPT 展示任务书，引导学生阅读工作页中的任务书，让学生明确任务完成时间、资料提交要求。 2. 列举查阅资料的方式，指导学生查阅资料明确轴系零件、零件测绘、几何特征以及零件图样的含义，让学生明确工程中的图纸是工程界交流语言，引入世赛选手绘制的零件图纸，明确零件图要遵循国家机械制图标准。 3. 教师组织学生填写工作页。 4. 组织学生在任务书中签字。	1. 独立阅读工作页中的任务书，明确任务完成时间、资料提交要求，内容包括轴系零件的测绘、提交打印版及电子版的零件图纸。每个学生用荧光笔在任务书中画出关键词，如轴系零件的测绘、几何特征测量、零件图样绘制等。 2. 以小组合作的方式查阅资料，明确轴系零件、零件测绘几何特征以及零件图样的含义；各小组派代表口述零件测绘、几何特征以及零件图样的含义并举例说明。 3. 小组各成员完成工作页中引导问题的回答。 4. 对任务要求中不明确或不懂的专业技术指标，通过查阅技术资料或咨询教师进一步弄明确，最终在任务书中签字确认，明确责任意识。	1. 找关键词的全面性与速率。 2. 零件图的含义是否与国家标准的内容一致。 3. 工作页中引导问题回答是否完整、正确。 4. 任务书是否有签字。

课时： 1 课时

1. 硬资源：和面机等。
2. 软资源：工作页、参考资料《机械制图》、《互换性技术与测量》、数字化资源等。
3. 教学设施：投影仪、一体机、白板、荧光笔等。

制订工作计划表

工作子步骤	教师活动	学生活动	评价
制订工作计划表	1. 通过 PPT 展示工作计划的模板，包括工作步骤、工作要求、人员分工、时间安排等要素，分解测绘轴类零件的工作步骤。 2. 指导学生填写各个工作步骤的工作要求、小组人员分工、阶段性工作时间估算。 3. 组织各小组进行展示汇报，对各小组的工作计划表提出修改意见并指导学生填写工作页中的工作计划表。	1. 根据给定的工作计划模板，以小组为单位在海报纸上填写工作步骤，包括了解产品功能及整体结构、拆解样品提取轴类零件、轴类零件几何特征测量记录与草图手绘、零件图手工绘制、零件图 AutoCAD 计算机绘制等。 2. 各小组团队合作填写每个工作步骤的工作要求；明确小组内人员分工及职责；估算阶段性工作时间及具体日期安排。 3. 各小组展示汇报工作计划表，针对教师及他人的合理意见进行修订后并填写在工作页中。	1. 工作步骤完整。 2. 工作要求合理细致、分工明确、时间安排合理。 3. 工作计划表文本清晰、表达流畅、工作页填写完整。

课时： 1 课时

1. 硬资源：和面机等。
2. 软资源：工作页、数字化资源等。
3. 教学设施：投影仪、一体机、白板、白板笔、海报纸等。

1 接受测绘任务，明确任务要求 → 2 制订工作计划表 → 3 测绘轴类零件 → 4 成果审核验收 → 5 总结评价

工作子步骤	教师活动	学生活动	评价
1. 准备工作现场	1. 组织学生分四个小组，以小组为单位领取和面机样品、工具箱以及测绘工具等，指导布置工作现场。 2. 通过 PPT 展示各工具的功能以及使用注意事项，教师组织学生填写工作页。	1. 以小组为单位领取和面机样品、工具箱以及测绘工具（图板、游标卡尺、圆角规等），布置工作现场。 2. 正确识别工具箱中各种类型的工具，明确各工具的使用场合，各小组在大白纸上汇总工具箱中所有工具的名称、功能、使用场合以及注意事项等，将需要用到的工具列举在工作页中。	1. 使用方便的就近原则摆放工具；按工具类型摆放整齐，符合 8S 管理的标准。 2. 工作页填写完整。
课时： 1 课时 1. 硬资源：和面机样品、工具箱以及测绘工具等。 2. 软资源：工作页、有关工具的 PPT 等。 3. 教学设施：投影仪、白板、海报纸、工作台等。			
2. 制订拆解方案。	1. 以视频的方式展示和面机的结构原理示意图，讲解产品主要结构，组织学生阅读产品说明书，并组织学生演示产品的使用方法。 2. 组织学生拍照记录产品的外形结构并在计算机上展示。 3. 组织学生以小组合作方式制订拆解方案并评价各小组的拆解方案。组织学生将拆解方案记录在工作页中。	1. 明确拆解方案的重要性，以小组为单位阅读产品说明书，了解产品的功能原理，讲述产品的功能原理，对产品的使用方法进行演示。 2. 以小组为单位观察产品结构，通过拍照方式记录产品完整的外形结构，并将记录的照片以电子文档的形式在计算机中进行展示说明。 3. 以小组为单位制订拆解方案。拆解方案内容包括拆解步骤、零件名称、零件数量、零件材料、拆解工具等信息。拆解方案以海报纸形式展示并需通过教师审定后方可实施。将拆解方案记录在工作页中。	1. 讲述的功能原理是否正确。 2. 记录产品的结构是否完整。 3. 拆解方案是否合理。
课时： 1 课时 1. 硬资源：和面机样品、手机等。 2. 软资源：工作页、有关和面机的结构原理视频的数字化资源等。 3. 教学设施：投影仪、白板、海报纸等。			
3. 拆解样品，提取轴类零件。	1. 示范拆解其中一个模块，组织学生拆解和面机。 2. 用零件清单引导学生进行分模块拆解并按照 8s 要求进行现场管理。 3. 通过 PPT 展示轴的结构示意图，巡回指导学生完成轴的结构示意图。 4. 通过 PPT 引导学生查阅网络资料，完成工作页的填写。	1. 以小组为单位，根据和面机的结构特征分模块进行拆解，重点了解和面机变速箱的传动原理与各零件之间的装配关系。 2. 以小组为单位拍照记录每一个拆解步骤，分模块规范摆放零件，最终提取出变速箱轴类零件。 3. 在工作页中手工绘制轴的结构示意图，并在示意图上标明轴颈、轴头、轴身、轴肩等要素。 4. 以小组为单位通过查阅网络资料，简述汇总轴的分类、用途以及结构特点并填写在工作页中。	1. 模块划分是否合理。 2. 是否按照 8s 要求进行现场管理。 3. 轴的示意图是否清晰、准确。 4. 工作页填写是否完整。
课时： 3 课时 1. 硬资源：和面机样品、手机、拆解工具套装等。 2. 软资源：工作页、有关轴的分类的数字化资源等。 3. 教学设施：投影仪、白板、零件清单等。			

教学活动

课程 1.《产品零件测绘》

学习任务 1：轴类零件测绘

1 接受测绘任务，明确任务要求 → 2 制订工作计划表 → 3 测绘轴类零件 → 4 成果审核验收 → 5 总结评价

测绘轴类零件

工作子步骤	教师活动	学生活动	评价
4. 正确使用测量工具	1. 通过多媒体资源引导学生学习游标卡尺的种类、结构、使用方法、读数原理。 2. 通过多媒体资源引导学生学习千分尺的种类、结构、使用方法、读数原理。 3. 示范尺规、粗糙度比较样块对实物零件的测量。 4. 组织学生以小组为单位在计算机上制作一份常用量具技术信息表。 5. 通过随机抽号的方式抽取学生代表展示常用量具技术信息表。	1. 明确各测量工具的相同点与不同点，学习游标卡尺的种类、结构、使用方法、读数原理，读数要准确，并完成工作页中的引导问题。 2. 学习千分尺的种类、结构、使用方法、读数原理，读数准确，并完成工作页中的引导问题。 3. 在教师的引导下独立学习尺规、粗糙度比较样块的使用方法，并完成工作页中的引导问题。 4. 以小组为单位制作一份常用量具技术信息表，包括各量具的名称、种类、使用场合等要素，并填写在工作页表格中。 5. 各小组同学准备展示常用量具技术信息表（随机抽号）。	1. 游标卡尺使用方法是否规范、读数是否精确。 2. 千分尺使用方法是否规范、读数是否精确。 3. 尺规、粗糙度比较样块使用方法是否规范、读数是否正确。 4. 量具技术信息表信息是否齐全、内容是否详细。 5. 表达是否清晰流畅。
课时： 3 课时 1. 硬资源：和面机样品、游标卡尺、千分尺、半径规、粗糙度比较样块等。 2. 软资源：工作页、游标卡尺和螺旋测微器课件等。 3. 教学设施：计算机、投影仪、白板等。			
5. 选择轴类零件视图。	1. 示范在坐标纸上徒手绘图的方法及技巧，通过 PPT 引导学生分析轴类零件的结构特点，讲解国家标准中确定主视图的原则以及局部剖视图、移出断面图、局部放大图的表达。 2. 根据轴类零件的结构特点，引导学生交换检查轴类零件的视图表达。 3. 在工作页中提供其余轴类零件的图片，要求绘制出该轴类零件的视图表达，并随机抽取学生口述轴类零件的表达方法。	1. 独立在坐标纸上徒手绘制出轴类零件的视图表达，根据轴类零件的视图选择原则选择合适的视图方向作为主视图，针对轴上的局部结构，采用局部剖视图、移出断面图、局部放大图进行表达。 2. 学生之间交换检查现有的视图表达是否符合国家标准规范，是否完整表达轴类零件的结构。展示汇报各组的零件视图，总结归纳轴类零件的视图表达技巧并进行汇报。 3. 在工作页中绘制出其余轴类零件的视图表达，并口述轴类零件的表达方法及技巧。	1. 视图表达是否符合国家标准要求。 2. 能否正确指出图纸中存在的问题。 3. 视图表达是否完整，口述是否清晰。
课时： 4 课时 1. 硬资源：和面机样品、游标卡尺、千分尺、半径规、粗糙度比较样块等。 2. 软资源：工作页、《机械制图》、视图表达课件等。 3. 教学设施：坐标纸、绘图工具、计算机、投影仪、白板等。			

基准课时：36

1 接受测绘任务，明确任务要求　2 制订工作计划表　3 测绘轴类零件　4 成果审核验收　5 总结评价

测绘轴类零件

工作子步骤	教师活动	学生活动	评价
6. 记录轴类零件尺寸。	1. 通过 PPT 方式讲解轴类零件尺寸基准的含义、尺寸标注的原则。 2. 示范测量轴类零件的尺寸并在图纸上进行基本尺寸记录；巡回指导学生完成尺寸测量并标注。 3. 通过 PPT 方式讲解尺寸公差、形位公差的种类以及应用场合，并引导学生完成工作页。	1. 明确轴类零件的尺寸基准（设计基准、工艺基准）的含义、尺寸标注的原则，并完成工作页中的引导问题。 2. 利用测量工具（游标卡尺、千分尺等）准确测量零件的所有几何体的特征尺寸，并在手绘图纸的基础上进行尺寸记录。 3. 学习尺寸公差形位公差的种类以及应用场合，并完成工作页中引导问题；根据零件实物分析轴类零件的尺寸公差、形位公差并进行正确标注，尺寸公差的数值要准确。	1. 尺寸基准选择是否正确、工作页填写是否完整。 2. 尺寸记录是否完整正确。 3. 工作页引导问题回答是否正确、图纸上尺寸公差、形位公差是否正确标注。
课时： 6 课时 1. 硬资源：轴、游标卡尺、千分尺、半径规、粗糙度比较样块等。 2. 软资源：工作页、《机械制图》、《机械设计手册》、尺寸标注课件等。 3. 教学设施：坐标纸、绘图工具、计算机、投影仪、白板等。			
6. 记录轴类零件技术要求。	1. 通过 PPT 方式讲解表面粗糙度的标准画法、标注，引导学生完成工作页。示范通过粗糙度对比样块分析加工面的表面粗糙度并确定取值，巡回指导学生完成所有加工面的表面粗糙度取值并标注。 2. 示范查阅机械设计手册的方法及技巧，巡回指导学生完成轴上键槽以及各工艺结构的尺寸标注。 3. 从基本尺寸、尺寸公差、形位公差、表面粗糙度等方面引导学生依次进行检查。	1. 学习表面粗糙度的知识，完成工作页中引导问题的回答。通过粗糙度对比样块，分析零件实物各加工面的表面粗糙度并进行正确标注，分析技术要求。 2. 查阅机械设计手册，分析轴上键槽尺寸、轴的工艺结构尺寸（倒角、圆角、退刀槽及越程槽、中心孔），并将查阅到的尺寸数据记录在图纸上。 3. 学生之间交换检查现有的尺寸标注是否准确完整。	1. 工作页引导问题回答是否正确、图纸上表面粗糙度是否正确标注。 2. 轴上键槽以及各工艺结构的尺寸标注是否正确。 3. 能否正确指出图纸中标注存在的问题。
课时： 4 课时 1. 硬资源：轴、游标卡尺、千分尺、半径规、粗糙度比较样块等。 2. 软资源：工作页、《机械制图》、《机械设计手册》、尺寸标注课件等。 3. 教学设施：坐标纸、绘图工具、计算机、投影仪、白板等。			

学习任务 1：轴类零件测绘

1 接受测绘任务，明确任务要求 → 2 制订工作计划表 → 3 测绘轴类零件 → 4 成果审核验收 → 5 总结评价

测绘轴类零件

工作子步骤	教师活动	学生活动	评价
7. 尺规绘制轴零件图	1. 提供现有的完整零件图纸，通过 PPT 方式讲解零件图的基本要素，指导学生完成工作页的填写。 2. 示范绘图工具的正确使用，通过 PPT 确定绘图比例、图纸方向，讲解如何规划视图布局以及手工绘图的顺序；巡回指导学生完成零件图的手工绘制。 3. 组织学生互相审核图纸，并提出审核要求，审核者必须在标题栏中签字确认。	1. 根据徒手绘制的零件草图，应用绘图工具手工绘制一份 A4 零件图，图纸需符合国家制图标准，明确零件图的基本要素（图幅、标题栏、视图、尺寸标注、技术要求），并完成工作页中的引导问题回答。 2. 根据轴类零件图形的大小确定绘图比例，规划视图布局，使用尺规绘图先打底稿，绘制尺寸线和箭头，填写尺寸数字，标注各表面的粗糙度符号、尺寸公差、几何公差和技术要求等项目，并将零件的名称、比例、材料、质量等内容填写到标题栏，检查核对图纸信息是否完整正确，整理图纸卷面，加深轮廓线。 3. 学生审核其他 2 名同学的手绘零件图，检查轴类零件的结构特点是否表达完整、尺寸标注与实物实际尺寸是否一致，并在原图上做彩色标注，被审核图纸经作者修改后交由审核者确认并签字。	1. 工作页引导问题回答是否正确。 2. 线型选择是否合理、图线粗细是否分明、视图布局是否合理、尺寸标注是否规范、字体编写是否工整、标题栏是否填写完整、卷面是否整洁。 3. 能否正确指出图纸中存在的问题。
课时： 4 课时 1. 硬资源：轴、游标卡尺、千分尺、半径规、粗糙度比较样块等。 2. 软资源：工作页、《机械制图》、《机械设计手册》、零件图课件等。 3. 教学设施：完整的零件图纸、草绘图纸、绘图工具、计算机、投影仪、白板等。			
8. AutoCAD 计算机绘制零件图。	1. 介绍软件来源及功能，给定文件保存路径以及文件命名要求，并示范操作文件保存的路径。 2. 介绍软件界面。 3. 示范创建 A4 工程图模板文件，设置图层、文字样式、标注样式、粗糙度属性、绘制图框及标题栏，并进行巡回指导。 4. 示范轴类零件的绘制过程，讲解绘图工具栏（矩形、直线、圆、图案填充等）、编辑工具栏（圆角、倒角、移动、修剪、复制、镜像等）的使用方法，并进行巡回指导。 5. 示范零件图尺寸标注及填写技术要求和标题栏，讲解尺寸标注工具栏、文字命令的使用，并进行巡回指导。	1. 明确软件来源及软件功能，在指定路径下新建文件夹并命名。 2. 熟悉软件界面并填写工作页。 3. 按照国家标准线型规定设置图层，按照国家标准中的文字、尺寸等规定设置文字样式与标注样式，根据 A4 图纸尺寸绘制 A4 图框、标题栏，创建 AutoCAD 零件图纸模板文件。 4. 根据徒手绘制的零件图纸，结合教学视频绘制中心线以及图形。 5. 标注零件图纸尺寸、填写技术要求和标题栏。	1. 文件夹路径保存是否正确。 2. 工作页填写是否正确。 3. A4 工程图模板文件是否正确，是否设置图层、文字样式、标注样式、粗糙度属性，是否绘制图框及标题栏。 4. 图形绘制是否完整。 5. 尺寸标注是否规范、完整；技术要求编写是否合理；标题栏是否填写完整。 6. 文件是否正确保存，格式转换是否正确。

	工作子步骤	教师活动	学生活动	评价
测绘轴类零件		6. 示范文件保存并对文件格式进行转换。	6. 图纸保存为 DWG 格式，并转换成 PDF 格式，打印成 A4 图纸。	
	课时： 6 课时 1. 软资源：手工绘制的图纸、工作页、《AutoCAD》教材、教学视频等。 3. 教学设施：计算机、投影仪、AutoCAD 软件、打印机、A4 纸等。			
成果审核验收	成果审核验收	1. 组织学生审核其他同学打印出来的 AutoCAD 图纸，并对电子版零件图进行修改。 2. 审定经同学审核签字后的图纸；提交成果给客户(企业技术人员)验收。	1. 学生审核其他同学打印出来的 AutoCAD 图纸，并对电子版零件图进行修改。检查轴类零件的结构特点是否表达完整、尺寸标注与实物实际尺寸是否一致，列表记录错误处，并在原图上做彩色标注，被审核图纸经作者修改后交由审核者确认并签字。 2. 将经同学审核签字的图纸，提交教师最终审定。教师审定签字后，纸质版包装，电子版加密，提交成果给客户（企业技术人员）验收。	1. 能否正确指出图纸中存在的问题并在原图上做彩色标注。 2. 是否根据教师意见对图纸进行修改。
	课时： 1 课时 1. 软资源：打印出来的 AutoCAD 图纸、电子版零件图等。 2. 教学设施：计算机、投影仪、AutoCAD 软件、打印机、A4 纸等。			
总结评价	总结评价	1. 以小组为单位制作一份 PPT，总结拆解、草绘、测量、手绘、机绘过程中遇到的困难及解决方法。 2. 组织学生填写评价表，完成整个学习任务各环节的自我评价并进行互评。	1. 以小组为单位制作一份 PPT，总结拆解、草绘、测量、手绘、机绘过程中遇到的困难及解决方法。 2. 填写评价表，完成整个学习任务各环节的自我评价并进行互评。	1. PPT 内容是否丰富、表达是否清晰。 2. 评价表填写是否完整。
	课时： 1 课时 1. 软资源：学习过程记录素材、打印出来的 AutoCAD 图纸、PPT、评价表等。 2. 教学设施：计算机、投影仪等。			

学习任务 2：盘类零件测绘

任务描述

学习任务课时：48 课时

任务情境：

家电企业要开发一款新电风扇，要求在原基础上添加 LED 显示屏、红外线遥控等功能。经结构工程师分析，落地扇的齿轮结构是该项目的核心部分，需要对市场上热销的某品牌落地扇的齿轮零件进行测绘，得出齿轮轮系的传动比，用于传动力分析对比，以便后续的开发设计，该项工作的成功将大大提升产品的竞争力。齿轮的测绘有非常严格的要求以及标准规范，不仅要进行齿轮测绘，而且要进行齿轮参数的计算，测量数据要准确，需要非常扎实的专业技能才能完成此项任务。企业工程师得知工业设计专业是高级班，学生有比较强的计算能力，咨询我们在校生能否帮助他们完成该项重要且计算量较大的工作。教师团队认为学生通过教师的指导，学习相关专业内容，应用现有的工量具及绘图工具完全可以胜任。企业给我们提供电风扇样品，希望我们在样品到货四周内完成所有样品中齿轮零件的测绘，计算出整个轮系的传动比，并汇总出所有齿轮的参数，绘制的图纸由专业教师审核签字，提交企业打印版及电子版图纸。优秀作品展示在学业成果展中，并由企业给作品优秀的学生提供现场参观的机会。

具体要求见下页。

课程 1.《产品零件测绘》

工作流程和标准

工作环节 1

接受测绘任务，明确任务要求

阅读任务书，明确任务要求。通过阅读任务书，明确任务完成时间、资料提交要求，内容包括齿轮零件的测绘、轮系传动比的计算、齿轮参数计算、提交打印版及电子版的零件图纸等。用荧光笔在任务书中画出关键词，如齿轮零件的测绘、计算轮系的传动比、汇总齿轮参数等。完成工作页中引导问题的回答。对任务要求中不明确或不懂的专业技术指标，通过查阅技术资料或咨询专家进一步明确，最终在任务书中签字确认，明确责任意识。

学习成果：
签字后的任务书

知识点、技能点：
盘类零件的结构特点

职业素养：
阅读能力，培养于阅读任务书的过程中；获取信息的能力培养于查阅技术资料的过程中；分析问题和表达、倾听的能力，培养于对任务书中不明之处咨询专家的过程中，责任意识，培养于对任务的书的签名负责过程中。

工作环节 2

制订工作计划表

1. 分解测绘齿轮零件的工作内容及工作步骤。工作环节内容可分为：了解产品功能及整体结构、拆解样品提取齿轮零件、齿轮轮系传动比及齿轮参数计算、齿轮零件几何特征测量记录与草图手绘、手工绘制零件图、计算机 AutoCAD 绘制零件图等。
2. 明确小组内人员分工及职责。
3. 估算阶段性工作时间及具体日期安排。
4. 制订工作计划文本并获得审定。工作计划内容包括工作环节内容、人员分工、工作要求、时间安排等要素。

学习成果：
工作计划表

知识点、技能点：
明确测绘齿轮零件的工作流程

职业素养：
规划能力，培养于确定工作计划中的时间安排的过程中；协调能力，培养于进行人员分工安排的过程中；考虑周到的能力，培养于制订全面的工作计划的过程中。

工作环节 3

审核工作计划表

3

展示汇报工作计划表，针对教师及他人的合理意见进行修订后定稿。

学习成果：

工作计划表终稿

知识点、技能点：

明确测绘齿轮零件的工作流程

职业素养：

汇报能力培养于汇报工作计划的过程中；学术争辩的能力，培养于针对他人意见或疑问进行解释说明的过程中；提出改进建议、评估和修订工作计划的能力、明确问题并解决问题的能力，培养于对工作计划表进行审核修订的过程中。

工作流程和标准

工作环节 4

测绘齿轮零件

1. 了解产品功能及整体结构。领取电风扇样品、拆解工具箱以及测绘工具（图板、游标卡尺、圆角规等），布置工作现场。阅读产品说明书，分析叙述产品的功能原理，特别是电风扇摇头的工作原理，查阅资料，掌握平面连杆机构知识，观察产品结构，绘制电风扇结构示意图，并通过拍照方式记录产品完整的外形结构。了解产品中的传动原理，讲述产品的功能原理，对产品的使用方法进行演示，并对记录的照片进行展示说明。

2. 制订拆解步骤。根据产品说明书、机械零件相关技术资料，比对各电风扇传动轮系传动的异同，汇总各类传动（蜗杆传动、凸轮传动）的特点，计算出电风扇中齿轮轮系的传动比。确定各自的零件清单，制订拆解步骤。

3. 拆解样品提取齿轮。根据电风扇的结构特征分模块进行拆解，重点了解齿轮与各零件之间的装配关系，每一个拆解步骤都需要拍照记录，规范摆放零件，最终提取出齿轮零件。查阅机械零件相关技术资料，列表汇总齿轮的分类、用途以及结构特点。手工绘制出齿轮的结构示意图，并在示意图上标明分度圆、齿顶圆、齿根圆等要素。

4. 确定齿轮参数。利用测量工具（直尺、游标卡尺等）测量零件的所有几何体的特征尺寸，有配合要求部分的尺寸选用游标卡尺测量。所有配合面的精度等级不低于 0.02 mm，非配合面的精度等级不低于 0.04 mm。测量出齿轮齿顶圆直径、齿根圆直径、键槽的大小等参数，查阅资料确定齿轮模数，最终将齿轮的所有参数如齿数、模数、压力角、齿顶高、齿根高、齿高、分度圆直径、齿顶圆直径、齿根圆直径、齿距、齿厚、齿槽宽、中心距等的名称、符号、计算公式汇总在一张表上。

5. 手绘齿轮零件草图及记录尺寸。根据齿轮的规定画法在坐标纸上徒手绘制齿轮的几何特征，主视图按照工作位置选择，轴线水平放置，键槽在轴线的上方，采用全剖主视图表达孔、轮毂、辐板和轮缘的结构；左视图表达键槽的尺寸、形状以及齿轮中主要结构的相对位置。标注齿轮的几何特征尺寸，查阅机械设计手册，确定键槽等结构的配合尺寸，根据粗糙度对比样块确定齿轮各表面的粗糙度值并进行正确标注。总结归纳类似齿轮结构特征的轮盘类零件的视图表达技巧，并进行汇报。

6. 尺规绘制零件图。根据测量记录，应用绘图工具手工绘制一份齿轮啮合零件图，齿轮画法国家标准有相关规定，图纸需符合 GB 相关标准，尺寸及形位公差标注需根据实际功能及装配需要做设计标注。

7. AutoCAD 计算机绘制零件图。根据手工绘制的齿轮零件图纸，应用 AutoCAD 绘图软件进行计算机绘图，文件保存为 DWG 格式，并转换成 PDF 格式，打印成 3 号图纸，注意标注图纸比例。

学习成果：

1. 产品结构示意图、记录的照片；
2. 零件清单、拆解步骤；
3. 齿轮的分类列表、齿轮的结构示意图；
4. 齿轮参数汇总表；
5. 齿轮表达方案、汇报轮盘类零件的表达技巧；
6. 手工绘制的齿轮零件工程图；
7. 零件工程图 DWG 格式、PDF 格式、打印出来的图纸。

知识点、技能点：

1. 平面连杆机构知识、产品结构示意图的画法、全面记录产品结构的方法；
2. 轮系的种类、齿轮轮系传动比计算；
3. 齿轮的分类、用途以及结构特点，齿轮各部分名称代号；
4. 齿轮各参数的计算方法；
5. 齿轮的规定画法、轮盘类零件的表达技巧；
6. 齿轮啮合零件图的画法；
7. AutoCAD 绘图工具栏（图案填充等）、编辑工具栏（移动、修剪、复制等）、标注工具栏、图层的使用，PDF 格式转换打印。

学习任务2：盘类零件测绘

职业素养：

1. 语言表达能力、展示汇报能力，培养于讲述原理以及展示结构的过程中；
2. 查阅资料的能力，培养于对比各轮系的异同的过程中；
3. 8S管理意识，培养于提取轴类零件的过程中；认真细致的工作态度，培养于每一个拆解步骤都拍照记录的过程中；图示化能力，培养于绘制结构示意图的过程中；
4. 认真、细致、耐心的工作态度，培养计算各参数的过程中；
5. 选择合适方法的能力，培养于针对轮盘类零件的结构特点选择合适的视图表达的过程中；
6. 严格律己的能力，培养于手工绘制零件工程图的过程中；
7. 遵循工程图标准和规范的能力，培养于用AutoCAD软件绘制零件工程图的过程中。

思政元素：

1. 选用合适的测量工具测量齿轮零件尺寸，要做到测量准确，努力追求精益求精的工匠精神。

工作环节5

图纸审核

1. 审核2名其他同学的手绘零件图及打印出来的AutoCAD图纸。检查齿轮零件的结构特点是否表达完整、尺寸标注与实物实际尺寸是否一致，列表记录错误处，并在原图上做彩色标注，被审核图纸经作者修改后交由审核者确认并签字。
2. 经2名同学审核签字的图纸，提交教师最终审定，后附勘误表及勘误原图。图纸经教师审定签字后，纸质版包装，电子版加密。

学习成果：

检查核对后的零件工程图DWG格式、PDF格式、打印出来的图纸。

知识点、技能点：

检查图纸的方法技巧、修改AutoCAD图纸的技巧。

职业素养：

严谨细致、遵循工程图标准和规范的能力，培养于修订零件工程图纸的过程。

工作环节6

成果验收

邀请客户（企业技术人员）做成果验收，对验收意见做答辩及后续处理，最终交付。

学习成果：

答辩及后续处理后的图纸。

知识点、技能点：

针对意见进行图纸修改。

职业素养：

学术争辩能力，培养于答辩过程中。

课程 1.《产品零件测绘》

学习内容

知识点	1.1 盘类零件的结构特点； 1.2 传动比； 1.3 齿轮基本参数。	2.1 测绘盘类零件的工作流程。	3.1 平面连杆机构知识； 3.1 产品结构示意图的画法； 3.2 全面记录产品结构的方法。	4.1 全面记录产品结构的方法； 4.2 拆解方法及技巧。	5.1 齿轮的分类、用途以及结构特点； 5.2 齿轮各部分的名称及代号。
技能点	1.1 从任务书中提取关键词； 1.2 能回答工作页中的引导问题。	2.1 绘制出盘类零件的工作计划表。	3.1 绘制出电风扇结构示意图。	4.1 制订产品零件清单； 4.2 制订产品拆解方案。	5.1 识别出齿轮各部分的名称及代号。
工作环节	工作环节 1 接受测绘任务，明确任务要求	制订工作计划表 工作环节 2	1. 了解产品功能及整体结构	2. 制订拆解方案	3. 拆解样品提取齿轮
成果	1.1 签字后的任务书、工作页。	2.1 工作计划表。	3.1 产品结构示意图、记录的照片。	4.1 零件清单、拆解步骤。	5.1 齿轮的分类列表、齿轮的结构示意图。
素养	1.1 阅读能力，培养于阅读任务书的过程中；获取信息的能力，培养于查阅技术资料的过程中；分析问题及表达、倾听的能力，培养于对任务书中不明之咨询专家的过程中；责任意识培养于对任务书的签名负责过程中。	2.1 规划能力，培养于工作计划的时间安排过程中；协调能力，培养于进行人员分工安排的过程中；考虑周到的能力，培养于制订全面的工作计划的过程中。	3.1 语言表达能力、展示汇报能力，培养于讲述原理以及展示结构的过程中。	4.1 查阅资料的能力，培养于对比各轮系的异同的过程中。	5.1 8S 管理意识，培养于提取轴类零件的过程中；认真细致的工作态度，培养于每一个拆解步骤都拍照记录的过程中；图示化能力，培养于绘制结构示意图的过程中。

学习任务 2：盘类零件测绘

6.1 齿轮各参数的计算方法。	7.1 齿轮的规定画法 7.2 轮盘类零件的表达技巧。	8.1 齿轮啮合图的画法。	9.1 AutoCAD 绘图工具栏（图案填充等）； 9.1 编辑工具栏（移动、修剪、复制等）； 9.2 标注工具栏、图层的使用。	10.1 检查图纸的方法技巧。	11.1 PPT 制作方法； 11.2 汇报展示技巧； 11.3 评价的重要性
6.1 测量计算出齿轮各参数的数值。	7.1 绘制出齿轮的视图及尺寸标注； 7.2 总结归纳轮盘类零件的表达方案。	8.1 绘制出标准的齿轮零件图。	9.1 使用 AutoCAD 绘制出标准的齿轮零件图。	10.1 能对图纸进行修改。	11.1 能制作 PPT 总结任务过程并进行汇报； 11.2 进行客观评价。

工作环节 3
测绘齿轮零件

工作环节 4
成果审核验收

总结评价
工作环节 5

4. 确定齿轮参数	5. 手绘齿轮零件草图及记录尺寸	6. 尺规绘制齿轮零件图	7.AutoCAD 计算机绘制零件图		
6.1 齿轮参数汇总表。	7.1 齿轮表达方案。	8.1 手工绘制的齿轮零件工程图。	9.1 零件工程图 DWG 格式、PDF 格式、打印出来的图纸。	10.1 检查核对后的零件工程图 DWG 格式、PDF 格式、打印出来的图纸。	11.1 PPT 报告、评价反馈表。
6.1 认真、细致、耐心的工作态度，培养于计算各参数的过程中 6.2 选用合适的测量工具测量齿轮零件尺寸，数据要准确，追求精益求精的工匠精神。	7.1 选择合适的方法的能力，培养于针对轮盘类零件的结构特点选择合适的视图表达的过程中。	8.1 严格律己的能力，培养于手工绘制零件工程图的过程中。	9.1 遵循工程图标准和规范的能力培养于用 AutoCAD 软件绘制零件工程图的过程中。	10.1 严谨细致、遵循工程图标准和规范的能力，培养于修订零件工程图纸的过程中。	11.1 总结汇报能力，培养于制作 PPT 总结报告的过程中；客观评价的能力，培养于评价过程中。

课程 1.《产品零件测绘》

学习任务 2：盘类零件测绘

1 接受测绘任务，明确任务要求　2 制订工作计划表　3 测绘齿轮零件　4 图纸审核　5 总结评价

	工作子步骤	教师活动	学生活动	评价
接受测绘任务，明确任务要求	阅读任务书，明确任务要求。	1. 通过 PPT 展示任务书，引导学生阅读工作页中的任务书，让学生明确任务完成时间、资料提交要求。举例划出任务书中的一个关键词，组织学生用荧光笔在任务书中画出其余关键词。 2. 列举查阅资料的方式，指导学生查阅资料明确齿轮定义、传动比定义、齿轮主要参数、轮系定义；组织学生进行口述。 3. 教师组织学生填写工作页。 4. 组织学生在任务书中签字。	1. 独立阅读工作页中的任务书，明确任务完成时间、资料提交要求，内容包括齿轮零件的测绘、轮系传动比的计算、齿轮参数计算、提交打印版及电子版的零件图纸。每个学生用荧光笔在任务书中画出关键词，如齿轮零件的测绘、计算轮系的传动比、汇总齿轮参数等。 2. 以小组合作的方式查阅资料，明确齿轮定义、传动比定义、齿轮主要参数、轮系定义；各小组派代表口述齿轮定义、传动比定义、齿轮主要参数、轮系定义。 3. 小组各成员完成工作页中引导问题的回答。 4. 对任务要求中不明确或不懂的专业技术指标，通过查阅技术资料或咨询教师进一步明确，最终在任务书中签字确认。	1. 找关键词的全面性与速率。 2. 资料查阅是否全面，复述表达是否完整、清晰。 3. 工作页中引导问题回答是否完整、正确。 4. 任务书是否有签字。
	课时： 4 课时 1. 硬资源：落地扇等。 2. 软资源：工作页、参考资料《机械制图》、《机械基础》、数字化资源等。 3. 教学设施：投影仪、一体机、白板、荧光笔等。			
制订工作计划表	制订工作计划表。	1. 通过 PPT 展示工作计划的模板，包括工作步骤、工作要求、人员分工、时间安排等要素，分解测绘齿轮零件的工作步骤。 2. 指导学生填写各个工作步骤。 3. 组织各小组进行展示汇报，对各小组的工作计划表提出修改意见并指导学生填写工作页中的工作计划表。	1. 根据给定的工作计划模板，以小组为单位在海报纸上填写工作步骤，包括了解产品功能及整体结构、拆解样品提取齿轮零件、齿轮零件几何特征测量记录与草图手绘、零件图手工绘制、零件图 AutoCAD 计算机绘制等。 2. 各小组填写每个工作步骤的工作要求；明确小组内人员分工及职责；估算阶段性工作时间及具体日期安排。 3. 各小组展示汇报工作计划表，针对教师及他人的合理意见进行修订并填写在工作页中。	1. 工作步骤是否完整。 2. 工作要求合理细致、分工是否明确、时间安排是否合理。 3. 工作计划表文本是否清晰、表达是否流畅、工作页填写是否完整。
	课时： 2 课时 1. 硬资源：落地扇等。 2. 软资源：工作页、数字化资源等。 3. 教学设施：投影仪、一体机、白板、白板笔、海报纸等。			

基准课时：48

1 接受测绘任务，明确任务要求　2 制订工作计划表　3 测绘齿轮零件　4 图纸审核　5 总结评价

测绘齿轮零件

工作子步骤	教师活动	学生活动	评价
1. 了解产品功能及整体结构。	1. 以视频的方式展示落地扇的结构原理示意图，讲解产品主要结构，组织学生阅读产品说明书，并组织学生演示产品的使用方法。 2. 组织学生观看平面连杆机构动画，讲解平面连杆机构动画并展示相关传动示意图，组织学生填写工作页。 3. 组织学生对产品外形结构进行拍照记录并在计算机上展示。	1. 领取落地扇样品、拆解工具箱以及测绘工具（图板、游标卡尺、圆角规等），完成工作现场布置；以小组为单位阅读产品说明书，了解落地风扇的功能，分析叙述落地风扇的功能原理。 2. 观察产品结构，以小组为单位通过网络查阅资料，掌握平面连杆机构知识；以海报纸绘制平面连杆机构原理示意图，填写工作页的引导问题。 3. 通过拍照方式记录产品完整的外形结构及产品的功能原理，并对记录的照片进行展示说明。	1. 复述表达是否完整、清晰。 2. 绘制的平面连杆机构原理示意图是否清晰、准确。 3. 查阅资料的准确性、记录产品的结构是否完整。
课时： 6 课时 1. 硬资源：落地扇样品、工具箱以及测绘工具等。 2. 软资源：工作页、连杆机构相关的数字化资源等。 3. 教学设施：计算机、投影仪、白板、海报纸、工作台等。			
2. 制订拆解方案。	1. 组织学生在 A4 纸上填写产品零件清单和填写工作页。 2. 组织学生以小组合作方式制订拆解方案并评价各小组的拆解方案。	1. 以小组为单位根据产品说明书，在 A4 纸上制订产品零件清单；零件清单包含零件名称、零件数量、零件材料等要素并填写在工作页。 2. 以小组为单位制订拆解方案。拆解方案内容包括拆解步骤、拆解工具、人员分工等信息。拆解方案以海报纸形式展示并需通过教师审定后方可实施。	1. 制订的零件清单是否完整。 2. 拆解方案是否合理。
课时： 2 课时 1. 硬资源：落地扇样品、手机等。 2. 软资源：工作页、有关落地扇结构原理视频的数字化资源等。 3. 教学设施：投影仪、白板、海报纸等。			
3. 拆解样品，提取盘类零件。	1. 组织学生拆解产品，提取齿轮零件。 2. 组织学生阅读产品说明书、机械零件相关技术资料，以视频的方式展示齿轮传动、蜗轮蜗杆传动的原理，并引导学生填写工作页。 3. 组织学生阅读产品说明书、机械零件相关技术资料，以 PPT 的方式讲解轮系分类和凸轮传动原理，并引导学生填写工作页。	1. 根据电风扇的结构特征分模块进行拆解，重点了解齿轮与各零件之间的装配关系，每一个拆解步骤都需要拍照记录，规范摆放零件，最终提取出齿轮零件。 2. 以小组为单位查阅产品说明书、机械零件相关技术资料，了解常用齿轮的传动类型、蜗轮蜗杆的工作原理，并填写工作页中的引导问题。 3. 以小组为单位查阅产品说明书、机械零件相关技术资料，了解轮系的分类和凸轮传动原理，并填写工作页中的引导问题。	1. 常用齿轮的分类汇总表内容是否完整。 2. 蜗轮蜗杆的分类汇总表内容是否完整。 3. 轮系的分类汇总表内容是否完整。 4. 齿轮传动示意图是否清晰、准确。

1 接受测绘任务，明确任务要求 → 2 制订工作计划表 → 3 测绘齿轮零件 → 4 图纸审核 → 5 总结评价

测绘齿轮零件

工作子步骤	教师活动	学生活动	评价
	4. 通过 PPT 展示齿轮传动原理示意图，巡回指导学生完成齿轮传动示意图的手工绘制。	4. 以小组为单位，手工绘制出齿轮传动原理示意图，并全班展示。	
课时： 6 课时 1. 硬资源：落地扇样品等。 2. 软资源：工作页、齿轮传动、蜗轮蜗杆传动及轮系的数字化资源、机械零件相关技术资料、工作页等。 3. 教学设施：计算机、投影仪、白板、海报纸等。			
4. 确定齿轮参数。	1. 提供关键词，引导学生查阅网络资料，制订齿轮参数汇总表填写在工作页并展示。 2. 组织学生分组对齿轮进行测量，并说明相关测量要求；通过 PPT 展示参数的相关计算方法，巡回指导学生完成参数的计算。 3. 组织小组竞赛检验尺寸读数的准确性。 4. 提供 2 个模数不一样的齿轮实物进行啮合演示，提问齿轮的啮合条件。 5. 通过不同类型的齿轮啮合视频，讲解齿轮传动的回转方向及传动比计算。	1. 以小组为单位，通过查阅资料确定齿轮模数，最终将齿轮的所有参数如齿数、模数、压力角、齿顶高、齿根高、齿高、分度圆直径、齿顶圆直径、齿根圆直径、齿距、齿厚、齿槽宽等名称、定义及代号汇总在海报纸上，并全班展示；填写工作页引导问题。 2. 根据零件特征利用测量工具（直尺、游标卡尺等）测量零件的所有几何体的特征尺寸，有配合要求部分的尺寸选用游标卡尺。所有配合面的精度等级不低于 0.02 mm，非配合面的精度等级不低于 0.04 mm，测量出齿轮齿顶圆直径、齿根圆直径、啮合条件、键槽的大小等参数，把齿轮的几何尺寸、传动比计算汇总在海报上。 3. 小组竞赛，对比各自测量数值。 4. 以小组为单位，通过查阅机械设计手册，确定标准齿轮的啮合条件，完成工作页引导问题的填写。 5. 以小组为单位，通过查阅机械设计手册，了解不同类型齿轮传动的回转方向的判定，完成工作页引导问题的填写。	1. 齿轮参数汇总表的内容是否齐全。 2. 齿轮的几何尺寸、传动比计算是否正确。 3. 齿轮啮合条件是否正确。 4. 齿轮传动比的计算是否正确。
课时： 6 课时 1. 硬资源：齿轮样品、游标卡尺、千分尺等。 2. 软资源：工作页、有关齿轮参数的数字化资源等。 3. 教学设施：投影仪、白板等。			

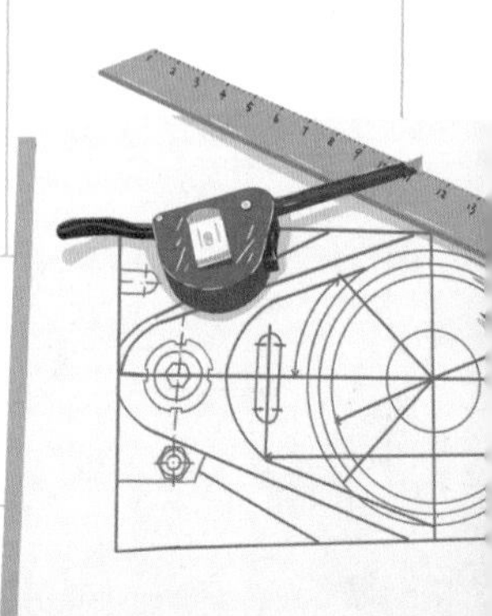

工作子步骤	教师活动	学生活动	评价
5. 手绘齿轮零件草图及记录尺寸。	1. 以 PPT 形式展示齿轮的简画方式；巡回指导学生完成手绘图形。 2. 提供关键词，引导学生查阅机械设计手册，确定齿轮的几何特征尺寸和配合尺寸并完成标注。 3. 组织派发粗糙度对比样块并对其使用方法进行解读。 4. 提供相关轮盘类零件进行零件图的手工绘制。	1. 以小组为单位，根据齿轮的规定画法在坐标纸上徒手绘制齿轮的几何特征，主视图按照工作位置选择，轴线水平放置，键槽在轴线的上方，采用全剖主视图表达孔、轮毂、辐板和轮缘的结构；左视图表达键槽的尺寸、形状以及齿轮中主要结构的相对位置，绘制完成后在海报纸上进行展示。 2. 以小组为单位，通过查阅机械设计手册，确定结构的配合尺寸分析齿轮零件的尺寸公差、形位公差，完成工作页中引导问题；并进行正确标注。 3. 以小组为单位查看粗糙度对比样块，确定齿轮各表面的粗糙度值并进行正确标注。 4. 以小组为单位总结归纳类似齿轮结构特征的轮盘类的零件的视图表达技巧。	1. 齿轮的表达方案是否正确。 2. 标注的尺寸是否正确。 3. 粗糙度的标注是否正确。 4. 轮盘类零件的表达方案汇总是否正确。
课时： 6 课时 1. 硬资源：齿轮、游标卡尺、千分尺、粗糙度比较样块等。 2. 软资源：工作页、《机械制图》、《机械设计手册》、零件图课件等。 3. 教学设施：草绘图纸、绘图工具、计算机、投影仪、白板等。			
6. 尺规绘制零件图。	1. 提供现有的完整零件图纸，通过 PPT 方式讲解零件图的基本要素，指导学生完成工作页的填写。 2. 示范绘图工具的正确使用，通过 PPT 展示如何确定绘图比例、图纸方向，讲解如何规划视图布局以及手工绘图的顺序；巡回指导学生完成零件图的手工绘制。 3. 组织学生互相审核图纸，并提出审核要求，审核者必须在标题栏中签字确认。	1. 遵循国家标准中齿轮的绘制方法，个人独立根据徒手绘制的零件草图，应用绘图工具手工绘制一份齿轮的零件图，图纸需符合国家制图标准，明确零件图的基本要素（图幅、标题栏、视图、尺寸标注、技术要求），并完成工作页中的引导问题回答。 2. 根据齿轮零件图形的大小，确定绘图比例，规划视图布局。使用尺规绘图，先打底稿，然后绘制尺寸线和箭头，填写尺寸数字，标注各表面的粗糙度符号、尺寸公差、几何公差和技术要求等项目，并将零件的名称、比例、材料、质量等内容填写到标题栏；检查核对图纸信息是否完整正确，整理图纸卷面，加深轮廓线。 3. 学生审核其他 2 名同学的手绘零件图，检查齿轮零件的结构特点是否表达完整、尺寸标注与实物实际尺寸是否一致，并在原图上做彩色标注，被审核图纸经作者修改后，再交由审核者确认并签字。	1. 工作页引导问题回答是否正确。 2. 线型选择是否合理、图线粗细是否分明、视图布局是否合理、尺寸标注规范、字体编写是否工整、标题栏是否填写完整、卷面是否整洁。 3. 能否正确指出图纸中存在的问题。
课时： 6 课时 1. 硬资源：齿轮、游标卡尺、千分尺、粗糙度比较样块等。 2. 软资源：工作页、《机械制图》、《机械设计手册》、零件图课件等。 3. 教学设施：完整的零件图纸、草绘图纸、绘图工具、计算机、投影仪、白板等。			

课程 1.《产品零件测绘》

学习任务 2：盘类零件测绘

1 接受测绘任务，明确任务要求 → 2 制订工作计划表 → 3 测绘齿轮零件 → 4 图纸审核 → 5 总结评价

	工作子步骤	教师活动	学生活动	评价
测绘齿轮零件	7.AutoCAD 计算机绘制零件图。	1. 给定文件保存路径以及文件命名路径。 2. 介绍软件界面 3. 示范创建工程图模板文件并进行巡回指导。 4. 示范齿轮零件的绘制过程并进行巡回指导。 5. 示范零件图尺寸标注及填写技术要求和标题栏，进行巡回指导。 6. 示范文件保存,并对文件格式进行转换。	1. 在指定路径下新建文件夹，并进行命名。 2. 熟悉绘制齿轮的相关命令，并填写工作页。 3. 创建工程图模板文件，设置图层、文字样式、标注样式、粗糙度属性、绘制图框及标题栏并进行保存。 4. 根据徒手绘制的零件图纸，结合教学视频绘制中心线以及图形。 5. 标注零件图纸尺寸、填写技术要求和标题栏。 6. 将图纸保存为 DWG 格式，并转换成 PDF 格式，打印图纸。	1. 路径保存是否正确。 2. 工作页填写是否正确。 3. 工程图模板文件是否正确。 4. 图形绘制是否完整。 5. 尺寸标注是否规范技术要求、标题栏是否合理。 6. 文件是否正确保存，格式转换是否正确。
图纸审核	成果审核验收	1. 组织学生审核其他同学打印出来的 AutoCAD 图纸，并对电子版零件图进行修改。 2. 审定经同学审核签字后的图纸；提交成果给客户（企业技术人员）验收。	1. 学生审核其他同学的 AutoCAD 图纸，并对电子版零件图进行修改。检查轴类零件的结构特点是否表达完整、尺寸标注与实物实际尺寸是否一致，列表记录错误处，并在原图上做彩色标注,被审核图纸经作者修改后，再交由审核者确认并签字。 2. 经同学审核签字的图纸，提交教师最终审定。教师审定签字后，纸质版包装，电子版加密，提交成果给客户（企业技术人员）验收。	1. 能否正确指出图纸中存在的问题并在在原图上做彩色标注。 2. 是否根据教师意见对图纸进行修改。

课时： 2 课时

1. 软资源：打印出来的 AutoCAD 图纸、电子版零件图等。
2. 教学设施：计算机、投影仪、AutoCAD 软件、打印机、A4 纸等。

总结评价

工作子步骤	教师活动	学生活动	评价
总结评价	1. 组织学生以小组为单位进行汇报展示。 2. 组织学生填写评价表，对各小组的表现进行点评。	1. 以小组为单位制作一份 PPT，总结拆解、草绘、测量、手绘、机绘过程中遇到的困难及解决方法。 2. 填写评价表，完成整个学习任务各环节的自我评价和互评。	1. PPT 内容是否丰富、表达是否清晰。 2. 评价表填写是否完整。

课时： 2 课时

1. 软资源：学习过程记录素材、打印出来的 AutoCAD 图纸、PPT、评价表等。
2. 教学设施：计算机、投影仪等。

学习任务 3：叉架类零件测绘

任务描述

学习任务课时：24 课时

任务情境：

某自行车生产企业需要对现有产品进行改良，开发出一款新型可折叠的自行车，为了更好地了解同类产品的特点和功能，现需要参照市场上一款热销的折叠自行车进行逆向开发。经结构工程师分析，自行车叉架零件是折叠自行车的重要部件，关系到整个自行车的结构设计，也影响到骑乘安全。该企业与我系关系良好，且企业目前人手较紧张，咨询我系能否安排学生帮他们完成这项重要的测绘工作。教师团队认为，工业设计专业的学生有了前两个测绘任务作为基础，再学习相关内容，明确叉架零件的结构特点，应用现有的工量具及绘图工具完全可以胜任。企业给我们提供了折叠自行车的样品，希望我们在样品到货两周内完成折叠自行车中所有叉架零件的测绘工作，绘制的图纸由专业教师审核签字，提交企业打印版及电子版图纸。

具体要求见下页。

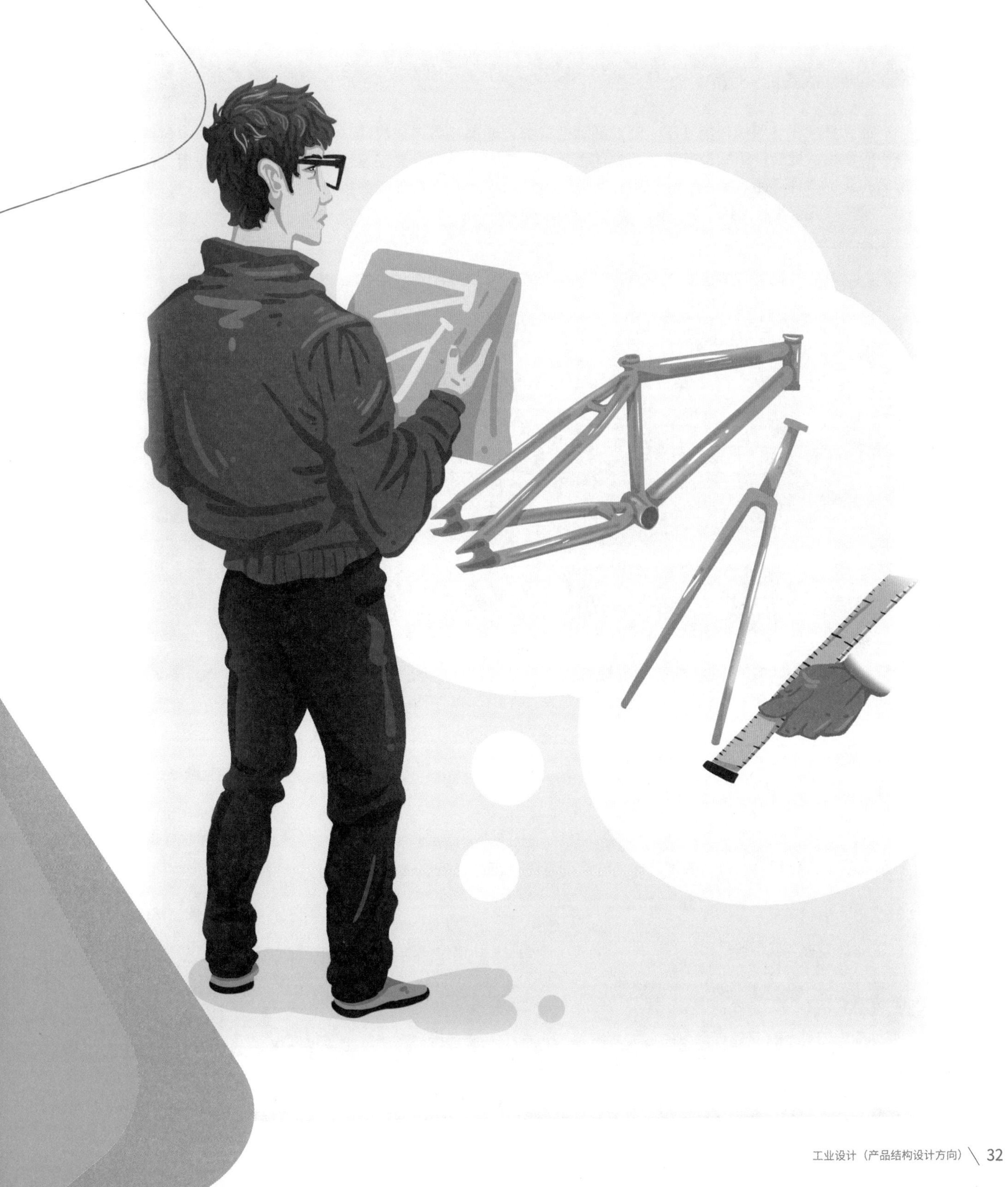

产品零件测绘

课程 1.《产品零件测绘》

工作流程和标准

工作环节 1

接受测绘任务，明确任务要求

阅读任务书，明确任务要求。通过阅读任务书，明确任务完成时间、资料提交要求，内容包括叉架零件的测绘、提交打印版及电子版的零件图纸等。查阅资料明确叉架零件的结构特点以及作用，并列举常见的叉架零件产品，完成工作页中的引导问题。对任务要求中不明确或不懂的专业技术指标，通过查阅技术资料或咨询教师进一步明确，最终在任务书中签字确认。

学习成果：
签字后的任务书

学习成果：
工作页

知识点、技能点：
叉架零件的结构特点、作用、常见的叉架零件产品。

职业素养：
阅读能力，培养于阅读任务书的过程中；获取信息的能力，培养于查阅技术资料的过程中；分析问题及表达、倾听的能力，培养于对任务书中不明之处咨询专家的过程中；责任意识，培养于对任务书的签名负责过程中。

工作环节 2

制订工作计划表并审定

2

1. 分解测绘叉架零件的工作内容及工作步骤，工作环节内容可分为：了解产品功能及整体结构、拆解样品提取叉架零件、叉架零件几何特征测量记录与草图手绘、零件图手工绘制、零件图 AutoCAD 计算机绘制等。
2. 明确小组内人员分工及职责。
3. 估算阶段性工作时间及具体日期安排。
4. 制订工作计划文本并获得审定。工作计划内容包括工作环节内容、人员分工、工作要求、时间安排等要素。
5. 展示汇报工作计划表，针对教师及他人的合理意见进行修订后定稿。

学习成果：
工作计划表

知识点、技能点：
测绘叉架零件的工作流程

职业素养：
规划能力培养于确定工作计划中的时间安排的过程中；协调能力，培养于进行人员分工安排的过程中；考虑周到的能力，培养于制订全面的工作计划的过程中；汇报能力，培养于汇报工作计划的过程中；学术争辩的能力，培养于针对他人意见或疑问进行解释说明的过程中；提出改进建议、评估和修订工作计划的能力、明确问题并解决问题的能力，培养工作计划表的审核修订过程中。

工作环节 3 见第 35 页

工作环节 4

成果审核

4

审核 2 名其他同学的手绘零件图及打印出来的 AutoCAD 图纸。检查叉架零件的结构特点是否表达完整、尺寸标注与实物实际尺寸是否一致，列表记录错误处，并在原图上做彩色标注，被审核图纸经作者修改后交由审核者确认并签字。经 2 名同学审核签字的图纸，提交教师最终审定，后附勘误表及勘误原图。图纸经教师审定签字后，纸质版包装，电子版加密。

学习成果：

检查核对后的零件工程图 DWG 格式、PDF 格式、打印出来的图纸。

知识点、技能点：

检查图纸的方法技巧、修改 AutoCAD 图纸的技巧。

职业素养：

严谨细致、遵循工程图标准和规范的能力，培养于修订零件工程图纸的过程中。

工作环节 5

成果验收

5

邀请客户（企业技术人员）做成果验收，对验收意见做答辩及后续处理，最终交付。

工作成果：

答辩及后续处理后的图纸

知识点、技能点：

针对意见进行图纸修改

职业素养：

学术争辩能力，培养于答辩过程中。

工作流程和标准

工作环节 3

测绘叉架零件

3

1. 了解产品功能及整体结构。领取自行车样品、拆解工具箱以及测绘工具（图板、游标卡尺、圆角规等），布置工作现场。阅读产品说明书，了解自行车的功能原理，查阅资料，掌握变速机构、链传动、制动系统等工作原理，观察产品结构，绘制自行车结构示意图，并通过拍照方式记录产品完整的外形结构。讲述产品的功能原理，对产品的使用方法进行演示，并对记录的照片进行展示说明。

2. 制订拆解方案。根据产品说明书、机械零件相关技术资料，观察自行车结构，确定各自自行车的零件清单，制订拆解方案。拆解方案内容包括拆解步骤、拆解工具、人员分工等信息。拆解方案需通过教师审定后方可实施。

3. 拆解样品提取叉架零件。根据自行车的结构特征分模块进行拆解，重点了解叉架零件与各零件之间的装配连接关系，每一个拆解步骤都需要拍照记录，规范摆放零件，最终提取出所有的叉架零件。查阅机械零件相关技术资料，描述叉架类零件的结构特点，并列举常见的叉架零件有哪些，手工绘制出自行车叉架零件的结构示意图。

4. 手绘叉架零件草图及记录尺寸。分析视图表达方案，叉架类零件主视图的选择，主视图主要按工作位置或安装时平放的位置选择，并选择最能体现结构形状和位置特征的方向。采用局部剖视图表达杠杆支承部分内孔及右侧工作部分内孔的结构，重合断面图表达肋板的断面形状。分析叉架零件几何特征尺寸，并使用测量工具进行测量，明确尺寸基准、定位尺寸、定形尺寸。分析叉架零件与其他零件之间的配合关系，标注配合特征的配合尺寸。对比粗糙度样块确定各几何特征表面的粗糙度并进行正确标注。分析技术要求。总结归纳叉架类零件的视图表达技巧并进行汇报。

5. 尺规绘制零件图。根据测量记录，应用绘图工具手工绘制一份 3 号叉架类零件图，图纸需符合国家相关标准，尺寸及形位公差标注需根据实际功能及装配需要做设计标注。

6. 审核尺规零件图纸。学生审核其他 2 名同学的手绘零件图，检查叉架零件的结构特点是否表达完整、尺寸标注与实物实际尺寸是否一致，列表记录错误处，并在原图上做彩色标注，被审核图纸经作者修改后交由审核者确认并签字。

7.AutoCAD 计算机绘制叉架零件图。根据手工绘制的叉架零件图纸应用 AutoCAD 绘图软件进行计算机绘图，文件保存为 DWG 格式，并转换成 PDF 格式，打印成 3 号图纸，注意标注图纸比例。

学习任务 3：叉架类零件测绘

工作成果：

1. 工作页、产品结构示意图、记录的照片；
2. 零件清单、拆解方案；
3. 叉架零件结构示意图；
4. 叉架零件表达方案、汇报叉架类零件的表达技巧；
5. 手工绘制的叉架零件工程图；
6. 审核者签字确认后的手工零件图纸；
7. 零件工程图 DWG 格式、PDF 格式、打印出来的图纸。

知识点、技能点：

1. 变速机构、链传动、带传动、制动系统、产品结构示意图的画法、全面记录产品结构的方法；
2. 零件拆解顺序关系、拆解工具的合理选用原则；
3. 叉架零件结构示意图的画法；
4. 叉架零件的表达方法、叉架类零件的表达技巧；
5. 叉架零件图的画法技巧；
6. 检查图纸的方法技巧；
7. AutoCAD 绘图工具栏、编辑工具栏、标注工具栏、图层的使用，PDF 格式转换打印。

职业素养：

1. 语言表达能力、展示汇报能力，培养于讲述原理以及展示结构的过程中；
2. 逻辑能力，培养于制订拆解步骤的过程中；
3. 8S 管理意识，培养于提取叉架零件的过程中；认真细致的工作态度，培养于每一个拆解步骤都拍照记录的过程中；图示化能力，培养于绘制结构示意图的过程中。
4. 选择合适方法的能力，培养于针对叉架类零件的结构特点选择合适的视图表达的过程中；
5. 严格律己的能力，培养于手工绘制零件工程图的过程中；
6. 严谨细致、遵循工程图标准和规范的能力，培养于修订零件工程图纸的过程中；
7. 遵循工程图标准和规范的能力，培养于 应用 AutoCAD 软件绘制零件工程图的过程。

课程 1.《产品零件测绘》

学习内容

知识点	1.1 叉架零件的结构特点、作用； 1.2 常见的叉架零件产品。	2.1 测绘叉架类零件的工作流程。	3.1 变速机构； 3.2 链传动； 3.3 带传动； 3.4 制动系统。	4.1 零件拆解顺序关系； 4.2 拆解工具的合理选用原则。	5.1 计算链轮的齿数； 5.2 链传动的传动比； 5.3 变速原理。
技能点	1.1 从任务书中提取关键词； 1.2 能回答工作页中的引导问题。	2.1 绘制出叉架类零件的工作计划表。	3.1 绘制出自行车的结构示意图。	4.1 合理选用拆解工具。	5.1 绘制出叉架零件结构示意图； 5.2 确定自行车链传动的传动比。
工作环节	工作环节 1 接受测绘任务，明确任务要求	制订工作计划表并审定 工作环节 2	1. 了解产品功能及整体结构	2. 制定拆解方案	3. 拆解样品提取叉架零件
成果	1.1 签字后的任务书工作页。	2.1 工作计划表。	3.1 工作页、产品结构示意图、记录的照片。	4.1 零件清单、拆解方案。	5.1 叉架零件结构示意图。
素养	1.1 阅读能力，培养于阅读任务书的过程中；获取信息的能力，培养于查阅技术资料的过程中；分析问题、表达、倾听的能力，培养于对任务书中不明之处提出并咨询专家的过程中；责任意识，培养于对任务书的签名负责过程中。	2.1 规划能力，培养于进行工作计划的时间安排的过程中；协调能力，培养于进行人员分工安排的过程中；考虑周到的能力，培养于制订全面的工作计划的过程中；汇报能力，培养于汇报工作计划的过程中，学术争辩的能力，培养于针对他人意见或疑问进行解释说明的过程中；提出改进建议、评估和修订工作计划的能力，明确问题并解决问题的能力，培养于工作计划表的审核修订过程中。	3.1 语言表达能力、展示汇报能力，培养于讲述原理以及展示结构的过程中。	4.1 逻辑能力，培养于制订拆解步骤的过程中。	5.1 8S 管理意识，培养于提取叉架零件的过程中；认真细致的工作态度，培养于每一个拆解步骤都拍照记录的过程中；图示化能力，培养于绘制结构示意图的过程中。

学习任务 3：叉架类零件测绘

6.1 叉架零件的表达方法； 6.2 叉架类零件的表达技巧。	7.1 不规则零件的视图表达。	8.1 叉架零件的视图； 8.2 叉架零件的尺寸。	9.1 AutoCAD 绘图工具栏（图案填充等）； 9.2 编辑工具栏（移动、修剪、复制等）； 9.3 标注工具栏、图层的使用； 9.4 PDF 格式转换打印。	10.1 检查图纸的方法技巧。	11.1 PPT 制作方法； 11.2 汇报展示技巧； 11.3 评价的重要性。
6.1 绘制出叉架的视图及尺寸标注； 6.2 总结归纳叉架类零件的表达方案。	7.1 根据国家标准绘制出叉架零件图。	8.1 完善叉架零件视图及尺寸。	9.1 使用 AutoCAD 绘制出标准的叉架零件图。	10.1 能对图纸进行修改。	11.1 能制作 PPT，总结任务过程并进行汇报； 11.2 进行客观评价。

工作环节 3
测绘叉架零件

工作环节 4
成果审核验收

总结评价
工作环节 5

4. 手绘叉架零件草图及记录尺寸	5. 尺规绘制叉架零件图	6. 审核手工零件图纸	7. AutoCAD 计算机绘制叉架零件图		
6.1 叉架零件表达方案、汇报叉架类零件的表达技巧。	7.1 手工绘制的叉架零件工程图。	8.1 审核后的手工绘制的零件工程图。	9.1 零件工程图 DWG 格式、PDF 格式、打印出来的图纸。	10.1 检查核对后的零件工程图 DWG 格式、PDF 格式、打印出来的图纸。	11.1 PPT 报告、评价反馈表。
6.1 选择合适的方法的能力，培养于针对叉架类零件的结构特点选择合适的视图表达的过程中。	7.1 严格律己的能力，培养于手工绘制零件工程图的过程中。	8.1 发现图纸问题并解决问题的能力，培养于完善叉架零件图的过程中。	9.1 遵循工程图标准和规范的能力，培养于用 AutoCAD 绘制零件工程图的过程中。	10.1 严谨细致、遵循工程图标准和规范的能力，培养于修订零件工程图纸的过程中。	11.1 总结汇报能力，培养于制作 PPT 总结报告的过程中；客观评价的能力，培养于评价过程中。

教学活动

课程 1.《产品零件测绘》

学习任务 3：叉架类零件测绘

1 接受测绘任务，明确任务要求 → 2 制订工作计划表 → 3 测绘叉架零件 → 4 成果审核 → 5 总结评价

接受测绘任务，明确任务要求

工作子步骤	教师活动	学生活动	评价
阅读任务书，明确任务要求。	1. 通过 PPT 展示任务书，引导学生阅读工作页中的任务书，让学生明确任务完成时间、资料提交要求。举例划出任务书中的一个关键词，组织学生用荧光笔在任务书中画出其余关键词。 2. 列举查阅资料的方式，指导学生查阅资料明确叉架零件的结构特征；组织学生进行口述。 3. 教师组织学生填写工作页。 4. 组织学生任务书中签字。	1. 独立阅读工作页中的任务书，明确任务完成时间、资料提交要求，内容包括叉架零件的测绘、提交打印版及电子版的零件图纸。每个学生用荧光笔在任务书中画出关键词，如叉架零件的测绘、几何特征测量、零件图样绘制等。 2. 以小组合作的方式查阅资料明确叉架零件；各小组派代表口述叉架零件的结构特征。 3. 小组各成员完成工作页中引导问题的回答。 4. 对任务要求中不明确或不懂的专业技术指标，通过查阅技术资料或咨询教师进一步明确，最终在任务书中签字确认。	1. 找关键词的全面性与速度。 2. 资料查阅是否全面，复述表达是否完整、清晰。 3. 工作页中引导问题回答是否完整、正确。 4. 任务书是否有签字。

课时： 0.5 课时

1. 硬资源：自行车等。
2. 软资源：工作页、参考资料《机械制图》、《互换性技术与测量》、数字化资源等。
3. 教学设施：投影仪、一体机、白板、荧光笔等。

制订工作计划表

工作子步骤	教师活动	学生活动	评价
制订工作计划表	1. 通过 PPT 展示工作计划的模板，包括工作步骤、工作要求、人员分工、时间安排等要素，分解测绘叉架零件的工作步骤。 2. 指导学生填写各个工作步骤的工作要求、小组人员分工、阶段性工作时间估算。 3. 组织各小组进行展示汇报，对各小组的工作计划表提出修改意见并指导学生填写工作页中的工作计划表。	1. 根据给定的工作计划模板，以小组为单位在海报纸上填写工作步骤，包括了解产品功能及整体结构、拆解样品提取叉架零件、叉架零件几何特征测量记录与草图手绘、零件图手工绘制、零件图 AutoCAD 计算机绘制等。 2. 各小组填写每个工作步骤的工作要求；明确小组内人员分工及职责；估算阶段性工作时间及具体日期安排。 3. 各小组展示汇报工作计划表，针对教师及他人的合理意见进行修订并填写在工作页中。	1. 工作步骤是否完整。 2. 工作要求是否合理细致、分工是否明确、时间安排是否合理。 3. 工作计划表文本是否清晰、表达是否流畅、工作页填写是否完整。

课时： 0.5 课时

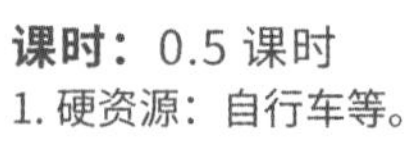

1. 硬资源：自行车等。
2. 软资源：工作页、数字化资源等。
3. 教学设施：投影仪、一体机、白板、白板笔、海报纸等。

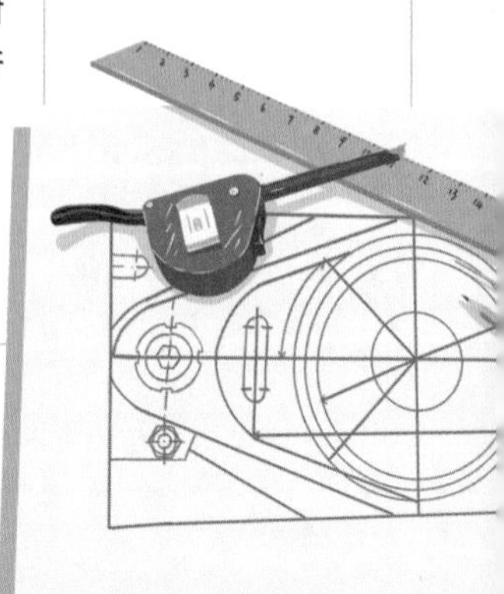

基准课时：24

测绘叉架零件

工作子步骤	教师活动	学生活动	评价
1. 了解产品功能及整体结构。	1. 组织学生分四个小组，以小组为单位领取自行车样品、工具箱以及测绘工具等。指导布置工作现场。 2. 教师提供关键词，引导学生通过网络查找资料，巡回指导学生填写工作页。 3. 教师组织学生以小组为单位，用标签纸标记出属于叉架类的零件，并组织小组互评和进行综合点评。 4. 教师组织学生填写工作页。	1. 以小组为单位领取自行车样品、工具箱以及测绘工具(图板、游标卡尺、圆角规、直尺、圈尺等)，布置工作现场。 2. 以小组为单位观察自行车的变速机构、传动机构、制动系统。通过网络查阅变速机构、传动机构、制动系统功能特点，完成工作页的引导问题，了解自行车中的传动原理，讲述自行车的功能原理。 3. 以小组为单位分析自行车的各结构，用标签纸标记出属于叉架类的零件，通过拍照方式记录产品完整的外形结构。 4. 在工作页上填写自行车各结构名称。	1. 使用方便的就近原则摆放工具；按工具类型摆放整齐，符合 8S 管理的标准。 2. 查找的速度，工作页的填写是否完整、正确。 3. 叉架类零件标记是否正确。 4. 工作页上填写自行车各结构名称是否正确。
课时： 3 课时 1. 硬资源：自行车样品、工具箱以及测绘工具，包括图板、游标卡尺、圆角规、直尺、圈尺等。 2. 软资源：工作页、有关自行车的结构原理视频的数字化资源等。 3. 教学设施：投影仪、白板、标签纸、工作台等。			
2. 制订拆解方案。	1. 组织学生以小组合作方式制订拆解方案，巡回指导学生。 2. 给每小组发放样表，指导学生制作电子零件清单。	1. 以小组为单位制订拆解方案。拆解方案内容包括拆解步骤、拆解工具、人员分工等信息。小组讨论确定拆解方案后填写在工作页上。 2. 以小组为单位制作一份电子版的产品零件清单，零件清单包含序号、零件名称、零件数量、备注等要素。	1. 拆解方案是否合理。 2. 制订的零件清单是否完整。
课时： 1 课时 1. 硬资源：自行车样品、工具箱等。 2. 软资源：工作页等。 3. 教学设施：计算机、投影、白板等。			
3. 拆解样品提取叉架零件。	1. 组织学生分小组拆解自行车，提取自行车的传动机构，指导学生计算传动比，分析变速原理，按照 8s 要求进行现场管理。 2. 指导学生填写零件清单，按照标记提取叉架零件。 3. 提供关键词，引导学生查阅网络资料，分析叉架类零件的结构特点。	1. 以小组为单位根据拆解方案拆解自行车，分模块规范摆放零件，重点了解自行车的传动机构，并计算链轮的齿数，在工作页上填写链传动的传动比，分析变速原理。 2. 以小组为单位拍照记录每一个拆解步骤，把照片插入产品零件清单，完成零件清单的内容填写，提交清单并展示，提取出自行车叉架零件。 3. 以小组为单位，通过查阅网络资料，了解叉架类零件的结构特点并填写在工作页上。	1. 是否按照拆解方案执行，拆解方案是否合理，传动比计算是否正确，是否按照 8s 要求进行现场管理。 2. 零件清单是否完整，提取叉架零件是否正确。 3. 叉架类零件的结构特点是否正确、完整。
课时： 1 课时 1. 硬资源：自行车样品、手机、拆解工具套装等。 2. 软资源：工作页、有关轴的分类数字化资源等。 3. 教学设施：投影仪、白板、零件清单等。			

教学活动

课程 1.《产品零件测绘》

学习任务 3：叉架类零件测绘

1 接受测绘任务，明确任务要求 → 2 制订工作计划表 → 3 测绘叉架零件 → 4 成果审核 → 5 总结评价

测绘叉架零件

工作子步骤	教师活动	学生活动	评价
4. 手绘叉架零件草图及记录尺寸。	1. 通过多媒体资源引导学生学习尺寸基准、叉架类零件的视图选择原则，完成工作页引导问题的检查。 2. 指导学生分析叉架类零件的工作位置，选择符合自行车前叉的视图表达方式，画出主视图。 3. 巡回指导学生对自行车前叉进行测量，完成测量后在手绘纸上记录尺寸。 4. 巡回指导完成自行车叉架的支持面及支撑孔的轴线、中心线，零件的对称轴等知识的学习。 5. 巡回指导学生计算配合尺寸。 6. 通过随机抽号的方式抽取学生代表展示对粗糙度的读取。	1. 分小组明确叉架零件的尺寸基准（尺寸基准、定位尺寸、定形尺寸）的含义、主视图的选择原则，并完成工作页中的引导问题。 2. 将零件按自然位置或工作位置放置。从最能反映零件工作部分和支架部分结构形状和相互位置关系的方向投影，确定主视图，在坐标纸上徒手绘制出自行车的前叉的主视图。 3. 利用测量工具（游标卡尺、卷尺等）准确测量零件的所有几何体的特征尺寸，并在手绘图纸的基础上进行尺寸记录。 4. 分析自行车叉架的支承平面及支承孔的轴线、中心线，零件的对称轴等主要基准。并记录在图纸上。 5. 分析叉架零件的尺寸公差、形位公差并计算配合尺寸，确定配合类别，填写到工作页上。 6. 通过粗糙度对比样块分析各加工面的表面粗糙度并进行正确标注，分析技术要求。	1. 叉架类零件的视图选择原则是否正确。 2. 主视图表达是否正确。 3. 手绘纸上记录的尺寸是否正确。 4. 自行车叉架的支持面、支撑孔的轴线，中心线、零件的对称轴分析是否齐全、内容是否详细。 5. 配合尺寸计算是否正确。 6. 粗糙度读数是否正确。
课时： 3 课时 1. 硬资源：自行车样品、游标卡尺、卷尺、粗糙度比较样块等。 2. 软资源：工作页、游标卡尺和螺旋测微器课件等。 3. 教学设施：计算机、投影仪、白板等。			
5. 尺规绘制零件图。	1. 示范在坐标纸上徒手绘图的方法及技巧，通过 PPT 引导学生分析叉架零件的结构特点，讲解局部剖视图表达，局部剖视图表达自行车前叉管的截面视图。 2. 根据叉架零件的结构特点引导学生交换检查叉架零件的视图表达。 3. 在工作页中提供其余叉架零件的图片，要求绘制出该叉架零件的视图。	1. 应用绘图工具手工绘制叉架零件的视图表达，根据叉架零件的视图选择原则选择合适的视图方向作为主视图，针对叉架零件的特点选用的局部结构，局部剖视图表达自行车前叉管的截面视图。 2. 学生之间交换检查现有的视图表达是否完整表达了叉架零件的结构。 3. 在工作页中绘制出其余叉架零件的视图，并总结叉架零件的表达方法及技巧。	1. 视图表达是否完整。 2. 能否正确指出图纸中存在的问题。 3. 视图表达是否完整，口述是否清晰。
课时： 6 课时 1. 硬资源：自行车样品、游标卡尺、千分尺、R 规、粗糙度比较样块等。 2. 软资源：工作页、《机械制图》等。 3. 教学设施：坐标纸、绘图工具、计算机、投影仪、白板等。			
6. 审核手工零件图纸。	1. 组织学生互相审核图纸，并提出审核要求，审核者必须在标题栏中签字确认。	1. 学生审核其他 2 名同学的手绘零件图，检查叉架零件的结构特点是否表达完整,尺寸标注与实物实际尺寸是否一致，并在原图上做彩色标注，被审核图纸经作者修改后交由审核者确认并签字。	1. 能否正确指出图纸中存在的问题。
课时： 1 课时 1. 硬资源：自行车样品、游标卡尺、千分尺、R 规、粗糙度比较样块 2. 软资源：工作页、《机械制图》、《机械设计手册》 3. 教学设施：完整的零件图纸、草绘图纸、绘图工具、计算机、投影仪、白板等。			

	工作子步骤	教师活动	学生活动	评价
测绘叉架零件	7. AutoCAD 计算机绘制叉架零件图。	1. 给定文件保存路径以及文件命名要求，巡回指导学生创建 A4 工程图模板文件，设置图层、文字样式、标注样式、粗糙度属性、绘制图框及标题栏。 2. 示范叉架零件的绘制过程，讲解绘图工具栏（圆弧、椭圆、填充等）、编辑工具栏（圆角、倒角、移动、修剪、复制、镜像等）的使用方法，并进行巡回指导。 3. 示范零件图尺寸标注及填写技术要求和标题栏，讲解尺寸标注工具栏及文字命令的使用，并进行巡回指导。 4. 检查学生文件格式转换是否正确。	1. 在指定路径下新建文件夹,并进行命名。创建 A4 工程图模板文件，设置图层、文字样式、标注样式、粗糙度属性、绘制图框及标题栏并保存。 2. 根据徒手绘制的零件图纸，结合教学视频绘制中心线以及图形，图形完整清晰。 3. 标注零件图纸尺寸、填写技术要求和标题栏，尺寸标注要全面准确。 4. 图纸保存为 DWG 格式，并转换成 PDF 格式，打印成 A4 图纸。	1. 文件夹路径保存是否正确。A4 工程图模板文件是否正确，是否设置图层、文字样式、标注样式、粗糙度属性，是否绘制图框及标题栏。 2. 图形绘制是否完整。 3. 尺寸标注是否规范、完整；技术要求编写是否合理；标题栏是否填写完整。 4. 文件是否正确保存，格式转换是否正确。
	课时： 6 课时 1. 软资源：手工绘制的图纸、工作页、《AutoCAD》教材、教学视频等。 2. 教学设施：计算机、投影仪、AutoCAD 软件、打印机、A4 纸等。			
成果审核	成果审核验收	1. 组织学生审核其他同学打印出来的 AutoCAD 图纸，并对电子版零件图进行修改。 2. 审定经同学审核签字后的图纸；提交成果给客户（企业技术人员）验收。	1. 学生审核其他同学打印出来的 AutoCAD 图纸，并对电子版零件图进行修改。检查叉架零件的结构特点是否表达完整、尺寸标注与实物实际尺寸是一致，列表记录错误处，并在原图上做彩色标注，被审核图纸经作者修改后，审核者确认并签字。 2. 经同学审核签字的图纸，提交教师最终审定。图纸经教师审定签字后，纸质版包装，电子版加密，提交成果给客户（企业技术人员）验收。	1. 能否正确指出图纸中存在的问题并在在原图上做彩色标注。 2. 是否根据教师意见对图纸进行修改。
	课时： 1 课时 1. 软资源：打印出来的 AutoCAD 图纸、电子版零件图等。 2. 教学设施：计算机、投影仪、AutoCAD 软件、打印机、A4 纸等。			
总结评价	总结评价	1. 组织学生以小组为单位进行汇报展示。 2. 组织学生填写评价表，对各小组的表现进行点评。	1. 以小组为单位制作一份 PPT，总结拆解、草绘、测量、手绘、机绘过程中遇到的困难及解决方法。 2. 填写评价表，完成整个学习任务各环节的自我评价并互评。	1. PPT 内容是否丰富、表达是否清晰。 2. 评价表填写是否完整。
	课时： 1 课时 1. 软资源：学习过程记录素材、打印出来的 AutoCAD 图纸、PPT、评价表等。 2. 教学设施：计算机、投影仪等。			

学习任务 4：整机测绘

任务描述

学习任务课时：60 课时

任务情境：

某机械产品设备生产企业为迎合市场的需求，需要开发一款新型系列螺旋千斤顶产品，要求体积小、重量轻、携带方便，应用于工厂仓库、桥梁、码头、交通运输和建筑工程等部门的起重作业。现需要对市场上热销的某品牌螺旋千斤顶进行整机测绘，在此基础上再进行改良设计。整机测绘工作任务量大、工作内容较繁琐，需要对千斤顶的所有零件进行测绘，形成零件工程图纸以及整机装配图纸，需要较强的专业基础能力以及绘图能力，且绘制的零件图以及整机装配图都要有严格的规范标准。现企业技术人员咨询我们在校生能否帮助他们完成该项繁琐但重要的整机测绘工作。教师团队认为，大家在老师指导下，学习一些相关内容，应用学院现有量具及绘图工具完全可以胜任。企业给我们提供了某型号的螺旋千斤顶，希望我们在样品到货五周内完成螺旋千斤顶的整机测绘工作，绘制的图纸由专业教师审核签字，给企业提交零件工程图以及整机装配图打印版及电子版图纸。优秀作品展示在学业成果展中，并由企业为作品优秀的学生提供暑期实习机会。

具体要求见下页。

产品零件测绘

工作流程和标准

工作环节 1

接受测绘任务，明确任务要求

阅读任务书，明确任务要求。通过阅读任务书，明确任务完成时间、资料提交要求，内容包括螺旋千斤顶的整机测绘、给企业提交零件工程图以及整机装配图打印版及电子版图纸等。用荧光笔在任务书中画出关键词，如整机测绘、零件工程图纸、整机装配图纸等。对任务要求中不明确或不懂的专业技术指标，通过查阅技术资料或咨询教师进一步明确，最终在任务书中签字确认。

学习成果：

签字后的任务书

学习成果：

口述、工作页

知识点、技能点：

螺旋千斤顶的作用、装配图

职业素养：

阅读能力，培养于阅读任务书的过程中，获取信息的能力，培养于查阅技术资料的过程中；分析问题及表达、倾听能力，培养于对任务书中不明之处咨询专家的过程中；责任意识，培养于对任务书的签名负责过程中。

工作环节 2

制订工作计划表

2

1. 分解测绘千斤顶整机的工作内容及工作步骤。工作环节内容可分为：了解产品功能及整体结构、拆解整机、各零件几何特征测量记录与草图手绘、装配图手工绘制、零件图 AutoCAD 计算机绘制、装配图 AutoCAD 计算机绘制、整机组装等。
2. 明确小组内人员分工及职责。
3. 估算阶段性工作时间及具体日期安排。
4. 制订工作计划文本并获得审定。工作计划内容包括工作环节内容、人员分工、工作要求、时间安排等要素。
5. 展示、汇报工作计划表，针对教师及他人的合理意见进行修订并获得审定定稿。

学习成果：

工作计划表

知识点、技能点：

整机测绘的工作流程

职业素养：

规划能力，培养于进行工作计划中的时间安排的过程中；协调能力，培养于进行人员分工安排的过程中；考虑周到的能力，培养于制订全面的工作计划的过程中；汇报能力，培养于汇报工作计划的过程中；学术争辩的能力，培养于针对他人意见或疑问进行解释说明的过程中；提出改进建议、评估和修订工作计划的能力，明确问题并解决问题的能力，培养于工作计划表的审核修订过程中。

工作环节 3 见第 47 页

工作环节 4

成果审核

审核其他 2 名同学的电子版零件图及打印出来的 AutoCAD 图纸。检查螺旋千斤顶各零件的结构特点是否表达完整、尺寸标注与实物实际尺寸是否一致，列表记录错误处，并在原图上做彩色标注，被审核图纸经作者修改后交由审核者确认并签字。经 2 名同学审核签字的图纸提交教师最终审定，后附勘误表及勘误原图。图纸经教师审定签字后，纸质版包装，电子版加密。

学习成果：

检查核对后的零件工程图 DWG 格式、PDF 格式、打印出来的图纸。

知识点、技能点：

检查图纸的方法技巧、修改 AutoCAD 图纸的技巧。

职业素养：

严谨细致、遵循工程图标准和规范的能力，培养于修订工程图纸的过程。

工作环节 5

成果验收

邀请客户（企业技术人员）做成果验收，对验收意见做答辩及后续处理，最终交付。

学习成果：

答辩及后续处理后的图纸

知识点、技能点：

针对意见进行图纸修改

职业素养：

学术争辩能力，培养于答辩过程中。

工作流程和标准

工作环节 3

测绘整机

3

1. 了解产品功能及整体结构。领取千斤顶样品、拆解工具箱以及测绘工具（图板、游标卡尺、圆角规、螺纹规等），查阅资料明确螺旋千斤顶的工作原理、作用以及使用场合，口述螺旋千斤顶的作用以及日常生活中见到的类似案例，了解螺旋千斤顶的传动原理，讲述千斤顶的功能原理并汇总所有机械传动方式。
2. 制订拆解方案。根据机械零件相关技术资料，观察螺旋千斤顶结构，确定螺旋千斤顶的零件清单，制订拆解方案。拆解方案内容包括拆解步骤、拆解工具、人员分工等信息。拆解方案需通过教师审定后方可实施。
3. 拆解整机。根据整机的结构特征分模块进行拆解，重点了解千斤顶各零件之间的装配连接关系，每一个拆解步骤都需要拍照记录，规范摆放零件，最终拆解成单个零件。根据实际零件完善螺旋千斤顶的零件清单，包括零件名称、数量、材料等信息，查阅资料确定标准件的规格型号。
4. 手绘各零件草图。根据各零件结构特点选择合适的测量工具测量并记录几何特征的数据，分析各零件的视图表达方案，选择合适的视图表达方案对各零件进行表达，测量数据时特别注意各装配件之间的尺寸关系，根据零件的装配要求查阅机械设计手册，确定有配合关系的零件的尺寸偏差、零件连接的种类，确定螺纹连接的画法。草绘装配结构示意图。
5. 尺规绘制装配图。根据测量记录以及装配结构示意图，应用绘图工具手工绘制一份 A2 螺旋千斤顶的装配工程图，图纸需符合国家相关标准，装配图的尺寸标注以及形位公差标注需根据装配要求做设计标注，查阅机械设计手册资料附一份公差分配设计的理由说明，并进行展示说明。引出装配图零件序号，并填写明细栏。学生审核其他 2 名同学的手绘装配图，检查螺旋千斤顶各零件的结构特点是否表达完整，手工装配图是否符合《机械制图》国家标准规范，列表记录错误处并在原图上做彩色标注，被审核图纸经作者修改后交由审核者确认并签字。
6. AutoCAD 计算机绘制零件图及装配图。根据手工绘制的零件图纸，应用 AutoCAD 绘图软件进行计算机绘图，确定各零件图的零件编号，保存为 DWG 格式，并转换成 PDF 格式，打印成 3 号图纸。根据手工绘制的装配图，在 AutoCAD 绘图软件中将各零件图组装成装配图，进行尺寸标注、引出零件序号、绘制明细栏、填写技术要求等。

学习任务 4：整机测绘

学习成果：

1. 工作页；
2. 零件清单、拆解方案；
3. 完善后的零件清单；
4. 各非标零件的视图表达方案、装配结构示意图；
5. 手工绘制的装配图。

工作成果：

1. 千斤顶各零件工程图、装配工程图 DWG 格式、PDF 格式、打印出来的图纸；
2. 组装后的螺旋千斤顶。

知识点、技能点：

1. 螺纹规的使用方法、螺旋传动基本原理、各类机械传动方式；
2. 零件拆解顺序关系、拆解工具的合理选用原则；
3. 零件型号、材料的确定；
4. 零件之间配合关系的确定、尺寸偏差的确定、零件连接的种类、螺纹连接的画法、装配结构示意图的画法；
5. 装配图的视图表达、装配图尺寸标注、零件序号的标注、明细栏的编写；
6. 图纸编号、用 AutoCAD 绘制装配图的方法技巧；
7. 零件组装技巧。

职业素养：

1. 语言表达能力、展示汇报能力，培养于讲述原理以及展示结构的过程中；
2. 逻辑能力，培养于制订拆解步骤过程中；
3. 8S 管理意识，培养于拆解整机的过程中；认真细致的工作态度，培养于每一个拆解步骤都拍照记录的过程中；图示化能力，培养于绘制结构示意图的过程中。
4. 查阅资料的能力，培养于查阅机械设计手册的过程中；选择合适方法的能力，培养于针对各零件的结构特点选择合适的视图表达方案的过程中；
5. 认真细致的工作能力，培养于绘制装配图的过程中；
6. 遵循工程图标准和规范的能力，培养于用 AutoCAD 绘制零件工程图的过程中；
7. 8S 管理意识，培养于整机组装的过程中。

课程 1.《产品零件测绘》

学习内容

知识点	1.1 装配图的定义、作用、组成要素； 1.2 装配图与零件图的区别； 1.3 螺旋千斤顶的作用。	2.1 整机测绘的工作流程。	3.1 螺纹规的使用方法； 3.2 螺旋传动基本原理； 3.3 各类机械传动方式。	4.1 零件拆解顺序关系； 4.2 拆解工具的合理选用原则。	5.1 标准件型号； 5.2 常见材料； 5.3 螺纹连接的画法； 5.4 轴承画法及选型。
技能点	1.1 从任务书中提取关键词； 1.2 能回答工作页中引导问题。	2.1 绘制出整机测绘的工作计划表。	3.1 讲述千斤顶的功能原理； 3.2 汇总所有机械传动方式。	4.1 合理选用拆解工具。	5.1 确定标准件的零件型号； 5.2 确定千斤顶中零件的材料； 5.3 绘制螺纹连接图； 5.4 确定轴承型号。
工作环节	工作环节 1 接受测绘任务，明确任务要求	制订工作计划表并审定 工作环节 2	1. 了解产品功能及整体结构	2. 制订拆解方案	3. 拆解整机
成果	1.1 签字后的任务书、工作页。	2.1 工作计划表。	3.1 工作页。	4.1 零件清单、拆解方案。	5.1 完善后的零件清单、螺纹连接图、轴承型号确定。
素养	1.1 阅读能力，培养于阅读任务书的过程中；获取信息的能力，培养于查阅技术资料的过程中；分析问题及表达、倾听的能力，培养于对任务书中不明之处提出咨询专家的过程中；责任意识，培养于对任务书的签名负责过程中。	2.1 规划能力，培养于进行工作计划中的时间安排的过程中；协调能力，培养于进行人员分工安排的过程中；考虑周到的能力，培养于制订全面的工作计的过程中；汇报能力，培养于汇报工作计划的过程中；学术争辩的能力，培养于针对他人意见或疑问进行解释说明的过程中；提出改进建议、评估和修订工作计划的能力，明确问题并解决问题的能力，培养工作计划表的审核修订过程中。	3.1 语言表达能力、展示汇报能力，培养于讲述原理以及展示结构的过程中。	4.1 逻辑能力，培养于制订拆解步骤的过程中。	5.1 8S 管理意识，培养于拆解整机的过程中；认真细致的工作态度，培养于每一个拆解步骤都拍照记录的过程中；图示化能力，培养于绘制结构示意图的过程中。

学习任务 4：整机测绘

6.1 零件之间配合关系的确定； 6.2 尺寸偏差的确定； 6.3 零件连接的种类； 6.4 装配结构示意图的画法。	7.1 装配图的视图表达； 7.2 装配图尺寸标注； 7.3 零件序号的标注； 7.4 明细栏的编写。	8.1 AutoCAD 各命令综合应用； 8.2 图纸编号； 8.3 AutoCAD 绘制装配图的方法技巧。	9.1 检查图纸的方法技巧； 9.2 修改 AutoCAD 图纸的技巧。	10.1PPT 制作方法； 10.2 汇报展示技巧； 10.3 评价的重要性。
6.1 绘制出各零件图； 6.2 绘制装配结构示意图。	7.1 根据国家标准绘制装配图和零件图。	8.1 使用 AutoCAD 绘制出标准的零件图和装配图。	9.1 能发现图纸中的问题； 9.2 能对图纸进行修改。	10.1 能制作 PPT 总结任务过程并进行汇报； 10.2 进行客观评价。
工作环节 3 测绘叉架零件			工作环节 4 成果审核验收	总结评价 工作环节 5
4. 手绘非标准零件草图	5. 尺规绘制装配图	6.AutoCAD 计算机绘制零件图跟装配图		
6.1 各非标零件的视图表达方案、装配结构示意图。	7.1 手工绘制的装配图。	8.1 千斤顶各零件工程图、装配工程图 DWG 格式、PDF 格式、打印出来的图纸。	9.1 检查核对后的零件工程图 DWG 格式、PDF 格式、打印出来的图纸。	10.1 PPT 报告、评价反馈表。
6.1 查阅资料的能力，培养于查阅机械设计手册的过程中；选择合适的方法的能力，培养于针对各零件的结构特点选择合适的视图表达方案的过程中。	7.1 查阅资料的能力，培养于查阅机械设计手册的过程中；认真细致的工作能力，培养于绘制装配图的过程中。	8.1 遵循工程图标准和规范的能力，培养于用 AutoCAD 绘制零件工程图和装配工程图的过程中。	9.1 严谨细致、遵循工程图标准和规范的能力，培养于修订零件工程图纸的过程中。	10.1 总结汇报能力，培养于制作 PPT 总结报告的过程中；客观评价的能力，培养于评价过程中。

课程 1.《产品零件测绘》

学习任务 4：整机测绘

❶ 接受测绘任务，明确任务要求 ❷ 制订工作计划表 ❸ 测绘整机 ❹ 成果审核验收 ❺ 总结评价

	工作子步骤	教师活动	学生活动	评价
接受测绘任务，明确任务要求	阅读任务书，明确任务要求	1. 通过 PPT 展示任务书，引导学生阅读工作页中的任务书，让学生明确任务完成时间、资料提交要求。组织学生用荧光笔在任务书中画出其余关键词。 2. 通过 PPT 展示螺旋千斤顶的工作原理、作用以及使用场合，并填写工作页。 3. 组织学生在任务书中签字。	1. 独立阅读工作页中的任务书，明确任务完成时间、资料提交要求，内容包括螺旋千斤顶的整机测绘、提交零件工程图以及整机装配图企业打印版及电子版图纸等。用荧光笔在任务书中画出关键词，如整机测绘、零件工程图纸、整机装配图纸等。 2. 小组各成员完成工作页中引导问题的回答。 3. 对任务要求中不明确或不懂的专业技术指标，通过查阅技术资料或咨询教师进一步明确，最终在任务书中签字确认。	1. 找关键词的全面性与速率。 2. 工作页中引导问题回答是否完整、正确。 3. 任务书是否有签字。
	课时： 2 课时 1. 硬资源：螺旋千斤顶等。 2. 软资源：工作页、参考资料《机械制图》、《互换性技术与测量》、数字化资源等。 3. 教学设施：投影仪、一体机、白板、荧光笔等。			
制订工作计划表	制订工作计划表	1. 通过 PPT 展示工作计划的模板，包括工作步骤、工作要求、人员分工、时间安排等要素；分解整机测绘的工作步骤。 2. 指导学生填写各个工作步骤的工作要求、小组人员分工、阶段性工作时间估算。 3. 组织各小组进行展示汇报，对各小组的工作计划表提出修改意见并指导学生填写工作页中的工作计划表。	1. 根据给定的工作计划模板，以小组为单位在海报纸上填写工作步骤，包括了解产品功能及整体结构、拆解整机、各零件几何特征测量记录与草图手绘、装配图手工绘制、AutoCAD 计算机绘制零件图、AutoCAD 计算机绘制装配图、整机组装。 2. 各小组填写每个工作步骤的工作要求；明确小组内人员分工及职责；估算阶段性工作时间及具体日期安排。 3. 各小组展示汇报工作计划表，针对教师及他人的合理意见进行修订并填写在工作页中。	1. 工作步骤是否完整。 2. 工作要求是否合理细致、分工明确、时间安排是否合理。 3. 工作计划表文本清晰、表达流畅、工作页填写完整。
	课时： 2 课时 1. 硬资源：螺旋千斤顶等。 2. 软资源：工作页、数字化资源等。 3. 教学设施：投影仪、一体机、白板、白板笔、海报纸等。			

基准课时：60

1 接受测绘任务，明确任务要求　2 制订工作计划表　3 测绘整机　4 成果审核验收　5 总结评价

工作子步骤	教师活动	学生活动	评价
1. 了解产品功能及整体结构。	1. 组织学生以小组为单位领取螺旋千斤顶样品、工具箱以及测绘工具等，通过示范指导学生正确使用螺纹规。 2. 通过 PPT 展示螺旋千斤顶的工作原理、作用以及使用场合，组织学生口述列举日常生活中见到的类似案例。 3. 引导学生汇总出所有的机械传动方式，组织学生填写工作页。	1. 以小组为单位领取螺旋千斤顶样品、工具箱以及测绘工具（图板、游标卡尺、圆角规、螺纹规等），学会正确使用螺纹规。 2. 学习螺旋千斤顶的工作原理、作用以及使用场合，口述日常生活中见到的类似案例。 3. 查阅资料汇总所有机械传动方式，并列举各种机械传动方式的使用场合，填写在工作页中；了解螺旋千斤顶的传动原理，讲述千斤顶的功能原理并汇总所有机械传动方式。	1. 使用方便的就近原则摆放工具；按工具类型摆放整齐，符合 8S 管理的标准。 2. 口述是否清晰、列举案例是否合理。 3. 汇总是否完整、工作页填写是否完整。
课时： 6 课时 1. 硬资源：螺旋千斤顶样品、工具箱以及测绘工具等。 2. 软资源：工作页、有关工具的 PPT 等。 3. 教学设施：投影仪、白板、海报纸、工作台等。			
2. 制订拆解方案。	1. 组织学生拍照记录产品的外形结构。 2. 组织学生以小组合作方式制订拆解方案并评价各小组的拆解方案。组织学生将拆解方案记录在工作页中。	1. 以小组为单位观察产品结构，并通过拍照方式记录产品的完整外形结构。 2. 根据机械零件相关技术资料，观察螺旋千斤顶结构，确定螺旋千斤顶的零件清单。以小组为单位制订拆解方案，拆解方案内容包括拆解步骤、零件名称、零件数量、零件材料、拆解工具等信息。拆解方案以海报纸形式展示并需通过教师审定后方可实施。将拆解方案记录在工作页中。	1. 产品的结构是否记录完整。 2. 拆解方案是否合理。
课时： 2 课时 1. 硬资源：螺旋千斤顶样品、手机等。 2. 软资源：工作页、有关螺旋千斤顶的结构原理视频的数字化资源等。 3. 教学设施：投影仪、白板、海报纸等。			
3. 拆解整机。	1. 组织学生拆解螺旋千斤顶并按照 8s 要求进行现场管理。 2. 组织学生在工作页中记录零件清单。	1. 以小组为单位根据整机的结构特征分模块进行拆解，重点了解千斤顶各零件之间的装配连接关系，每一个拆解步骤都需要拍照记录，规范摆放零件，最终拆解成单个零件。 2. 根据实际零件完善螺旋千斤顶的零件清单，包括零件名称、数量、材料等信息。	1. 是否按照 8s 要求进行现场管理。 2. 标准件规格型号确定是否正确、零件清单是否完整。
课时： 6 课时 1. 硬资源：螺旋千斤顶样品、手机、拆解工具套装等。 2. 软资源：工作页、有关材料的数字化资源等。 3. 教学设施：投影仪、白板、零件清单等。			

课程 1.《产品零件测绘》

学习任务 4：整机测绘

1 接受测绘任务，明确任务要求 → 2 制订工作计划表 → 3 测绘整机 → 4 成果审核验收 → 5 总结评价

	工作子步骤	教师活动	学生活动	评价
测绘整机	3. 拆解整机。	通过 PPT 讲解螺纹以及螺纹连接的相关知识，组织学生完成工作页。	学习螺纹以及螺纹连接的相关知识，完成工作页中相关问题的回答。查阅资料确定标准件螺纹的规格型号，并在工作页中记录完整的零件清单。	螺纹连接的画法是否正确。
	课时： 6 课时 1. 硬资源：螺旋千斤顶样品、手机、拆解工具套装等。 2. 软资源：工作页、有关螺纹连接的分类数字化资等。 3. 教学设施：投影仪、白板、零件清单等。			
	3. 拆解整机	通过 PPT 讲解轴承的画法及型号的相关知识，组织学生完成工作页。	学习标准件轴承的相关知识，完成工作页中相关问题的回答。查阅资料确定标准件轴承的规格型号，并在工作页中记录完整。	轴承型号确定是否准确。
	课时： 6 课时 1. 硬资源：螺旋千斤顶样品、手机、拆解工具套装等。 2. 软资源：工作页、有关轴承的数字化资源等。 3. 教学设施：投影仪、白板、零件清单等。			
	4. 手绘非标准零件草图。	1. 组织学生对千斤顶各零件进行草图手绘。 2. 通过 PPT 讲解装配图的相关知识。 3. 组织各小组展示各零件表达方案以及装配结构示意图，并提出修改意见。	1. 根据各零件结构特点选择合适的测量工具测量并记录尺寸数据，分析各零件的视图表达方案，选择合适的视图表达方案对各零件进行表达，测量数据时特别注意各装配件之间的尺寸关系；根据零件的装配要求查阅机械设计手册，确定有配合关的系零件的尺寸偏差、零件连接的种类，确定螺纹连接的类型以及标准画法。 2. 学习装配图的相关知识，草绘装配结构示意图。 3. 以小组为单位展示各零件表达方案以及装配结构示意图。	1. 工作页填写是否正确。 2. 视图表达是否合理、尺寸标注是否完整。 3. 装配图结构示意图表达是否清晰。 4. 表达是否清晰流畅、是否根据教师以及他人意见进行修改。
	课时： 6 课时 1. 硬资源：螺旋千斤顶样品、游标卡尺、千分尺、尺规、粗糙度比较样块等。 2. 软资源：工作页、游标卡尺和螺旋测微器课件等。 3. 教学设施：计算机、投影仪、白板等。			

测绘整机

工作子步骤	教师活动	学生活动	评价
5. 尺规绘制装配图。	1. 指导学生根据国家标准手工绘制装配图以及填写工作页。 2. 组织各小组展示装配工程图，并提出修改意见。	1. 根据测量记录以及装配结构示意图，个人独立应用绘图工具手工绘制一份A2螺旋千斤顶的装配工程图，装配图图纸需符合国家相关标准，装配图的尺寸标注以及形位公差标注需根据装配要求做设计标注，查阅机械设计手册资料附一份公差分配设计的理由说明，填写在工作页中，并进行展示说明。引出装配图零件序号，并填写明细栏以及标题栏。 2. 以小组为单位展示装配工程图，小组互提意见。	1. 是否根据国家标准绘制装配工程图。 2. 结构表达是否清晰、尺寸是否完整、零件序号是否整齐、明细栏是否完整。
课时： 6 课时 1. 硬资源：螺旋千斤顶样品、游标卡尺、千分尺、尺规、粗糙度比较样块等。 2. 软资源：工作页、《机械制图》、《机械设计手册》、零件图课件等。 3. 教学设施：完整的零件图纸、草绘图纸、绘图工具、计算机、投影、白板等。			
6. AutoCADyts 计算机绘制各零件图和装配图。	1. 讲解零件图纸编号的规则，巡回指导学生根据国家标准绘制各零件工程图。	1. 根据手工绘制的零件图纸，应用AutoCAD 绘图软件进行计算机绘图，形成标准的零件工程图，确定各零件图的零件编号，保存为 DWG 格式，并转换成 PDF 格式，零件图符合国家标准要求。	1. 零件图纸编号是否合理、零件工程图是否符合国家制图标准。
课时： 2 课时 1. 软资源：手工绘制的图纸、工作页、《AutoCAD》教材、教学视频等。 3. 教学设施：计算机、投影仪、AutoCAD 软件等。			
7. 标注零件序号，绘制明细栏。	1. 示范操作用 AutoCAD 软件进行零件序号标注以及绘制明细栏的方法。 2. 指导学生选择合适的图纸大小进行打印。	1. 根据手工绘制的装配图，在 AutoCAD 绘图软件中将各零件图组装成装配图，进行尺寸标注、引出零件序号、绘制明细栏、填写技术要求等。 2. 打印各零件图纸以及装配图。装配图符合国家标准要求。	1. 装配图尺寸标注是否合理完整、零件序号是否规范清晰、明细栏是否完整、技术要求是否准确。 2. 图纸打印是否清晰。
课时： 6 课时 1. 软资源：手工绘制的图纸、工作页、《AutoCAD》教材、教学视频等。 3. 教学设施：计算机、投影仪、AutoCAD 软件等。			

课程 1.《产品零件测绘》

学习任务 4：整机测绘

	工作子步骤	教师活动	学生活动	评价
成果审核验收	成果审核验收	1. 组织学生审核其他同学打印出来的 AutoCAD 图纸，并对电子版零件图进行修改。 2. 审定经同学审核签字后的图纸；提交成果给客户（企业技术人员）验收。	1. 学生审核其他同学打印出来的 AutoCAD 图纸，并对电子版零件图进行修改。检查轴类零件的结构特点是否表达完整、尺寸标注与实物实际尺寸是否一致，列表记录错误处，并在原图上做彩色标注，被审核图纸经作者修改后，交由审核者确认并签字。 2. 经同学审核签字的图纸，提交教师最终审定；教师审定签字后，纸质版包装，电子版加密，提交成果给客户（企业技术人员）验收。	1. 能否正确指出图纸中存在的问题并在在原图上做彩色标注。 2. 是否根据教师意见对图纸进行修改。
	课时： 3 课时 1. 软资源：打印出来的 AutoCAD 图纸、电子版零件图等。 2. 教学设施：计算机、投影仪、AutoCAD 软件、打印机、A4 纸等。			
总结评价	总结评价	1. 组织学生以小组为单位进行汇报展示。 2. 组织学生填写评价表，对各小组的表现进行点评。	1. 以小组为单位制作一份 PPT，总结拆解、草绘、测量、手绘、机绘过程中遇到的困难及解决方法。 2. 填写评价表，完成整个学习任务各环节的自我评价并互评。	1. PPT 内容是否丰富、表达是否清晰。 2. 评价表填写是否完整。
	课时： 6 课时 1. 软资源：学习过程记录素材、打印出来的 AutoCAD 图纸、PPT、评价表等。 2. 教学设施：计算机、投影仪等。			

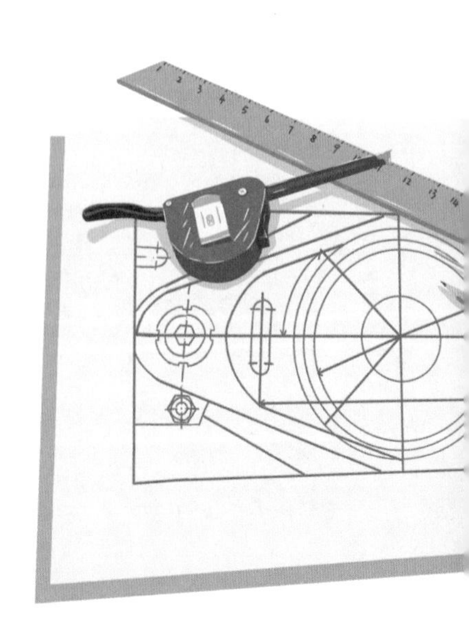

基准课时：60

产品零件测绘

考核标准

平口钳整机测绘

情境描述：

某企业由于资料管理不善，开发出的几款经典机械产品千斤顶（平口钳）图纸损毁或者丢失，现只有这些机械产品的零件图纸，为保证产品资料的完整性，现需要使用计算机绘图软件将零件图纸绘制成电子版保存。你所在部门主管将此项工作任务交给你们组，组长又将任务分配给作为绘图员的你，希望你在一周内完成千斤顶（平口钳）所有零件图的绘制，绘制的零件图以及整机装配图都要有严格的规范标准。绘制的图纸需先交给你所在小组的组长签字，最终提交所有零件图的 DWG 格式以及 PDF 格式给部门主管进行存档。

任务要求：

根据上述任务要求制订一份尽可能详实的能完成此次任务的工作方案，并完成平口钳设备的拆装、测绘、分析，形成加工与安装图纸，保证图纸的正确性及准确性，能投入加工生产。

1. 该工作任务以个人独立的形式完成，小组中选出最好的图纸进行汇报展示。
2. 分析明确产品工作原理并进行简述。
3. 识读零件图图纸。
4. 用计算机绘制出符合国家标准规范的零件视图以及装配图。
5. 输出零件工程图及装配工程图打印格式。
6. 展示汇报成果。

参考资料：

完成上述任务时，你可能使用专业教材、网络资源、《机械设计手册》《机械制图国家标准》《AutoCAD 国家标准》《计算机安全操作规程》、机房管理条例等参考资料。

评价方式：

第一部分：理论考试评分标准

考核的第一部分（占终结性考核总分 40%）的分数全部为客观分。卷面总分为 100 分。该部分实际得分为卷面分乘以 40%。具体的答案及评分标准以试卷标准答案及评分规则为准。

第二部分：任务实操的评分标准

考核的第二部分（占终结性考核总分 60%）包括过程性和终结性的评价标准，同时有主观和客观的评分因素。

该部分的成绩由自评、小组评和教师评价相结合。该部分的评价，使用文件后的《工作过程评价表》进行。考核第二部分的终结性评价占该部分考核的 70%，具体的评分要素和标准请参见《产品零件测绘评分表》。

评价标准：

表格 1 《工作过程评价表》

班级：________________　　任务名称：________________

被评价者姓名：________________　　所属组别：________________

评分标准	分数分配	自我评价（30%）	小组评价（30%）
整个工作过程符合教师提出的、学材上所列明的以及企业规章制度所明确的工作规范。工作流程中的着装、语言和行为符合贸易行业的职业规范和相关法律的规定。	5		
能独立完成所负责的工作内容，能竭尽全力解决遇到的困难，以认真负责的态度保证工作的质量。	6		
作为任务环节的负责人，能够合理、有效率地组织组员展开工作。对于自己负责的工作内容，能合理规划工作内容和步骤，做到保证质量、有条不紊。	5		
在每个环节中，能主动与其他组员就任务的进展和工作的思路进行交流。认真聆听其他组员的意见。	6		
在任务的实施过程中，能熟练灵活地运用各种学习和工作资源。在向其他组员和教师求助之前，能够先利用并穷尽教材、学材等资源。	6		
能察觉工作中出现的困难或错误，提出并实践不同的改善方案，直至解决问题。	6		
在整个任务过程中不浪费包括时间在内的资源和耗材，使得整个工作过程是环境友好并且有效率的。	6		
小计	40		
总分			
说明：总分 = Σ 自我评价 ×30%+ Σ 小组评价 ×30%+ Σ 教师评价 ×40%；得分可以为整数，也可以精确到小数点后一位。			

考核标准

千斤顶考核指标

表格 2：《产品零件测绘评价表》

班级：________________ 任务名称：________________

被评价者姓名：________________ 所属组别：________________

评价项目	评价点	分值
底座零件图（15 分）	视图完整、图层使用合理	10
	尺寸标注符合国家标准	5
顶盖零件图（10 分）	视图完整、图层使用合理	5
	尺寸标注符合国家标准	5
螺钉零件图（5 分）	视图完整、图层使用合理	3
	尺寸标注符合国家标准	2
旋转杆零件图（5 分）	视图完整、图层使用合理	3
	尺寸标注符合国家标准	2
起重螺杆零件图（15 分）	视图完整、图层使用合理	10
	尺寸标注符合国家标准	5
总装配图（40 分）	视图完整、图层使用合理	20
	尺寸标注符合国家标准	10
	零件序号、明细栏完整	10
工作态度（10 分）	认真、严谨、细致	10

平口钳考核指标

班级：________　　任务名称：________

被评价者姓名：________　　所属组别：________

评价项目	评价点	分值
固定钳身零件图（15 分）	视图完整、图层使用合理	10
	尺寸标注符合国家标准	5
丝杠零件图（10 分）	视图完整、图层使用合理	5
	尺寸标注符合国家标准	5
螺母零件图（5 分）	视图完整、图层使用合理	3
	尺寸标注符合国家标准	2
钳口板零件图（5 分）	视图完整、图层使用合理	3
	尺寸标注符合国家标准	2
活动钳口零件图（15 分）	视图完整、图层使用合理	10
	尺寸标注符合国家标准	5
总装配图（40 分）	视图完整、图层使用合理	20
	尺寸标注符合国家标准	10
	零件序号、明细栏完整	10
工作态度（10 分）	认真、严谨、细致	10

课程 2.《产品手绘》

学习任务 1		学习任务 2		学习任务 3
基于几何形态为主的产品手绘		多几何体交叉组合的产品手绘		带曲面形态的产品手绘
（40）课时		（40）课时		（40）课时

课程目标

学习完本课程，学生应该能够快速表达设计创意，并且使客户对设计创意快速沟通理解，使用徒手表达工具，把所想、所见的设计信息记录下来，形成产品设计初稿；能遵守各项规章制度，严格执行安全、设备、技术操作规程，严格按照企业安全生产制度、环保管理制度和“6S”管理规定完成相关工作，在工作中养成吃苦耐劳、爱岗敬业的工作态度和良好的职业素养，提高学习产品设计的兴趣，养成关注手绘技巧的思维习惯，增强振兴我国制造工业的责任感。具体目标包括：

1. 通过阅读任务书，明确任务完成时间、资料提交要求，通过查阅资料明确各手绘结构的表达含义，通过查阅相关资料或咨询教师进一步明确任务要求中不明之处，最终在任务书中签字确认。

2. 能叙述工业设计发展史及未来发展趋势，能够通过头脑风暴法、提炼关键词法（列表、十字图、雷达图、饼状图等）制订产品草图设计方案指导性资料。

3. 能够正确绘制几何形态为主的产品手绘外观形态，如确定产品尺寸比例、产品外观形态及特征。

4. 能够正确绘制几何形态为主的产品手绘的颜色材质。

5. 能够正确绘制几何形态为主的产品手绘的细节特征。

6. 能够正确绘制几何形态为主的产品手绘的三视图。

7. 明确并掌握几何形态为主的产品手绘的透视关系、明暗关系、不同表面处理工艺的材质表现；掌握马克笔、彩铅等绘图工具的运用技巧。

8. 能够根据企业要求和设计规范对设计草图进行深化修改，归纳设计草图修改意见并整理出草图修改意见表。

9. 能够针对草图修改意见表，对可发展方案进行修改、深化，在规定时间内提交优化后的方案草图，并对产品草图进行包装。

10. 展示汇报几何形态为主的产品手绘的成果，能够根据评价标准进行自检，并能审核他人成果以及提出修改意见。

11. 能够进行市场调研分析、用户需求分析、竞品分析、设计创意定位。

12. 能够运用产品设计知识，对产品进行技术创新，通过分析产品成本和使用价值，降低成本，节约资源。

课时：160

学习任务 4

复杂形态的产品手绘

（40）课时

课程内容

根据课程目标逐条梳理学习内容为：

1. 产品市场调研、用户分析、竞品分析方法；
2. 对产品收集相关信息资料，对市场、用户、产品进行归类比较和调查分析，展示汇报成果。
3. 确定产品外观形态的结构构成与各部构件的含义；
4. 几何形态为主的产品手绘的工作流程；
5. 产品设计速写的方法；
6. 几何形态产品的结构特点；
7. 正确使用产品设计速写的绘制工具；
8. 徒手绘图的技巧；
9. 几何形态产品的草图表达方案；
10. 手绘产品的透视关系、尺寸比例关系的表现方法；
11. 产品外观材质及颜色的手绘表现技法；
10. 草图设计方案的优化；
11. 产品使用场景效果图的表达；
12. 展示、汇报、答辩能力和技巧；
13. 产品价格成本控制分析技巧；
14. 比对分析产品的价格工艺可行性分析，采用新材料，可回收利用，减少环境污染。

学习任务 1：基本几何形态为主的产品手绘

任务描述

学习任务课时：40 课时

任务情境：

某家工业设计公司需要设计一款不锈钢保温杯，设计人员首先要对市场上热销的保温杯外观造型、使用人群需求、成本、容量、年销售量等进行对比分析，为后续设计提供可参照的资料；再根据调研资料，设计师团队采用头脑风暴等设计方法，确定设计风格与定位；最后进行该保温杯的外观设计手绘。其中对保温杯的外观设计手绘是一项关键工作，该项工作的失误将导致保温杯产品开发工作的延迟以致影响整个项目的时间进度，甚至影响新产品在市场中的竞争力。该类产品的外观设计手绘技术相对简单，对简单几何形态的整体造型，需要创造力和严谨的工作态度，并须通过授权人员审核方可通过。该公司的设计人员希望我校在校生帮助他们完成该项简单、量大但重要的工作，教师团队认为大家在老师的指导下，通过学习一些相关内容，应用学院现有的绘图工具，完全可以胜任。学生需在 20 天内完成 10 个以上的设计草图方案，设计方案手绘稿要求清晰表达产品形态、尺寸比例、材质、颜色以及部分细节特征。完成后由专业教师审核签字再提交企业。优秀作品成为优秀方案模板，展示在学业成果展里。

据了解，企业要求方案设计需面向有一定消费能力和审美要求的都市年轻人，产品价格区间定在 50 ～ 300 元，年销售量 10 ～ 30 万个，容积为 350 ml。

具体要求见下页。

产品手绘

课程 2.《产品手绘》

工作流程和标准

工作环节 1

草图绘制前准备

1. 聆听指导教师下达设计任务，明确任务完成时间、资料提交等要求。对主要技术指标中不明之处，通过查阅相关资料或咨询老师进一步明确，最终整理出设计任务要点归纳表，并交教师签字确认。
2. 通过对我国知名产品设计案例进行介绍，展开爱国情怀案例讨论，分析提炼本土设计品牌设计元素，培养学生对中国制造和设计的认同感。通过案例思考设计方向，制订产品草图设计方案指导性资料。
   (1) 介绍国内产品设计案例以及本土知名的设计师（全国大学生工业设计大赛、省长杯、东莞杯等），培养学生对国内工业设计文化的认同感。
   (2) 以华为应对美国禁令事件及华为全球手机销量超过苹果为例，小组代表阐述观点看法，总结我国技术产品日渐强大所带来的民族自豪感。
   (3) 学生分小组讨论总结小米、oppo 等国内品牌产品的外观设计造型语言，提取设计元素运用于保温杯设计外观手绘中。
   (4) 学生从企业提供的市场调研报告中，整理同类产品相关资料，包括使用人群需求、产品价格与产品形态、表面处理工艺、部分细节特征关系，得出保温杯方案设计定位。
   (5) 学生以小组为单位，根据设计定位开展头脑风暴，收集可发展的创意点。
   (6) 学生以小组为单位整理出不锈钢保温杯设计方案指导性资料（包括产品形态、材质、表面工艺、颜色、部分细节特征等）。

工作成果：
不锈钢保温杯设计方案指导性资料。

学习成果：
签字后的任务要点归纳表。

知识点、技能点：

1. 任务中关键要点的归纳方法（5W1H）
2. 头脑风暴法，提炼关键词方法（列表、十字图、雷达图、饼状图等）。

职业素养：

1. 获取信息的能力，培养于明确设计任务的过程中；专业沟通能力，培养于对任务不明之处向老师进行咨询的过程中；分析问题、总结问题的能力，培养于填写任务要点归纳表的过程中；严谨的工作态度，培养于对任务书的签名负责过程中
2. 获取信息的能力，培养于整理调研报告及归纳设计定位的过程中；分析问题及表达、倾听的能力，培养于头脑风暴过程中；团队工作能力，培养于头脑风暴和整理设计方案指导性资料的过程中。

工作环节 2

实施草图绘制工作任务

2

根据之前整理出的不锈钢保温杯设计方案指导性资料，融入产品设计形态语言，结合人文素养，学生开始绘制产品设计草图。

1. 绘制产品外观形态，包括：

（1）确定不锈钢保温杯的尺寸比例；

（2）绘制出产品外观形态及特征。

2. 绘制不锈钢保温杯的颜色、材质。

3. 绘制不锈钢保温杯部分细节特征。

4. 绘制不锈钢保温杯三视图。

学习成果：
不锈钢保温杯的设计草图，不锈钢保温杯的三视图。

知识点、技能点：
透视原理，单个基本几何形态产品的透视形式，明暗关系，不锈钢不同表面处理工艺的材质表现，马克笔、彩铅等绘图工具的运用技巧。

职业素养：
创造力，培养于产品外观形态的绘制过程中；严谨的工作态度，培养于产品三视图的绘制过程中。

工作流程和标准

工作环节 3

优化设计方案，进行反馈

3

1. 规整设计草图修改意见。

   指导教师根据企业要求和设计规范，甄选出可发展的设计草图，对可发展方案进行点评并提出深化修改意见；学生归纳设计草图修改意见并整理出草图修改意见表。

2. 修改、深化可发展方案。

   学生根据规整出的设计草图修改意见对可发展方案进行修改、深化，并在规定时间内提交优化后的方案草图给教师进行最终审定。教师审定签字后，对产品方案草图进行包装。

工作成果：
修改意见表、优化后方案草图。

知识点、技能点：
针对意见进行方案草图修改。

职业素养：
获取信息的能力，培养于规整设计草图修改意见的过程中；评估可行解决方案的能力和明确问题并解决问题的能力，培养于修改、优化产品方案草图的过程中

工作环节 4

成果验收

用 PPT 展示、汇报设计成果，邀请客户（企业技术人员）做成果验收，对验收意见做答辩及优化，最终交付。

学习成果：
答辩及优化后的不锈钢保温杯方案草图

知识点、技能点：
汇报、展示、答辩的技巧和方式。

职业素养：
陈述与沟通能力，培养于答辩过程中。

课程 2.《产品手绘》

学习内容

知识点	1.1 任务中关键要点的归纳方法（5W1H）； 1.2 从任务书中提取关键词； 1.3 归纳填写任务表要点内容。	2.1 头脑风暴法； 2.2 提炼关键词方法； 2.3 列表、十字图、雷达图、饼状图； 2.4 产品手绘的工作流程。	3.1 手绘的透视原理； 3.2 单个基本几何形态产品的透视形式； 3.3 产品细节手绘表现、造型结构分析； 3.4 产品手绘明暗关系表现； 3.5 不锈钢不同表面处理工艺的材质表现； 3.6 马克笔、彩铅等绘图工具的运用技巧； 3.7 三视图的绘制、工程制图的手绘标准。
技能点	1.1 获取信息的能力，培养于明确设计任务的过程中； 1.2 专业沟通能力，培养于对任务不明之处向老师进行咨询的过程中。	2.1 获取信息的能力，培养于整理调研报告和归纳设计定位的过程中； 2.2 分析问题及表达、倾听能力，培养于头脑风暴过程中。	3.1 创造力，培养于产品外观形态的绘制过程中； 3.2 产品三视图的绘制技巧。
工作环节	工作环节 1 草图绘制前准备		工作环节 2 实施草图绘制工作任务
成果	1.1 签字后的任务要点归纳表、展示的卡片。	2.1 不锈钢保温杯设计方案指导性资料、工作计划表。	3.1 不锈钢保温杯的造型轮廓图，手绘线稿完成图、上色效果图、三视图。
素养	1.1 分析问题、总结问题能力培养于填写任务要点归纳表过程中。	2.1 团队工作能力，培养于头脑风暴和整理设计方案指导性资料的过程中； 2.2 通过鉴赏我国优秀作品，讨论爱国情怀案例，提高对中国制造和设计的认同感。	3.1 细心专注培养于产品三视图的绘制过程中。

学习任务 1：基本几何形态为主的产品手绘

4.1 对符合要求的效果图的鉴赏和评审的方法； 4.2 针对修改意见进行产品效果图的深化绘制。	5.1 汇报展示答辩的技巧和方式。
4.1 针对意见进行方案草图修改并出新成品； 4.2 持续改进的毅力品质。	5.1 陈述与沟通能力，培养于答辩过程中。
工作环节 3 优化设计方案，进行反馈	工作环节 4 成果验收
4.1 深化修改意见表、优化后的方案的效果图。	5.1 答辩及优化后的不锈钢保温杯效果草图。
4.1 评估可行解决方案的能力和明确问题并解决问题的能力，培养于修改、优化产品方案草图的过程中。	5.1 严谨的工作态度，培养于汇报答辩的过程中。

教学活动

课程 2.《产品手绘》

学习任务 1：基本几何形态的产品手绘

1 草图绘制前准备 → 2 实施草图绘制工作任务 → 3 进行设计评审并完成最终产品手绘效果图的绘制 → 4 成果验收

草图绘制前准备

工作子步骤	教师活动	学生活动	评价
1. 聆听指导教师下达设计任务，明确任务要求。	1. 通过 PPT 展示任务书，引导学生阅读工作页中的任务书，让学生明确任务完成时间、资料提交要求。举例划出任务书中的一个关键词，组织学生用荧光笔在任务书中画出其余关键词。 2. 列举不锈钢手绘草图的表现方式，指导学生查阅资料，明确使用场合，组织汇总并制作 PPT 向全班报告。 3. 组织学生填写工作页。	1. 通过聆听指导教师下达设计任务，明确任务完成时间、资料提交等要求。 2. 对主要技术指标中不明之处，通过查阅相关资料或咨询老师进一步明确。 3. 整理出设计任务要点归纳表，并提交教师签字确认。	1. 关键词是否准确全面。 2. 汇总表达是否完整清晰。 3. 要点归纳表是否有签字。
课时：4 课时 1. 硬资源：不锈钢保温杯等。 2. 软资源：任务书、PPT 等。 3. 教学设施：投影仪、一体机、白板、荧光笔、卡纸等。			
2. 制订产品草图设计方案指导性资料。	1. PPT 展示产品设计案例以及本土知名的设计师的介绍（全国大学生工业设计大赛、省长杯、东莞杯等）。 2. 以华为应对美国禁令事件及华为全球手机销量超过苹果为例，组织小组代表阐述观点看法，总结我国技术产品日渐强大所带来的民族自豪感 3. 组织学生分小组讨论总结小米、oppo 等国内品牌的产品外观设计造型语言。 4. 根据设计方案指导性资料及工作计划的模板，包括产品造型结构、产品线条表现方法工作步骤工作要求人员分工、时间安排等要素，分解产品手绘的工作步骤。 5. 指导学生填写各个工作步骤的工作要求、产品不同结构的手绘要求、小组人员分工、阶段性工作时间估算。 6. 组织各小组进行展示汇报，对各小组的工作计划表提出修改意见并指导学生填写工作页中的工作计划表。	1. 小组讨论国内产品设计案例，了解本土知名的设计师（全国大学生工业设计大赛、省长杯、东莞杯等），培养对国内工业设计文化的认同感。 2. 以华为应对美国禁令事件及华为全球手机销量超过苹果为例，小组代表阐述观点看法。 3. 学生分小组讨论总结小米、oppo 等国内品牌的产品外观设计造型语言，提取设计元素运用于保温杯设计外观手绘中。 4. 学生从企业提供的市场调研报告中，整理同类产品相关资料，包括使用人群需求、产品价格与产品形态、表面处理工艺、部分细节特征关系，得出保温杯方案设计定位。 5. 学生以小组为单位，根据设计定位开展头脑风暴，收集可发展的创意点。 6. 以小组为单位整理出不锈钢保温杯设计方案指导性资料（包括产品形态、材质、表面工艺、颜色、部分细节特征等），各小组展示汇报工作计划表，针对教师及他人的合理意见进行修订并填写在工作页中。	1. 能否分析总结案例的成功之处。 2. 小组讨论发言总结汇报成果。 3. 关于专题讲座的思想总结。 4. 能否完整书写出工作步骤。 5. 工作要求合理细致、产品造型结构分析精准、分工明确、时间安排合理。 6. 产品设计方案指导书、工作计划表文本清晰、表达流畅、工作页填写完整。
课时：4 课时 1. 硬资源：不锈钢保温杯等。 2. 软资源：工作页、数字化资源等。 3. 教学设施：投影仪、一体机、白板、白板笔、海报纸等。			

基准课时：40

1 草图绘制前准备 → 2 实施草图绘制工作任务 → 3 进行设计评审并完成最终产品手绘效果图的绘制 → 4 成果验收

实施草图绘制工作任务

工作子步骤	教师活动	学生活动	评价
1. 绘制产品外观形态	1. 讲授并示范产品手绘直线、曲线的绘制技巧。 2. 讲授产品一点透视的原理及绘制技巧。 3. 示范不锈钢保温杯产品外观形态的绘制步骤。	1. 独立进行产品手绘草图的绘制。 (1) 练习产品手绘直线、曲线的绘制技法。 (2) 针对基本几何形态的产品，进行一点透视学的手绘技法的训练。 2. 确定不锈钢保温杯的尺寸比例。 3. 绘制出保温杯产品外观形态及特征。	1. 产品手绘的直线及曲线是否流畅美观。 2. 不锈钢保温杯的一点透视效果是否准确。 3. 不锈钢保温杯的外观形态是否绘制准确美观。
课时： 6 课时 1. 硬资源：手绘纸、画板、手绘桌、2B 铅笔、橡皮擦等。 2. 软资源：工作页等。 3. 教学设施：投影仪、一体机、白板、纸等。			
2. 绘制不锈钢保温杯部分细节特征。	1. 进行不锈钢造型结构的分解讲授。 2. 进行细节特征绘制的示范；进行线稿图背景氛围效果的绘制示范。	1. 对不锈钢保温杯造型进行结构分析，并绘制细节特征，包括： (1) 产品轮廓线的处理； (2) 产品分型线的绘制； (3) 产品结构线的绘制； (4) 产品剖面线的绘制。 2. 学生对线稿图进行背景及氛围效果的完善绘制，包括： (1) 阴影区间的绘制及线条表现； (2) 产品使用场景及设计说明使用方法的手绘表现。	1. 细节特征是否绘制准确。 2. 保温杯的结构造型绘制是否美观准确。 3. 阴影区间及线条表现是否准确美观。 4. 产品使用场景及说明绘制是否美观准确。
课时： 4 课时 1. 硬资源：手绘纸、画板、手绘桌、2B 铅笔、橡皮擦等。 2. 软资源：工作页等。 3. 教学设施：投影仪、一体机、白板、纸等。			
3. 绘制不锈钢保温杯的颜色、材质。	1. 示范演示马克笔、彩铅上色技巧及方法。 2. 示范演示不锈钢表面材质的表现。 3. 示范整体明暗效果的调整绘制。	1. 对不锈钢保温杯线稿进行不同颜色搭配的绘制。 2. 对保温杯表面不锈钢材质的手绘表现进行绘制。 3. 对整体产品效果进行明暗关系的调整绘制。	1. 马克笔、彩铅上色技巧是否准确。 2. 整体产品明暗调整是否协调。 3. 不锈钢表面材质是否表现准确美观。
课时： 4 课时 1. 硬资源：工作页、马克笔、彩铅等。 2. 教学设施：投影仪、一体机、白板、纸等。			

产品手绘

课程 2.《产品手绘》

学习任务 1：基本几何形态的产品手绘

 草图绘制前准备

 实施草图绘制工作任务

 进行设计评审并完成最终产品手绘效果图的绘制

4 成果验收

阶段	工作子步骤	教师活动	学生活动	评价
实施草图绘制工作任务	4. 绘制不锈钢保温杯三视图。	1. 示范不锈钢保温杯的三视图绘制。	1. 学生独立完成不锈钢保温杯三视图的绘制。	1. 三视图尺寸比例是否准确。 2. 是否符合工程制图的标准。
实施草图绘制工作任务	**课时：** 6 课时 1. 硬资源：工作页、2B 铅笔、制图工具等。 2. 教学设施：投影仪、一体机、白板、纸等。			
进行设计评审并完成最终产品手绘效果图的绘制	1. 设计评审。	1. 教师根据企业要求和设计规范，甄选出可发展的设计草图，对可发展方案进行点评并提出深化修改意。 2. 教师利用情景模拟法，指导学生清晰、准确、简明地提出意见和建议，着重培养学生的沟通表达能力、执行能力及解决问题的能力。 3. 教师总结及点评，强调在渲染过程中出现的问题和注意事项。	1. 以小组为单位，每个小组用幻灯片展示自己制作的效果图。 2. 学生根据设计需求与设计规范，两两相互评审，对产品效果图的最终表现效果进行讨论，并对效果图进行点评，提出深化修改意见。 3. 听取教师讲解渲染过程中的问题和注意事项。	1. 效果图是否能准确表达产品的功能和用途。 2. 意见和建议是否清晰、准确、简明。
进行设计评审并完成最终产品手绘效果图的绘制	**课时：** 4 课时 1. 硬资源：幻灯片、白板等。			
进行设计评审并完成最终产品手绘效果图的绘制	2. 修改、深化可发展方案。	1. 指导学生对效果图进行修改调整。 2. 利用情景模拟法，指导学生清晰、准确、简明地对自己的设计方案进行阐述，着重培养学生的沟通表达能力、执行能力及解决问题的能力。 3. 教师总结及点评，强调在效果图手绘过程中出现的问题和注意事项。 4. 教师布置作业。	1. 每个小组结合深化修改意见对效果图进行再次修改调整。 2. 学生进行情景模拟，阐述自己的设计方案。 3. 听取教师总结效果图手绘过程中出现的问题。 4. 完成老师布置的作业。	1. 手绘效果图是否能准确表达产品的功能和用途。 2. 学生表达阐述是否清晰、准确、简明。
进行设计评审并完成最终产品手绘效果图的绘制	**课时：** 4 课时 1. 硬资源：电脑、幻灯片、白板等。			

基准课时：40

1 草图绘制前准备　2 实施草图绘制工作任务　3 进行设计评审并完成最终产品手绘效果图的绘制　4 成果验收

	工作子步骤	教师活动	学生活动	评价
成果验收	邀请客户（企业技术人员）做成果验收，进行答辩并得出对验收意见，针对性进行优化，最终交付	1. 教师讲解答辩技巧及注意事项。 2. 利用情景模拟法，指导学生清晰、准确、简明地阐述自己的设计方案，着重培养学生的沟通表达能力、执行能力、解决问题的能力。 3. 教师总结及点评，强调在效果图制作过程中出现的问题和注意事项。 4. 教师布置作业。	1. 以小组为单位，每个小组用幻灯片展示自己最终制作的效果图并进行讲解，阐述自己的产品设计理念及产品功能等。 2. 讲解设计思路和方案，培养沟通表达能力，改进完善设计成果。 3. 根据答辩结果与意见，完成最终效果的绘制并通过验收交付，进入下一工作环节。 4. 完成老师布置的作业。	1. 效果图是否能顺利通过验收。 2. 学生表达阐述是否清晰、准确、简明。

课时：4 课时

1. 硬资源：电脑、幻灯片、白板等。

学习任务 2：多几何体交叉组合的产品手绘

任务描述

学习任务课时：40 课时

任务情境：

某家工业设计公司需要设计一款无叶风扇，设计人员首先要对市场上热销的无叶风扇外观造型、使用人群需求、成本、容量、年销售量等进行对比分析，为后续设计提供可参照的资料；再根据调研资料，设计师团队采用头脑风暴等设计方法，确定设计风格与定位；最后进行该无叶风扇的外观设计手绘。其中对无叶风扇的外观设计手绘是一项关键工作，该项工作的失误将导致无叶风扇产品开发工作的延迟以致影响整个项目的时间进度，甚至影响新产品在市场中的竞争力。该类产品的外观设计手绘技术相对简单，对简单几何形态的整体造型，需要创造力和严谨的工作态度，并须通过授权人员审核方可通过。该公司的设计人员希望我校在校生帮助他们完成该项简单、量大但重要的工作，教师团队认为大家在老师的指导下，通过学习一些相关内容，应用学院现有的绘图工具，完全可以胜任。学生需在 30 天内完成 5 个以上的设计草图方案，设计方案手绘稿要求清晰表达产品形态、尺寸比例、材质、颜色以及部分细节特征。完成后由专业教师审核签字再提交企业。优秀作品成为优秀方案模板，展示在学业成果展里。

据了解，企业要求方案设计需面向有一定消费能力和审美要求的都市年轻人，产品价格区间定在 300 ～ 500 元，年销售量 15 万台，出风口部分尺寸 300 ～ 400 mm，过滤底座部分尺寸 200 ～ 400 mm 范围。

具体要求见下页。

产品手绘

工作流程和标准

工作环节 1

草图绘制前准备

1. 聆听指导教师下达设计任务，明确任务完成时间、资料提交等要求。对主要技术指标中不明之处，通过查阅相关资料或咨询老师进一步明确，最终整理出设计任务要点归纳表，并交教师签字确认。

2. 通过产品案例分析及知名产品设计师案例介绍，让学生对家电产品有一定的认识（专业认同感、行业自豪感）。制订产品草图设计方案指导性资料。

（1）学生从企业提供的市场调研报告中，整理同类产品的相关资料，包括使用人群需求、产品价格与产品形态、表面处理工艺、部分细节特征关系，得出无叶风扇方案设计定位。

（2）学生以小组为单位，根据设计定位开展头脑风暴，收集可发展的创意点。

（3）学生以小组为单位整理出无叶风扇设计方案指导性资料，包括产品形态、材质、表面工艺、颜色、部分细节特征等。

工作成果：
无叶风扇设计方案指导性资料。

学习成果：
签字后的任务要点归纳表。

知识点、技能点：

1. 任务中关键要点的归纳方法（5W1H）；
2. 头脑风暴法，提炼关键词方法（列表、十字图、雷达图、饼状图等）。

职业素养：

1. 获取信息的能力，培养于明确设计任务的过程中；专业沟通能力培养于对任务不明之处向老师进行咨询的过程中；分析问题、总结问题的能力，培养于填写任务要点归纳表的过程中；严谨的工作态度，培养于对任务书的签名负责过程中。
2. 获取信息的能力培养于整理调研报告和归纳设计定位的过程中；分析问题及表达、倾听的能力，培养于头脑风暴过程中；团队协作能力，培养于头脑风暴和整理设计方案指导性资料的过程中。

工作环节 2

实施草图绘制工作任务

2

根据设计方案指导性资料，融入产品设计传统形态语言，结合生活使用场景和功能，绘制产品设计草图方案。

1. 对产品的使用人群进行调研（如残疾人、老年、儿童），关注人群的生活需求、使用环境等。
2. 根据调研结果，分析得出产品的设计定位和方向进行汇报展示。
3. 结合人机工程学，绘制特殊人群使用的产品的外观和结构尺寸。
4. 绘制产品外观形态，包括：

（1）确定无叶风扇的尺寸比例；

（2）绘制产品外观形态及特征。

5. 绘制无叶风扇的颜色、材质。
6. 绘制无叶风扇部分细节特征。
7. 绘制无叶风扇三视图。

工作成果：

无叶风扇的设计草图，无叶风扇的三视图。

知识点、技能点：

多几何体交叉组合产品的透视关系，明暗关系；塑料不同表面处理工艺的材质表现；马克笔、彩铅等绘图工具的运用技巧。

职业素养：

创造力，培养于产品外观形态的绘制过程中；严谨的工作态度，培养于产品三视图的绘制过程中。

工作流程和标准

工作环节 3

优化设计方案，进行反馈

3

1. 规整设计草图修改意见。

指导教师根据企业要求和设计规范，甄选出可发展的设计草图，对可发展方案进行点评并提出深化修改意见。学生归纳设计草图修改意见并整理出草图修改意见表。

2. 修改、深化可发展方案。

学生根据规整出的设计草图修改意见，对可发展方案进行修改、深化，并在规定时间内提交优化后的方案草图给教师进行最终审定。教师审定签字后，对产品方案草图进行包装。

工作成果：
修改意见表、优化后的方案草图。

知识点、技能点：
针对意见进行方案草图修改。

职业素养：
获取信息的能力，培养于规整设计草图修改意见的过程中；评估可行性解决方案的能力，明确问题并解决问题的能力，培养于修改、优化产品方案草图的过程中。

工作环节 4

成果验收

用 PPT 展示汇报设计成果，邀请客户（企业技术人员）做成果验收，对验收意见做答辩及优化，最终交付。

学习成果：
答辩及优化后的无叶风扇方案草图。

知识点、技能点：
汇报、展示、答辩的技巧和方式。

职业素养：
陈述与沟通能力培养于答辩过程中。

课程 2.《产品手绘》

学习内容

知识点	1.1 任务中关键要点的归纳方法（5W1H）； 1.2 从任务书中提取关键词； 1.3 归纳填写任务表要点内容。	2.1 头脑风暴法； 2.2 提炼关键词方法； 2.3 列表、十字图、雷达图、饼状图； 2.4 产品手绘的工作流程。	3.1 多几何体形态交叉的绘画方式； 3.2 多几何基本几何形态产品的透视形式； 3.3 产品手绘明暗关系表现； 3.4 无叶风扇表面处理工艺的材质表现； 3.5 马克笔、彩铅等绘图工具的运用技巧； 3.6 三视图的绘制、工程制图的手绘标准。
技能点	1.1 获取信息的能力，培养于明确设计任务的过程中； 1.2 专业沟通能力，培养于对任务不明之处向老师进行咨询的过程中。	2.1 获取信息的能力，培养于整理调研报告和归纳设计定位过程中； 2.2 分析问题和表达、倾听的能力，培养于头脑风暴过程中。	3.1 创造力，培养于产品外观形态的绘制过程中； 3.2 产品三视图的绘制技巧。
工作环节	工作环节 1 草图绘制前准备		工作环节 2 实施草图绘制工作任务
成果	1.1 签字后的任务要点归纳表、展示的卡片。	2.1 无叶风扇设计方案指导性资料、工作计划表。	3.1 无叶风扇的造型轮廓图，手绘线稿完成图，上色效果图，三视图。
素养	1.1 分析问题、总结问题的能力，培养于填写任务要点归纳表的过程中。	2.1 团队协作能力，培养于头脑风暴和整理设计方案指导性资料的过程中。	3.1 细心专注，培养于产品三视图的绘制过程中； 3.2 能运用人和物的相互关系，善于将符合特殊人群的人机易用性融入产品外观形态设计中，树立人性化设计理念。

学习任务 2：多几何体交叉组合的产品手绘

4.1 对符合要求的效果图的鉴赏和评审的方法； 4.2 针对修改意见进行产品效果图的深化绘制。	5.1 汇报展示答辩的技巧和方式。
4.1 针对意见进行方案草图修改并新成品； 4.2 持续改进的毅力品质。	5.1 陈述与沟通能力培养于答辩过程中。
工作环节 3 优化设计方案，进行反馈	工作环节 4 成果验收
4.1 深化修改意见表、优化后的方案效果图。	5.1 答辩及优化后的无叶风扇效果草图。
4.1 评估可行的解决方案的能力和明确问题并解决问题的能力，培养于修改、优化产品方案草图的过程中。	5.1 严谨的工作态度，培养于汇报答辩的过程中。

产品手绘

课程 2.《产品手绘》

学习任务 2：多几何体交叉组合的产品手绘

1 草图绘制前准备　2 实施草图绘制工作任务　3 进行设计评审并完成最终产品手绘效果图的绘制　4 成果验收

草图绘制前准备

工作子步骤	教师活动	学生活动	评价
1. 聆听指导教师下达设计任务，明确任务要求。	1. 通过 PPT 展示任务书，引导学生阅读工作页中的任务书，让学生明确任务完成时间、资料提交要求。举例划出任务书中的一个关键词，组织学生用荧光笔在任务书中画出其余关键词。 2. 列举不锈钢手绘草图的表现方式，指导学生查阅资料，明确使用场合，组织汇总并制作 PPT 向全班报告。 3. 教师组织学生填写工作页。	1. 通过聆听指导教师下达的设计任务，明确任务完成时间、资料提交要求等。 2. 对主要技术指标中不明之处，通过查阅相关资料或咨询老师进一步明确。 3. 最终整理出设计任务要点归纳表并交教师签字确认。	1. 关键词是否准确全面。 2. 汇总表达是否完整清晰。 3. 要点归纳表是否有签字。
课时： 4 课时 1. 硬资源：无叶风扇等。 2. 软资源：任务书、PPT 等。 3. 教学设施：投影仪、一体机、白板、荧光笔、卡纸等。			
2. 制订产品草图设计方案指导性资料。	1. 通过 PPT 展示设计方案指导性资料及工作计划的模板，包括产品造型结构、产品线条表现方法、工作步骤、工作要求、人员分工、时间安排等要素，分解产品手绘的工作步骤。 2. 组织学生分小组开展头脑风暴，收集创意点。 3. 指导学生填写各个工作步骤的工作要求、产品不同结构的手绘要求、小组人员分工、阶段性工作时间估算。 4. 组织各小组进行展示汇报，对各小组的工作计划表提出修改意见，指导学生填写工作页中的工作计划表。	1. 学生从企业提供的市场调研报告中，整理同类产品的相关资料，包括使用人群需求、产品价格与产品形态、表面处理工艺、部分细节特征关系，得出无叶风扇方案设计定位。 2. 学生以小组为单位，根据设计定位开展头脑风暴，收集可发展的创意点。 3. 学生以小组为单位，整理出无叶风扇设计方案指导性资料，包括产品形态、材质、表面工艺、颜色、部分细节特征等。 4. 各小组展示汇报工作计划表，针对教师及他人的合理意见进行修订并填写在工作页中。	1. 工作步骤完整。 2. 工作要求合理细致、产品造型结构分析精准、分工明确、时间安排合理。 3. 产品设计方案指导书、工作计划表文本清晰、表达流畅、工作页填写完整。
课时： 4 课时 1. 硬资源：无叶风扇等。 2. 软资源：工作页、数字化资源等。 3. 教学设施：投影仪、一体机、白板、白板笔、海报纸等。			

1 草图绘制前准备　2 实施草图绘制工作任务　3 进行设计评审并完成最终产品手绘效果图的绘制　4 成果验收

实施草图绘制工作任务

工作子步骤	教师活动	学生活动	评价
1. 绘制产品外观形态。	1. 布置学生对产品的使用人群进行调研（如残疾人、老年、儿童），关注人群的生活需求、使用环境等。 2. 对产品的设计定位和方向进行总结点评。 3. 结合人机工程学，绘制特殊人群使用的产品的外观和结构尺寸。 4. 教师讲授并示范产品手绘直线、曲线、椭圆、圆的绘制技巧。 5. 教师讲授产品两点透视的原理及绘制技巧。 6. 教师示范无叶风扇产品外观形态的绘制步骤。	1. 对产品的使用人群进行调研(如残疾人、老年、儿童)，小组完成调研报告。 2. 根据调研结果，分析得出产品的设计定位和方向并进行汇报展示。 3. 查找人机工程学，绘制特殊人群使用产品的外观和结构尺寸。 4. 学生独立进行产品手绘草图的绘制。 (1) 练习产品手绘直线、曲线、椭圆、圆的绘制技法。 (2) 针对多几何交叉组合的产品，进行两点透视学的手绘技法的训练。 5. 确定无叶风扇的尺寸比例。 6. 绘制无叶风扇产品外观形态及特征。	1. 是否将产品手绘的直线及曲线画的流畅美观。 2. 无叶风扇的一点透视效果是否准确。 3. 无叶风扇的外观形态是否绘制准确美观。
课时： 6 课时 1. 硬资源：工作页、手绘纸、画板、手绘桌、2B 铅笔、橡皮擦等。 2. 教学设施：投影仪、一体机、白板、A4 纸等。			
2. 绘制无叶风扇部分细节特征。	1. 教师进行不锈钢造型结构的分解讲授。 2. 教师进行细节特征绘制的示范。教师进行线稿图的背景氛围效果的绘制示范。	1. 学生对无叶风扇造型进行结构分析并绘制细节特征，包括： (1) 产品轮廓线的处理； (2) 产品分型线的绘制； (3) 产品结构线的绘制； (4) 产品剖面线的绘制。 2. 学生对线稿图的背景及氛围效果进行完善绘制，包括： (1) 阴影区间的绘制及线条表现； (2) 产品使用场景及设计说明使用方法的手绘表现。	1. 细节特征是否绘制准确。 2. 无叶风扇的结构造型绘制是否美观准确。 3. 阴影区间及线条表现是否准确美观。 4. 产品使用场景及说明绘制是否美观准确。
课时： 4 课时 1. 硬资源：工作页、手绘纸、画板、手绘桌、2B 铅笔、橡皮擦等。 2. 教学设施：投影仪、一体机、白板、A4 纸等。			

教学活动

课程 2.《产品手绘》

学习任务 2：多几何体交叉组合的产品手绘

1 草图绘制前准备 → 2 实施草图绘制工作任务 → 3 进行设计评审并完成最终产品手绘效果图的绘制 → 4 成果验收

实施草图绘制工作任务

工作子步骤	教师活动	学生活动	评价
3. 绘制无叶风扇的颜色、材质。	1. 教师进行马克笔、彩铅上色技巧及方法的示范演示。 2. 教师对无叶风扇表面不同材质的表现进行示范演示。 3. 教师进行整体明暗效果的调整绘制示范。	1. 学生对无叶风扇线稿进行不同颜色搭配的绘制。 2. 学生对无叶风扇表面不同材质的手绘表现进行绘制。 3. 学生对整体产品效果进行明暗关系的调整绘制。	1. 马克笔、彩铅上色技巧是否准确。 2. 整体产品明暗调子是否协调。 3. 无叶风扇表面材质是否表现准确美观。
课时： 4 课时 1. 硬资源：工作页、马克笔、彩铅等。 2. 教学设施：投影仪、一体机、白板、A4 纸等。			
4. 绘制无叶风扇三视图。	1. 教师进行无叶风扇的三视图绘制示范。	1. 学生独立完成无叶风扇三视图的绘制。	1. 三视图尺寸比例是否绘制准确。 2. 是否符合工程制图的标准。
课时： 6 课时 1. 硬资源：工作页、2B 铅笔、制图工具等。 2. 教学设施：投影仪、一体机、白板、A4 纸等。			

进行设计评审并完成最终产品手绘效果图的绘制

工作子步骤	教师活动	学生活动	评价
1. 设计评审。	1. 教师根据企业要求和设计规范，甄选出可发展的设计草图，对可发展方案进行点评并提出深化修改意。 2. 教师利用情景模拟法，指导学生清晰、准确、简明地提出意见和建议，着重培养学生的沟通表达能力、执行能力及解决问题的能力。 3. 教师总结及点评，强调在渲染过程中出现的问题和注意事项。	1. 以小组为单位，每个小组用幻灯片展示自己制作的效果图。 2. 根据设计需求与设计规范，两两相互评审，对产品效果图的最终表现效果进行讨论，并对效果图进行点评，提出深化修改意见。 3. 听取教师总结渲染过程中的问题和注意事项。	1. 效果图是否能准确表达产品的功能和用途。 2. 意见和建议是否清晰、准确、简明。
课时： 4 课时 1. 硬资源：幻灯片、白板等。			

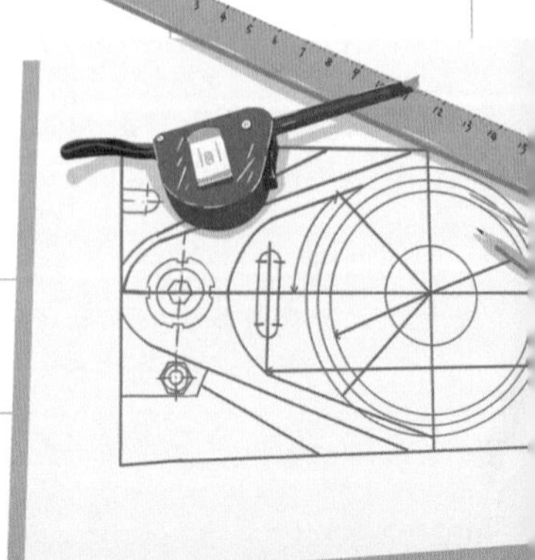

1 草图绘制前准备　2 实施草图绘制工作任务　3 进行设计评审并完成最终产品手绘效果图的绘制　4 成果验收

	工作子步骤	教师活动	学生活动	评价
实施草图绘制工作任务	2. 修改、深化可发展方案。	1. 教师指导学生对效果图进行修改调整。 2. 利用情景模拟法，指导学生清晰、准确、简明地对自己的设计方案进行阐述，着重培养学生的沟通表达能力、执行能力及解决问题的能力。 3. 教师总结及点评，强调在效果图手绘过程中出现的问题和注意事项。 4. 教师布置作业。	1. 每个小组针对深化修改意见，对效果图进行再次修改调整。 2. 学生情景模拟阐述设计方案。 3. 听取教师总结点评效果手绘图中的问题和注意事项。 4. 完成老师布置的作业。	1. 手绘效果图是否能准确表达产品的功能和用途。 2. 学生表达阐述是否清晰、准确、简明。
	课时： 4 课时 1. 硬资源：电脑、幻灯片、白板等。			
成果验收	邀请客户（企业技术人员）做成果验收，进行答辩并得出验收意见，针对性进行优化，最终交付。	1. 教师讲解答辩技巧及注意事项。 2. 利用情景模拟法，指导学生清晰、准确、简明地对自己的设计方案进行阐述，着重培养学生的沟通表达能力、执行能力及解决问题的能力。 3. 教师总结及点评，强调在效果图制作过程中出现的问题和注意事项。 4. 教师布置作业。	1. 以小组为单位，每个小组用幻灯片展示自己最终制作的效果图并进行讲解，阐述自己的产品设计理念及产品功能等。 2. 讲解设计思路和方案，培养沟通表达能力，改进完善设计成果。 3. 根据答辩结果与意见，完成最终效果的绘制并通过验收交付，进入下一工作环节。 4. 完成老师布置的作业。	1. 效果图是否能顺利通过验收。 2. 学生表达阐述是否清晰、准确、简明。
	课时： 4 课时 1. 硬资源：电脑、幻灯片、白板等。			

学习任务 3：带曲面形态的产品手绘

任务描述

学习任务课时：40 课时

任务情境：

某家工业设计公司需要设计一款智能电饭煲，设计人员首先要对市场上热销的智能电饭煲外观造型、使用人群需求、成本、容量、年销售量等进行对比分析，为后续设计提供可参照的资料；再根据调研资料，设计师团队采用头脑风暴等设计方法，确定设计风格与定位；最后进行该智能电饭煲的外观设计手绘。其中对智能电饭煲的外观设计手绘是一项关键工作，该项工作的失误将导致智能电饭煲产品开发工作的延迟以致影响整个项目的时间进度，甚至影响新产品在市场中的竞争力。该类产品的外观设计手绘技术相对简单，对带曲面形态的整体造型，需要创造力和严谨的工作态度，并须通过授权人员审核方可通过。该公司的设计人员希望我校在校生帮助他们完成该项简单、量大但重要的工作，教师团队认为，大家在老师的指导下，通过学习一些相关内容，应用学院现有的绘图工具，完全可以胜任。学生需在 40 天内完成 5 个以上的设计草图方案，设计方案手绘稿要求清晰表达产品形态、尺寸比例、材质、颜色以及部分细节特征，完成后由专业教师审核签字再提交企业。优秀作品成为优秀方案模板，展示在学业成果展里。

据了解，企业要求方案设计需面向有一定消费能力和审美要求的都市年轻人，产品价格区间定在 300 ～ 800 元，年销售量 30 万台，容量为 4 L。

具体要求见下页。

产品手绘

工作流程和标准

工作环节 1

草图绘制前准备

1. 聆听指导教师下达的设计任务，明确任务完成时间、资料提交要求等。对主要技术指标中不明之处，通过查阅相关资料或咨询老师进一步明确，最终整理出设计任务要点归纳表，并交教师签字确认。
2. 通过产品案例分析及知名产品设计师案例介绍，让学生对厨卫产品有一定的认识（专业认同感、行业自豪感）。

（1）学生从企业提供的市场调研报告中，整理同类产品的相关资料，包括使用人群需求、产品价格与产品形态、表面处理工艺、部分细节特征关系，得出智能电饭煲方案设计定位。

（2）学生以小组为单位，根据设计定位开展头脑风暴，收集可发展的创意点。

（3）学生以小组为单位整理出智能电饭煲设计方案指导性资料，包括产品形态、材质、表面工艺、颜色、部分细节特征等。

工作成果：
智能电饭煲设计方案指导性资料。

学习成果：
签字后任务要点归纳表。

知识点、技能点：
1. 任务中关键要点的归纳方法（5W1H）；
2. 头脑风暴法，提炼关键词方法（列表、十字图、雷达图、饼状图等）。

职业素养：
1. 获取信息的能力，培养于明确设计任务的过程中；专业沟通能力，培养于对任务不明之处向老师咨询的过程中；分析问题、总结问题的能力培养于填写任务要点归纳表的过程中；严谨的工作态度，培养于对任务书的签名负责过程中。
2. 获取信息的能力培养于整理调研报告和归纳设计定位的过程中；分析问题及表达、倾听的能力，培养于头脑风暴过程中；团队协作能力，培养于头脑风暴和整理设计方案指导性资料的过程中。

工作环节 2

实施草图绘制工作任务

2

根据之前整理出的智能电饭煲设计方案指导性资料，融入产品设计形态语言，结合人机交互，学生开始绘制产品设计草图。

1. 绘制产品外观形态，包括：

（1）确定智能电饭煲的尺寸比例；

（2）绘制出产品外观形态及特征。

2. 绘制智能电饭煲的颜色、材质。

3. 绘制智能电饭煲部分细节特征。

4. 绘制智能电饭煲三视图。

工作成果：

智能电饭煲的设计草图，智能电饭煲的三视图。

知识点、技能点：

带曲面形态的产品的透视关系、明暗关系，智能电饭煲不同表面处理工艺的材质表现，马克笔、彩铅等绘图工具的运用技巧。

职业素养：

创造力，培养于产品外观形态绘制过程中，严谨的工作态度，培养于产品三视图的绘制过程中。

工作流程和标准

工作环节 3

优化设计方案，进行反馈

3

能对现有产品的功能、形态、结构、材料和工艺等方面进行分析，将构想的设计理念手稿通过企业实践制作出成果。

1. 分析产品语意学在产品设计中的应用，讲解产品创新设计的方法与思维 。
2. 展示分享设计理念手绘稿，邀请企业专家点评，优秀作品可与企业对接合作。
3. 组织参观广东工业设计产业园，了解真实的产品设计生产过程，安排学生在假期进入设计企业实践锻炼，将在校的设计作品加工制作成成品。
4. 指导教师根据企业要求和设计规范，甄选出可发展的设计草图，对可发展方案进行点评并提出深化修改意见。

   学生归纳设计草图修改意见并整理出草图修改意见表。
5. 修改、深化可发展方案。

   学生根据规整出的设计草图修改意见对可发展方案进行修改、深化，并在规定时间内提交优化后的方案草图给教师进行最终审定。教师审定签字后，对产品方案草图进行包装。
6. 了解真实的产品设计生产过程和工艺方法，并能够将设计构想变成可实施的设计方案。

工作成果：

修改意见表、优化后的方案草图。

知识点、技能点：

针对意见进行方案草图修改。

职业素养：

获取信息的能力，培养于规整设计草图修改意见的过程中；评估可行解决方案的能力和明确问题并解决问题的能力，培养于修改、优化产品方案草图的过程中。

工作环节 4

成果验收

用 PPT 展示汇报设计成果，邀请客户（企业技术人员）做成果验收，对验收意见做答辩及优化，最终交付。

学习成果：
答辩及优化后的智能电饭煲方案草图

知识点、技能点：
汇报、展示、答辩的技巧和方式。

职业素养：
陈述与沟通能力，培养于答辩过程中。

课程 2.《产品手绘》

学习内容

	工作环节 1		工作环节 2
知识点	1.1 任务中关键要点的归纳方法（5W1H）； 1.2 从任务书中提取关键词； 1.3 归纳填写任务表要点内容。	2.1 头脑风暴法； 2.2 提炼关键词方法； 2.3 列表、十字图、雷达图、饼状图； 2.4 产品手绘的工作流程。	3.1 曲面形态的绘画方式； 3.2 曲面形态产品的透视形式； 3.3 产品手绘明暗关系表现； 3.4 电饭煲表面处理工艺的材质表现； 3.5 马克笔、彩铅等绘图工具的运用技巧； 3.6 三视图的绘制、工程制图的手绘标准。
技能点	1.1 获取信息的能力，培养于明确设计任务的过程中； 1.2 专业沟通能力，培养于对任务不明之处向老师进行咨询的过程中。	2.1 获取信息的能力，培养于整理调研报告、归纳设计定位过程中； 2.2 分析问题及表达、倾听的能力，培养于头脑风暴过程中。	3.1 创造力，培养于产品外观形态的绘制过程中； 3.2 产品三视图的绘制技巧。
工作环节	工作环节 1 草图绘制前准备		实施草图绘制工作任务 工作环节 2
成果	1.1 签字后的任务要点归纳表、展示的卡片。	2.1 电饭煲设计方案指导性资料、工作计划表。	3.1 电饭煲的造型轮廓图、手绘线稿完成图、上色效果图、三视图。
素养	1.1 分析问题、总结问题的能力，培养于填写任务要点归纳表的过程中。	2.1 团队协作能力，培养于头脑风暴和整理设计方案指导性资料的过程中。	3.1 细心专注，培养于产品三视图的绘制过程中。

学习任务 3：带曲面形态的产品手绘

4.1 对符合要求的效果图的鉴赏和评审方法； 4.2 针对修改意见进行产品效果图的深化绘制。	5.1 汇报、展示、答辩的技巧和方式。
4.1 针对意见进行方案草图修改并出新成品； 4.2 持续改进的毅力品质。	5.1 陈述与沟通能力，培养于答辩过程中。
工作环节 3 优化设计方案，进行反馈	工作环节 4 成果验收
4.1 深化修改意见表、优化后的方案效果图。	5.1 答辩及优化后的电饭煲效果草图。
4.1 评估可行解决方案的能力和明确问题并解决问题的能力，培养于修改、优化产品方案草图的过程中； 4.2 将思维付诸实践的能力培养于能将构想的设计理念手稿通过展示汇报、专家评选、企业实践，最终制作成成果的过程中。	5.1 严谨的工作态度，培养于汇报、答辩的过程中。

课程 2.《产品手绘》

学习任务 3：带曲面形态的产品手绘

1 草图绘制前准备　2 实施草图绘制工作任务　3 进行设计评审并完成最终产品手绘效果图的绘制　4 成果验收

草图绘制前准备

工作子步骤	教师活动	学生活动	评价
1. 聆听指导教师下达设计任务，明确任务要求。	1. 通过 PPT 展示任务书，引导学生阅读工作页中的任务书，让学生明确任务完成时间、资料提交要求等。举例划出任务书中的一个关键词，组织学生用荧光笔在任务书中画出其余关键词。 2. 列举不锈钢手绘草图的表现方式，指导学生查阅资料明确使用场合，组织汇总并制作 PPT 向全班报告。 3. 教师组织学生填写工作页。	1. 通过聆听指导教师下达的设计任务，明确任务完成时间、资料提交等要求。 2. 对主要技术指标中不明之处，通过查阅相关资料或咨询老师进一步明确，如任务要求不清晰，将导致最后交付成果验收不合格。 3. 最终整理出设计任务要点归纳表，并交教师签字确认。	1. 关键词是否准确全面。 2. 汇总表达是否完整清晰。 3. 要点归纳表是否有签字。
课时： 4 课时 1. 硬资源：电饭煲等。 2. 软资源：任务书、PPT 等。 3. 教学设施：投影仪、一体机、白板、荧光笔、卡纸等。			
2. 制订产品草图设计方案指导性资料。	1. 通过 PPT 展示设计方案指导性资料及工作计划的模板，包括产品造型结构、产品线条表现方法、工作步骤、工作要求、人员分工、时间安排等要素，分解产品手绘的工作步骤。 2. 组织学生分组开展头脑风暴收集创意点。 3. 指导学生填写各个工作步骤的工作要求、产品不同结构的手绘要求、小组人员分工、阶段性工作时间估算。 4. 组织各小组进行展示汇报，对各小组的工作计划表提出修改意见，并指导学生填写工作页中的工作计划表。	1. 学生从企业提供的市场调研报告中，整理同类产品的相关资料，包括使用人群需求，产品价格与产品形态、表面处理工艺、部分细节特征关系，得出电饭煲方案设计定位。 2. 学生以小组为单位，根据设计定位开展头脑风暴，收集可发展的创意点。 3. 学生以小组为单位整理出电饭煲设计方案指导性资料，包括产品形态、材质、表面工艺、颜色、部分细节特征等。 4. 各小组展示汇报工作计划表，针对教师及他人的合理意见进行修订并填写在工作页中。	1. 工作是否步骤完整。 2. 工作要求是否合理细致、产品造型结构分析是否精准、分工是否明确、时间安排是否合理。 3. 产品设计方案指导书、工作计划表文本是否清晰、表达是否流畅，工作页填写是否完整。
课时： 4 课时 1. 硬资源：电饭煲等。 2. 软资源：工作页、数字化资源等。 3. 教学设施：投影仪、一体机、白板、白板笔、海报纸等。			

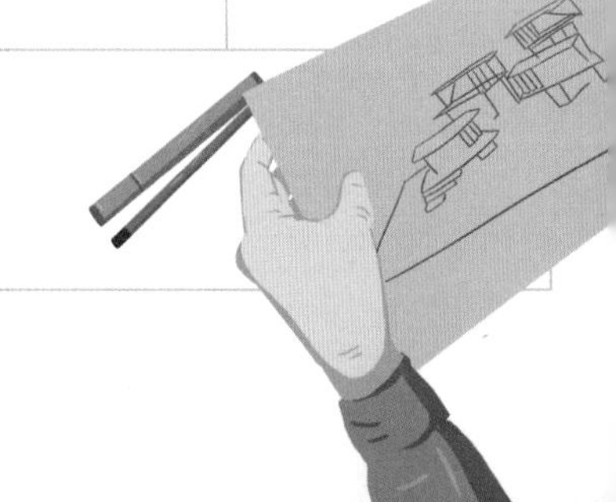

基准课时：40

实施草图绘制工作任务

工作子步骤	教师活动	学生活动	评价
1. 绘制产品外观形态。	1. 教师讲授并示范产品手绘弧线、椭圆、柱体的绘制技巧。 2. 教师讲授产品两点透视 45°视角的原理及绘制技巧。 3. 教师示范电饭煲产品外观形态的绘制步骤。	1. 学生独立进行产品手绘草图的绘制。 (1) 练习产品手绘弧线、椭圆、柱体的绘制技法。 (2) 针对带曲面形态的产品手绘的产品进行两点透视 45°视角的手绘技法的训练。 2. 确定电饭煲的尺寸比例。 3. 绘制出电饭煲产品外观形态及特征。	1. 产品手绘的直线及曲线是否流畅美观。 2. 电饭煲的一点透视效果是否准确。 3. 电饭煲的外观形态是否绘制准确美观。
课时： 6 课时 1. 硬资源：工作页、手绘纸、画板、手绘桌、2B 铅笔、橡皮擦等。 2. 教学设施：投影仪仪、一体机、白板、A4 纸等。			
2. 绘制电饭煲部分细节特征。	1. 教师进行不锈钢造型结构的分解讲授。 2. 教师进行细节特征绘制的示范。教师进行线稿图背景氛围效果的绘制示范。	1. 学生对电饭煲造型进行结构分析并绘制细节特征，包括： (1) 产品轮廓线的处理； (2) 产品分型线的绘制； (3) 产品结构线的绘制； (4) 产品剖面线的绘制。 2. 学生对线稿图进行背景及氛围效果的完善绘制，包括： (1) 阴影区间的绘制及线条表现； (2) 产品使用场景及设计说明使用方法的手绘表现。	1. 细节特征是否绘制准确。 2. 电饭煲的结构造型绘制是否美观准确。 3. 阴影区间及线条表现是否准确美观。 4. 产品使用场景及说明绘制是否美观准确。
课时： 4 课时 1. 硬资源：工作页、手绘纸、画板、手绘桌、2B 铅笔、橡皮擦等。 2. 教学设施：投影、一体机、白板、A4 纸等。			
3. 绘制电饭煲的颜色、材质。	1. 教师对马克笔、彩铅上色技巧及方法进行示范演示。 2. 教师对电饭煲表面不同材质的表现进行示范演示。 3. 教师对整体明暗效果的调整绘制进行示范。	1. 学生对电饭煲线稿图进行不同颜色搭配的绘制。 2. 学生对电饭煲表面不同材质的手绘表现进行绘制。 3. 学生对整体产品效果进行明暗关系的调整绘制。	1. 马克笔、彩铅上色技巧是否准确。 2. 整体产品明暗调子是否协调。 3. 电饭煲表面材质是否表现准确美观。
课时： 4 课时 1. 硬资源：工作页、马克笔、彩铅等。 2. 教学设施：投影仪、一体机、白板、A4 纸等。			

课程 2.《产品手绘》

学习任务 3：带曲面形态的产品手绘

1 草图绘制前准备　2 实施草图绘制工作任务　3 进行设计评审并完成最终产品手绘效果图的绘制　 4 成果验收

	工作子步骤	教师活动	学生活动	评价
实施草图绘制工作任务	4. 绘制电饭煲三视图。	1. 教师进行电饭煲的三视图绘制示范。	1. 学生独立完成电饭煲三视图的绘制。	1. 三视图尺寸比例是否准确。 2. 是否符合工程制图的标准。
	课时： 6 课时 1. 硬资源：工作页、2B 铅笔、制图工具等。 2. 教学设施：投影仪、一体机、白板、A4 纸等。			
进行设计评审并完成最终产品手绘效果图的绘制	1. 设计评审。	1. 教师根据企业要求和设计规范，甄选出可发展的设计草图，对可发展方案进行点评并提出深化修改意。 2. 教师利用情景模拟法，指导学生清晰、准确、简明地提出意见和建议，着重培养学生的沟通表达能力、执行能力及解决问题的能力。 3. 教师总结及点评，强调在渲染过程中出现的问题和注意事项。	1. 以小组为单位，每个小组用幻灯片展示自己制作的效果图。 2. 根据设计需求与设计规范，两两相互评审，对产品效果图的最终表现效果进行讨论，并对效果图进行点评，提出深化修改意见。 3. 听取老师总结渲染过程中出现的问题和注意事项。	1. 效果图是否能准确表达产品的功能和用途。 2. 意见和建议是否清晰、准确、简明。
	课时： 4 课时 硬资源：幻灯片、大白板等。			
	2. 修改、深化可发展方案。	1. 教师指导学生对效果图进行修改调整。 2. 利用情景模拟法，指导学生清晰、准确、简明地对自己的设计方案进行阐述，着重培养学生沟通表达能力、执行能力及解决问题的能力。 3. 教师总结及点评，强调在效果图手绘过程中出现的问题和注意事项。 4. 教师布置作业。	1. 每个小组结合深化修改意见对效果图进行再次修改调整。 2. 学生情景模拟阐述自己的设计方案。 3. 听取教师总结点评效果图手绘中的问题和注意事项。 4. 完成老师布置的作业。	1. 手绘效果图是否能准确表达产品的功能和用途。 2. 学生表达阐述是否清晰、准确、简明。
	课时： 2 课时 硬资源：电脑、幻灯片、大白板等。			

基准课时：40

1 草图绘制前准备 2 实施草图绘制工作任务 3 进行设计评审并完成最终产品手绘效果图的绘制 4 成果验收

	工作子步骤	教师活动	学生活动	评价
进行设计评审并完成最终产品手绘效果图的绘制	3. 设计构想变成可实施的设计方案。	1. 分析产品语意学在产品设计中的应用，讲解产品创新设计的方法与思维。 2. 邀请企业专家点评学生设计手稿，评选优秀作品。 3. 组织学生参观广东工业设计产业园，了解真实的产品设计生产过程。安排学生寒暑假到设计企业进行实践锻炼。	1. 分组讨论分析产品语意学在产品设计中的应用并总结汇报。 2. 展示分享设计理念手绘稿，倾听企业专家点评，优秀作品可与企业对接合作。 3. 参观广东工业设计产业园，了解真实的产品设计生产过程，假期进入设计企业实践锻炼，将在校的设计作品加工制作成成品。	1. 展示汇报是否全面正确。 2. 总述产品设计的工艺流程方案。 3. 企业实践总结报告。
	课时：2 课时			
成果验收	邀请客户（企业技术人员）做成果验收，进行答辩并得出验收意见，针对性进行优化，最终交付	1. 教师解讲答辩技巧及注意事项。 2. 利用情景模拟法指导学生清晰、准确、简明地对自己的设计方案进行阐述，着重培养学生的沟通表达能力、执行能力及解决问题的能力。 3. 教师总结及点评，强调在效果图制作过程中出现的问题和注意事项。 4. 教师布置作业。	1. 以小组为单位，每个小组用幻灯片展示自己最终制作的效果图，并讲解阐述自己所设计的产品的设计理念及产品功能等。 2. 讲解设计思路和方案，培养沟通表达能力，改进完善设计成果。 3. 根据答辩结果与意见，完成最终效果的绘制并通过验收交付，进入下一工作环节。 4. 完成老师布置的作业。	1. 效果图是否能顺利通过验收。 2. 学生表达阐述是否清晰、准确、简明。
	课时：2 课时 硬资源：电脑、幻灯片、大白板等。			

课程 2.《产品手绘》

学习任务 4：复杂形态的产品手绘

任务描述

学习任务课时：**40** 课时

任务情境：

某家工业设计公司需要设计一款手电钻，设计人员首先要对市场上热销的手电钻外观造型、使用人群需求、成本、容量、年销售量等进行对比分析，为后续设计提供可参照的资料；再根据调研资料，设计师团队进行头脑风暴等设计方法，确定设计风格与定位；最后进行该手电钻的外观设计手绘。其中对手电钻的外观设计手绘是一项关键工作，该项工作的失误将导致手电钻产品开发工作的延迟以致影响整个项目的时间进度，甚至影响新产品在市场中的竞争力。该类产品的外观设计手绘技术相对简单，对复杂形态的整体造型，需要创造力和严谨的工作态度，并须通过授权人员审核方可通过。该公司的设计人员希望我校在校生帮助他们完成该项简单、量大但重要的工作，教师团队认为大家在老师的指导下，通过学习一些相关内容，应用学院现有的绘图工具，完全可以胜任。学生需在 50 天内完成 3 个以上的设计草图方案，设计方案手绘稿要求清晰表达产品形态、尺寸比例、材质、颜色以及部分细节特征。完成后由专业教师审核签字再提交企业。优秀作品成为优秀方案模板，展示在学业成果展里。

据了解，企业要求方案设计需面向从事土建类的工作人员，产品价格区间定在 300 ～ 500 元，年销售量 30 万台，尺寸为 223 mm*190 mm。

具体要求见下页。

产品手绘

课程 2.《产品手绘》

工作流程和标准

工作环节 1

草图绘制前准备

1. 聆听指导教师下达设计任务，明确任务完成时间、资料提交要求等。对主要技术指标中不明之处，通过查阅相关资料或咨询老师进一步明确，最终整理出设计任务要点归纳表，并交教师签字确认。
2. 通过产品案例分析及知名产品设计师案例介绍，让学生对工业产品有一定的认识（专业认同感、行业自豪感）。

（1）学生从企业提供的市场调研报告中，整理同类产品的相关资料，包括使用人群需求、产品价格与产品形态、表面处理工艺、部分细节特征关系，得出手电钻方案设计定位。

（2）学生以小组为单位，根据设计定位开展头脑风暴，收集可发展的创意点。

（3）学生以小组为单位整理出手电钻设计方案指导性资料，包括产品形态、材质、表面工艺、颜色、部分细节特征等。

工作成果：
手电钻设计方案指导性资料。

学习成果：
签字后的任务要点归纳表。

知识点、技能点：
1. 任务中关键要点的归纳方法（5W1H）；
2. 头脑风暴法，提炼关键词方法（列表、十字图、雷达图、饼状图等）。

职业素养：
1. 获取信息的能力，培养于明确设计任务的过程中；专业沟通能力，培养于对任务不明之处向老师进行咨询的过程中；分析问题、总结问题的能力，培养于填写任务要点归纳表的过程中；严谨的工作态度，培养于对任务书的签名负责过程中。
2. 获取信息的能力，培养于整理调研报告、归纳设计定位的过程中；分析问题及表达、倾听的能力，培养于头脑风暴过程中；团队工作能力，培养于头脑风暴和整理设计方案指导性资料的过程中。

工作环节 2

实施草图绘制工作任务

1. 根据之前整理出的手电钻设计方案指导性资料，融入产品设计形态语言，结合人机工程学，绘制产品设计草图。包括：

（1）确定手电钻的尺寸比例；

（2）绘制出产品外观形态及特征。

2. 绘制手电钻的颜色、材质。
3. 绘制手电钻部分细节特征。
4. 绘制手电钻的三视图。

工作成果：

手电钻的设计草图，手电钻的三视图。

知识点、技能点：

复杂形态产品的透视关系、明暗关系，手电钻不同表面处理工艺的材质表现，马克笔、彩铅等绘图工具的运用技巧。

职业素养：

创造力，培养于产品外观形态绘制过程中；严谨的工作态度，培养于产品三视图的绘制过程中。

工作流程和标准

工作环节 3

优化设计方案，进行反馈

1. 指导教师根据企业要求和设计规范，甄选出可发展的设计草图，对可发展方案进行点评并提出深化修改意见。

   学生归纳设计草图修改意见并整理出草图修改意见表。

2. 修改、深化可发展方案。

   学生根据规整出的设计草图修改意见，对可发展方案进行修改、深化，并在规定时间内提交优化后方案草图给教师进行最终审定。教师审定签字后，对产品方案草图进行包装。

工作成果：
修改意见表、优化后方案草图。

知识点、技能点：
针对意见进行方案草图修改。

职业素养：
获取信息的能力，培养于规整设计草图修改意见的过程中；评估可行解决方案的能力和明确问题并解决问题的能力培养于修改、优化产品方案草图的过程中。

工作环节 4

成果验收

1. 树立价值求技的理念，根据企业要求和相应的设计规范，符合市场实际需求和价值转化。
2. 用 PPT 展示汇报设计成果，邀请客户（企业技术人员）做成果验收，对验收意见做答辩及优化，最终交付。

学习成果：
答辩及优化后的手电钻方案草图。

知识点、技能点：
汇报、展示、答辩的技巧和方式。

职业素养：
陈述与沟通能力培养于答辩过程中。

课程 2.《产品手绘》

学习内容

知识点	1.1 任务中关键要点的归纳方法（5W1H）； 1.2 从任务书中提取关键词； 1.3 归纳填写任务表要点内容。	2.1 头脑风暴法； 2.2 提炼关键词方法； 2.3 列表、十字图、雷达图、饼状图； 2.4 产品手绘的工作流程。	3.1 复杂形态的绘画方式； 3.2 复杂形态产品的透视形式； 3.3 产品手绘明暗关系表现； 3.4 手电钻表面处理工艺的材质表现； 3.5 马克笔、彩铅等绘图工具的运用技巧； 3.6 三视图的绘制。
技能点	1.1 获取信息的能力，培养于明确设计任务的过程中； 1.2 专业沟通能力，培养于对任务不明之处向老师进行咨询的过程中。	2.1 获取信息的能力，培养于整理调研报告、归纳设计定位的过程中； 2.2 分析问题及表达、倾听的能力，培养于头脑风暴过程中。	3.1 创造力，培养于产品外观形态绘制的过程中； 3.2 产品三视图的绘制技巧。
工作环节	工作环节 1 草图绘制前准备		工作环节 2 实施草图绘制工作任务
成果	1.1 签字后的任务要点归纳表、展示的卡片。	2.1 手电钻设计方案指导性资料、工作计划表。	3.1 手电钻的造型轮廓图、手绘线稿完成图、上色效果图、三视图。
素养	1.1 分析问题、总结问题的能力，培养于填写任务要点归纳表的过程中。	2.1 团队工作能力，培养于头脑风暴和整理设计方案性资料的过程中。	3.1 细心专注，培养于产品三视图的绘制过程中。

学习任务 4：复杂形态的产品手绘

4.1 对符合要求的效果图的鉴赏和评审的方法； 4.2 针对修改意见进行产品效果图的深化绘制。	5.1 汇报、展示、答辩的技巧和方式。
4.1 针对意见进行方案草图修改出新成品； 4.2 持续改进人的毅力品质。	5.1 陈述与沟通能力，培养于答辩过程中。
工作环节 3 优化设计方案，进行反馈	工作环节 4 成果验收
4.1 深化修改意见表、优化后的方案效果图。	5.1 答辩及优化后的手电钻效果草图。
4.1 评估可行解决方案的能力和明确问题并解决问题的能力，培养于修改、优化产品方案草图的过程中。	5.1 严谨的工作态度，培养于汇报、答辩的过程中。

课程 2.《产品手绘》

学习任务 4：复杂形态的产品手绘

1 草图绘制前准备  2 实施草图绘制工作任务  3 进行设计评审并完成最终产品手绘效果图的绘制 4 成果验收

草图绘制前准备

工作子步骤	教师活动	学生活动	评价
1. 聆听指导教师下达设计任务，明确任务要求。	1. 通过 PPT 展示任务书，引导学生阅读工作页中的任务书，让学生明确任务完成时间、资料提交要求等。举例划出任务书中的一个关键词，组织学生用荧光笔在任务书中画出其余关键词。 2. 列举不锈钢手绘草图的表现方式，指导学生查阅资料明确使用场合，组织汇总并制作 PPT 向全班报告。 3. 教师组织学生填写工作页。	1. 聆听指导教师下达设计任务，明确任务完成时间、资料提交要求等。用光笔画出任务书中的关键词。 2. 对主要技术指标中不明之处，通过查阅相关资料或咨询老师进一步明确。如果任务要求不清晰，将导致最后交付成果验收不合格。 3. 最终整理出设计任务要点归纳表，并交教师签字确认。	1. 关键词是否准确全面。 2. 汇总表达是否完整清晰。 3. 要点归纳表是否有签字。
课时： 4 课时 1. 硬资源：手电钻等。 2. 软资源：任务书、PPT 等。 3. 教学设施：投影仪、一体机、白板、荧光笔、卡纸等。			
2. 制订产品草图设计方案指导性资料。	1. 通过 PPT 展示产品案例分析及知名产品设计师案例介绍，培养学生的家国情怀。 2. 通过 PPT 展示设计方案指导性资料及工作计划的模板，包括产品造型结构、产品线条表现方法工作步骤工作要求、人员分工、时间安排等要素，分解产品手绘的工作步骤。 3. 学生分组进行头脑风暴，收集创意点。 4. 指导学生填写各个工作步骤的工作要求、产品不同结构的手绘要求、小组人员分工、阶段性工作时间估算。 5. 组织各小组进行展示汇报，对各小组的工作计划表提出修改意见，指导学生填写工作页中的工作计划表。	1. 观看产品案例分析及知名产品设计师案例介绍 PPT，对日用产品有一定的认识。 2. 学生从企业提供的市场调研报告中，整理同类产品相关资料，包括使用人群需求，产品价格与产品形态、表面处理工艺、部分细节特征关系，得出手电钻方案设计定位。 3. 学生以小组为单位，根据设计定位开展头脑风暴，收集可发展的创意点。 4. 学生以小组为单位整理出手电钻设计方案指导性资料，包括产品形态、材质、表面工艺、颜色、部分细节特征等。 5. 各小组展示汇报工作计划表，针对教师及他人的合理意见进行修订并填写在工作页中。	1. 工作步骤是否完整。 2. 工作要求是否合理细致、产品造型结构分析是否精准、分工是否明确、时间安排是否合理。 3. 产品设计方案指导书、工作计划表文本是否清晰、表达是否流畅、工作页填写是否完整。
课时： 4 课时 1. 硬资源：手电钻等。 2. 软资源：工作页、数字化资源等。 3. 教学设施：投影仪、一体机、白板、白板笔、海报纸等。			

工作子步骤	教师活动	学生活动	评价
1. 绘制产品外观形态。	1. 介绍产品形态设计、人机工程学、机械设计原理。 2. 教师讲授并示范产品手绘直线、弧线、椭圆等多线条运用交叉的绘制技法。 3. 教师讲授产品多点透视的原理及绘制技巧。 4. 教师示范手电钻产品外观形态的绘制步骤。	1. 根据之前整理出的手电钻设计方案指导性资料，融入产品设计形态语言，结合人文素养进行草图绘制。 2. 学生独立进行产品手绘草图的绘制。 (1) 练习产品手绘直线、弧线、椭圆等多线条运用交叉的绘制技法。 (2) 针对复杂形态的产品。进行多点透视的手绘技法的训练。 3. 确定手电钻的尺寸比例。 4. 绘制出手电钻产品外观形态及特征。	1. 是否将产品手绘的直线及曲线画的流畅美观。 2. 手电钻的一点透视效果是否准确。 3. 手电钻的外观形态是否绘制准确美观。
课时： 6 课时 1. 硬资源：工作页、手绘纸、画板、手绘桌、2B 铅笔、橡皮擦等。 2. 教学设施：投影仪、一体机、白板、A4 纸等。			
2. 绘制手电钻部分细节特征。	1. 教师进行不锈钢造型结构的分解讲授。 2. 教师进行细节特征绘制的示范。教师进行线稿图背景氛围效果的绘制示范。	1. 学生对手电钻造型进行结构分析并绘制细节特征，包括： (1) 产品轮廓线的处理； (2) 产品分型线的绘制； (3) 产品结构线的绘制； (4) 产品剖面线的绘制。 2. 学生对线稿图进行背景及氛围效果的完善绘制，包括： (1) 阴影区间的绘制及线条表现； (2) 产品使用场景及设计说明使用方法的手绘表现。	1. 细节特征是否绘制准确。 2. 手电钻的结构造型绘制是否美观准确。 3. 阴影区间及线条表现是否准确美观。 4. 产品使用场景及说明绘制是否美观准确。
课时： 4 课时 1. 硬资源：工作页、手绘纸、画板、手绘桌、2B 铅笔、橡皮擦等。 2. 教学设施：投影仪、一体机、白板、A4 纸等。			
3. 绘制手电钻的颜色、材质。	1. 教师对马克笔、彩铅上色技巧及方法进行示范演示。 2. 教师对手电钻表面不同材质的表现进行示范演示。 3. 教师对整体明暗效果的调整绘制进行示范。	1. 学生对手电钻线稿图进行不同颜色搭配的绘制。 2. 学生对手电钻表面不同材质的手绘表现进行绘制。 3. 学生对整体产品效果进行明暗关系的调整绘制。	1. 马克笔、彩铅上色技巧是否准确。 2. 整体产品明暗调子是否协调。 3. 手电钻表面材质是否表现准确美观。
课时： 4 课时 1. 硬资源：工作页、马克笔、彩铅等。 2. 教学设施：投影仪、一体机、白板、A4 纸等。			

课程 2.《产品手绘》

学习任务 4：复杂形态的产品手绘

1 草图绘制前准备 → 2 实施草图绘制工作任务 → 3 进行设计评审并完成最终产品手绘效果图的绘制 → 4 成果验收

	工作子步骤	教师活动	学生活动	评价
实施草图绘制工作任务	4. 绘制手电钻三视图。	1. 教师进行手电钻的三视图绘制示范。	1. 学生独立完成手电钻的三视图绘制。	1. 三视图尺寸比例是否准确。 2. 是否符合工程制图的标准。
	课时： 6 课时 1. 硬资源：工作页、2B 铅笔、制图工具等。 2. 教学设施：投影仪、一体机、白板、A4 纸等。			
进行设计评审并完成最终产品手绘效果图的绘制	1. 设计评审。	1. 教师根据企业要求和设计规范，甄选出可发展的设计草图，对可发展方案进行点评并提出深化修改意。 2. 教师利用情景模拟法，指导学生清晰、准确、简明地提出意见和建议，着重培养学生的沟通表达能力、执行能力及解决问题的能力。 3. 教师总结及点评，强调在渲染过程中出现的问题和注意事项。	1. 以小组为单位，每个小组用幻灯片展示自己制作的效果图。 2. 根据设计需求与设计规范两两相互评审，对产品效果图的最终表现效果进行讨论，并对效果图进行点评，提出深化修改意见。 3. 听取教师总结渲染过程中的问题和注意事项。	1. 效果图是否能准确表达产品的功能和用途。 2. 意见和建议是否清晰、准确、简明。
	课时： 4 课时 硬资源：幻灯片、白板等。			
	2. 修改、深化可发展方案。	1. 教师指导学生对效果图进行修改调整。 2. 利用情景模拟法，指导学生清晰、准确、简明地对自己的设计方案进行阐述，着重培养学生的沟通表达能力、执行能力及解决问题的能力。 3. 教师总结及点评，强调在效果图手绘过程中出现的问题和注意事项。 4. 教师布置作业。	1. 每个小组结合深化修改意见对效果图进行再次修改调整。 2. 学生情景模拟阐述自己的设计方案。 3. 听取老师总结效果图手绘中的问题和注意事项。 4. 完成老师布置的作业。	1. 手绘效果图是否能准确表达产品的功能和用途。 2. 学生表达阐述是否清晰、准确、简明。
	课时： 4 课时 硬资源：电脑、幻灯片、白板等。			

1 草图绘制前准备　2 实施草图绘制工作任务　3 进行设计评审并完成最终产品手绘效果图的绘制　4 成果验收

	工作子步骤	教师活动	学生活动	评价
成果验收	邀请客户（企业技术人员）做成果验收，进行答辩并得出验收意见，针对性进行优化，最终交付。	1. 组织学生分析评估产品的可行性方案和成本价值。 2. 教师讲解答辩技巧及注意事项。 3. 利用情景模拟法，指导学生清晰、准确、简明地对自己的设计方案进行阐述，着重培养学生的沟通表达能力、执行能力解决问题的能力。 4. 教师总结及点评，强调在效果图制作过程中出现的问题和注意事项。 5. 教师布置作业。	1. 实践创新用于产品外观设计，价值求技用于同类产品调研和可行性估算。 2. 以小组为单位，每个小组用幻灯片展示自己最终制作的效果图，并讲解阐述自己所设计的产品的设计理念和产品功能等。 3. 讲解设计思路和方案，培养沟通表达能力，改进完善设计成果。 4. 根据答辩结果与意见，完成最终效果的绘制并通过验收交付，进入下一工作环节。 5. 完成老师布置的作业。	1. 效果图是否能顺利通过验收。 2. 学生表达阐述是否清晰、准确、简明。

课时： 4 课时
硬资源：电脑、幻灯片、白板等。

课程 2.《产品手绘》

考核标准

几何形态为主的产品手绘

情境描述：

某家工业设计公司需要设计一款手机，设计人员首先要对市场上热销的手机外观造型、使用人群需求、成本、容量、年销售量等进行对比分析，为后续设计提供可参照的资料；再根据调研资料，设计师团队进行头脑风暴等设计方法，确定设计风格与定位；最后进行手机的外观设计手绘。此任务需要养成严谨细致、遵循国家标准的职业素养，培养尊重产品设计原创的职业精神。

任务要求：

根据上述任务要求制订一份尽可能详细的能完成此次任务的工作方案，并完成手机几何形态为主的产品手绘任务，形成产品使用场景图，保证手绘图的正确性和直观性，以达到进行产品二维效果表达的要求。完成该任务应追求精益求精的工匠品质，具备创新精神和国际视野。

参考资料：

完成上述任务时，你可能使用专业教材、网络资源、《计算机安全操作规程》、机房管理条例等参考资料。

考核评分表：

以任务为导向的终结性考核，含过程和终结性考核，以实操过程各个环节为主要评价维度，分为综合考评、测量、手绘、上色四个主要组成部分。各个环节有相对应的评价指标。

任务实操的评分标准

模块	评价内容	评分
综合考评（10 分）	参与任务的积极性 5 分 （非常积极 5 分、一般 2 分、不积极 0 分）	
	在规定的时间内完成任务 5 分 （完成 5 分、未完成 0 分）	
测量（20 分）	1. 测量器具使用正确 10 分； 2. 数据处理分析正确 10 分	
手绘（50 分）	1. 图纸选择合理 5 分； 2. 绘制比例选择合理 10 分； 3. 视图表达合理或完整表达 10 分； 4. 字体书写认真 10 分； 5. 图面干净、整洁 10 分； 6. 线条清晰 5 分	
上色（20 分）	1. 色彩色差正确 4 分； 2. 材质表达清晰 4 分； 3. 色彩未超出轮廓范围 4 分； 4. 轮廓边缘处理恰当 4 分； 5. 细节表达清晰 4 分	
总分（100 分）		

课程 3.《产品建模》

学习任务 1
轴类零件建模
（40）课时

学习任务 2
盘类零件建模
（30）课时

学习任务 3
叉架类零件建模
（30）课时

课程目标

学习完本课程后，学生应当能够胜任产品建模的任务，包括：轴类零件建模、盘类零件建模、叉架类零件建模、箱壳类零件建模、组件建模。需严格按照机械产品三维建模通用规则和企业内部标准，利用 Creo 软件根据采集的数据绘制成符合公司标准的三维模型，将产品的形状特征表达出来，在建模过程中养成严谨、细致、认真负责的职业素养。能够在双创融合中，利用 Creo 软件作为创新创业的辅助工具，激发学生对我国工业发展的使命感和责任感。具体目标为：

1. 通过阅读任务书，明确任务完成时间、资料提交要求，对任务要求中不懂的专业技术指标，通过查阅技术资料或咨询教师进一步明确，最终在任务书中签字确认；
2. 能够正确使用各种测量工具，并能针对不同的零件结构特征选择合适的测量工具进行测量，并能正确读数；
3. 能够熟练使用绘图软件（CREO）的各命令工具栏构建零件的三维模型，并利用工程图将产品的形状特征表达出来具备崇尚实践精神，能思考出多种方法进行三维建模，实践得到最佳的建模流程；
4. 能够提取及计算满足齿轮参数化建模的关键尺寸；
5. 能够使用 Creo 软件完成齿轮的建模；
6. 能够使用三维扫描仪完成零件的点云数据的采集；
7. 能够使用 Geomagic Design X 软件对点云数据进行逆向建模；
8. 具有实证求真精神，能根据千斤顶的工作原理不畏困难、坚持不懈的在实证中得到合理的装配方式，定义约束关系；
9. 能够正确使用 Creo 软件的机构功能，添加千斤顶各零件的传动关系并完成千斤顶的运动仿真视频的制作；
10. 展示汇报各类零件建模的成果，能够根据评价标准进行自检，并能审核他人成果以及提出修改意见，养成严谨的设计思维；
11. 培养良好的交流、沟通、团队合作的能力。

课时：200

学习任务 4
箱壳类零件建模
（40）课时

学习任务 5
组件建模
（60）课时

课程内容

一、轴类零件建模
1. 对比分析绘图软件种类及其应用领域，
2. 我国工程制图的发展史
3. 轴类零件的工作步骤及工作内容；
4. 零件的测量方法；
5.Creo 软件配置文件的设置；
6. 轴类零件建模；
7. 轴类零件工程图。

二、盘类零件建模
1. 提取及计算齿轮的关键尺寸；
2. 绘制齿轮渐开线；
3.Creo 软件的阵列功能；
4.Creo 软件创建齿轮键槽和孔；
5. 建立齿轮的标准件库；
6.Creo 软件出齿轮工程图。

三、叉架类零件建模
1. 自行车前叉的结构特点；
2. 自行车前叉的建模流程；
3.Creo 软件混合功能；
4. 自行车的制造工艺；
5.Creo 软件骨架折弯功能；
6.Creo 软件镜像功能；
7.Creo 软件实体化功能；
8.Creo 软件抽壳功。

四、箱壳类零件建模
1. 逆向工程流程；
2. 喷涂显影剂、贴粘标记点；
3. 三维扫描仪的使用；
4. 点云数据的采集；
5. 点云数据的处理；
6. 应用 Geomagic Design X 软件建立千斤顶壳体点云坐标系；
7. 千斤顶壳体点云的领域划分；
8.Geomagic Design X 软件片面草图命令的应用；
9.Geomagic Design X 软件草图命令的应用；
10.Geomagic Design X 软件拉伸命令的应用；
11.Geomagic Design X 软件回转命令的应用；
12.Geomagic Design X 软件扫描命令的应用。

五、千斤顶组件建模
1. 测量各零件的特征尺寸；
2. 千斤顶非标准件的结构特点；
3. 千斤顶非标准件的建模流程；
4.Creo 软件螺旋扫描命令的应用；
5.Creo 软件特征复制命令的应用；
6. 标准件的调用；
7. 千斤顶的装配方式；
8.Creo 软件机构命令的应用；
9.Creo 软件动画命令的应用。

学习任务 1：轴类零件建模

任务描述

学习任务课时：40 课时

任务情境：

某家电厂要开发设计新型和面机，设计人员首先要对市场上畅销的和面机结构、外观、性能、成本做对比分析，为后续设计开发提供可参照数据。其中，和面机变速箱中轴类零件的建模是一项关键工作，建模需符合设计规范及公司的内部建模标准。由于厂里的订单较多，人员安排不过来。我校与该厂是校企合作单位，该企业的技术人员咨询我们在校生能否帮助他们完成该项简单而重要的工作。教师团队认为，同学们在老师指导下，根据所学的相关内容，可以胜任此项作务。企业给我们提供了九阳和面机样品，希望我们一周内完成样品变速箱传动轴的三维建模工作，为了方便建模数据共享，需用企业指定的三维软件进行建模并出工程图，最后由专业教师审核并提交企业。

具体要求见下页。

产品建模

课程 3.《产品建模》

工作流程和标准

工作环节 1

接受建模任务，明确任务要求

学生从教师处接受建模任务后独立阅读任务书，明确任务内容、完成时间、资料提交等要求。用荧光笔在任务书中画出关键词，对整个任务书理解无误后在任务书中签字。其中，建模使用的绘图软件对于学生理解任务要求至关重要，因此学生以小组为单位，通过查找资料对比分析绘图软件的产地、应用领域，形成分析报告并制作 PPT 向全班报告。

工作成果：
签字后的建模任务书。

学习成果：
绘图软件的产地、应用领域分析报告。

知识点、技能点：
和面机变速箱的结构、绘图软件的产地及应用领域。

职业素养：
参加的热情，培养于了解绘图软件种类及其市场地位的过程中。

工作环节 2

制订工作计划表

2

学生分析和面机实物，根据工作计划表模板（工作页），制订工作步骤及工作内容。内容包括和面机的拆解、提取轴类零件、轴零件的测量、轴类零件的建模等。明确小组内人员分工及职责，估算阶段性工作时间及具体日期安排，制订工作计划文本，工作计划内容包括工作环节内容、人员分工、工作要求、时间安排等要素。展示汇报工作计划表，针对教师及他人的合理意见进行修订并获得审定定稿。

学习成果：
工作计划表。

知识点、技能点：
轴类零件建模的工作流程。

职业素养：
独立分析能力，培养于零件分析过程中。

工作流程和标准

工作环节 3

和面机的轴零件建模并出工程图

3

1. 轴零件的测量。学生以小组为单位对和面机实物进行拆解并拍照记录拆解步骤，提取轴类零件用于测量。获取精准的轴零件尺寸数据是建模的前提，直接影响建模工作是否达到交付条件，学生必须选择零件合适的测量工具（卡尺、外径千分尺、内径千分尺等工具），获取轴零件各几何特征的尺寸，并在 A4 纸上进行尺寸记录。通过成员之间交换检查，找出尺寸数据错误的地方并改正，得到准确的尺寸数据为后面的建模做准备。
2. 软件介绍及参数设置。查阅互联网资料，了解绘图软件（Creo）各模块功能作用及界面，明确选用绘图软件（Creo）某个功能模块进行和面机的轴类零件的建模，完成工作页里软件功能模块和界面示意图中的内容，根据老师提供的绘图标准及同学们个人的习惯设置好绘图软件（Creo）的参数（如：单位、质量属性、精度、工作目录等），保存参数文件并提交检查。
3. 零件的草绘。绘图基准面有 RIGHT、TOP、FRONT 等三个基本视图，草绘前需选择正确的草绘平面，然后根据零件的形状及尺寸，选择草绘命令工具栏中相应形状的功能命令完成零件的草绘。绘制的草图须符合工程图标准和规范。
4. 三维建模。小组讨论分析该零件建模有多少种方法，每个小组成员分配一个方法完成三维建模，学生利用绘图软件（Creo）的特征命令工具栏构建零件的三维模型，将产品的形状特征表达出来，最后按照企业要求保存文档格式。
5. 出 2D 工程图。以小组为单位制作工程图模板（填写标题栏），并以电子文档的形式用电脑展示给全班同学，之后提交教师点评确认模板；独立查阅 Creo 工程图教材，按照工程图的国家标准独立输出 2D 工程图（标注尺寸公差，填写技术要求）。

工作成果：

1.A4 纸上的尺寸记录；

2. 软件功能模块和界面示意图、保存参数文件；

3. 和面机轴零件的草绘轮廓；

4. 和面机轴零件的三维模型；

5. 变速箱轴 2D 工程图。

知识点、技能点：

1. 和面机实物的拆解工具的使用、测量工具的选择和使用、测量轴零件尺寸；

2. 绘图软件（Creo）功能及界面的认识、参数设置；

3. 草绘平面的选择，中心线、直线、圆、圆弧、多边形等功能命令；

4. 绘图软件（Creo）实体建模的使用（拉伸命令、旋转命令、基础特征等命令）；

5. 轴零件的视图摆放、轴零件尺寸的标注、技术要求的编写。

学习任务1：轴类零件建模

职业素养：

1. 细心谨慎，培养于尺寸数据测量的过程中；
2. 独立获取信息的能力，培养于查阅互联网资料的过程中；
3. ①遵循标准和规范，培养于零件的草绘过程中；
②观察能力，培养于选择草绘平面的过程中。
4. 考虑周到，培养于灵活选用特征命令工具栏的过程中；
5. 严谨的工作态度，培养于2D工程图的标注过程中。

思政元素：

具备崇尚实践的精神，能思考出多种方法进行三维建模，实践得到最佳的建模流程

工作环节4

成果审核验收

每个小组成员对三维模型及2D工程图进行相互检查，要求轴类零件的结构特点表达完整，建模特征步骤简单，草绘尺寸约束和标注规范，模型尺寸与实物实际尺寸一致，错误的地方截图并对图片做彩色标注。各小组提交经审核的轴类零件三维模型给教师最终审定，形成评价意见，根据反馈意见进行实体模型的修改，审定通过后把最终的模型文档加密交付给客户。

学习成果：
审核通过的三维模型STP格式。

知识点、技能点：
检查三维模型的方法技巧、软件中编辑尺寸和编辑定义的使用。

职业素养：

1. 表达沟通能力，培养于审核评价过程中；
2. 确保质量，培养于检查三维模型的过程中。

课程 3.《产品建模》

学习内容

知识点	1.1 绘图软件的产地； 1.2 绘图软件的应用领域。	2.1 填写工作步骤； 2.2 人员的合理分工安排； 2.3 估算阶段性工作时间。	3.1 和面机拆解步骤的记录方法； 3.2 测量工具的选择； 3.3 零件尺寸的标注。	4.1 软件的操作界面； 4.2 鼠标键盘的操作。
技能点	1.1 和面机变速箱的结构。	2.1 轴类零件建模的工作流程。	3.1 和面机实物的拆解； 3.2 测量工具的正确使用； 3.3 测量轴零件尺寸。	4.1 软件的参数设置； 4.2 设置工作目录； 4.3 设置 Creo 软件的配置文件。
工作环节	工作环节 1 接受建模任务，明确任务要求	工作环节 2 制订工作计划表		
成果	1.1 工作成果：签字后的建模任务书； 1.2 学习成果：绘图软件的产地、应用领域分析报告。	2.1 工作计划表。	3.1 A4 纸上的尺寸记录。	4.1 软件功能模块和界面示意图、保存参数文件。
素养	参加的热情，培养于了解绘图软件种类及其市场地位的过程中。	独立分析能力，培养于 fww 零件分析过程中。	细心谨慎的素养，培养于尺寸数据测量过程中。	独立获取信息的能力，培养于查阅互联网资料过程 。

学习任务 1：轴类零件建模

5.1 基准平面的使用； 5.2 轴零件草绘轮廓的标注； 5.3 轴零件草绘轮廓的约束。	6.1 拉抻草图的绘制； 6.2 螺旋扫描草图的绘制； 6.3 孔的定位方式； 6.4 螺旋扫描草图的绘制。	7.1 轴零件基本视图的调用； 7.2 轴零件尺寸标注的文本样式； 7.3 技术要求的文本样式。	8.1 检查三维模型的方法技巧。
5.1 草绘平面的选择； 5.2 绘图软件（Creo）中心线、直线功能的使用； 5.3 绘图软件（Creo）圆、圆孤功能的使用； 5.4 绘图软件（Creo）选项板的使用。	6.1 绘图软件（Creo）拉伸特征的使用； 6.2 绘图软件（Creo）旋转特征的使用； 6.3 绘图软件（Creo）孔特征的使用； 6.4 绘图软件（Creo）螺旋扫描特征的使用。	7.1 轴零件的视图摆放； 7.2 轴零件尺寸的标注； 7.3 技术要求的编写。	8.1 软件中编辑尺寸和编辑定义的使用。

工作环节 3

和面机的轴零件建模并出工程图

工作环节 4

成果审核验收

5.1 和面机轴零件的草绘轮廓。	6.1 和面机轴零件的三维模型。	7.1 变速箱轴 2D 工程图。	8.1 审核通过的三维模型 STP 格式。
遵循标准和规范，培养于零件的草绘过程中。	具备崇尚实践的精神，能思考出多种方法进行三维建模，实践得到最佳的建模流程。	严谨的工作态度，培养于 2D 工程图的标注过程中。	表达沟通能力，培养于审评价过程中。

课程 3.《产品建模》

学习任务 1：轴类零件建模

1 接受建模任务，明确任务要求 → 2 制订工作计划表 → 3 和面机的轴零件建模 → 4 成果审核验收 → 5 总结评价

	工作子步骤	教师活动	学生活动	评价
接受建模任务，明确任务要求	接受建模任务，明确任务要求。	1. 通过 PPT 展示任务书，引导学生阅读工作页中的任务书，让学生明确任务完成时间、资料提交要求。举例划出任务书中的一个关键词，组织学生用荧光笔在任务书中画出其余关键词。 2. 列举查阅资料的方式，指导学生查阅资料明确绘制软件的产地、应用领域，组织小组形成分析报告并制作 PPT 向全班报告。 3. 教师组织学生填写工作页。 4. 组织学生在任务书中签字。	1. 独立阅读工作页中的任务书，明确任务完成时间、资料提交要求，内容包括轴类零件的测量及建模。每个学生用荧光笔在任务书中画出关键词，如明确建模任务书的要求、交付周期、产品说明书等。 2. 以小组合作的方式查找资料，对比分析绘制软件的产地、应用领域，了解国产软件与发达国家软件的差距，形成分析报告并制作 PPT 向全班报告。 3. 小组各成员完成工作页中引导问题的回答。 4. 对任务要求中不明确或不懂的专业技术指标，通过查阅技术资料或咨询教师进一步明确，最终在任务书中签字确认。	1. 找关键词的全面性与速率。 2. 资料查阅是否全面，复述表达是否完整、清晰。 3. 工作页中引导问题回答是否完整、正确。 4. 任务书是否有签字。
	课时： 2 课时 1. 硬资源：和面机等。 2. 软资源：工作页、数字化资源等。 3. 教学设施：投影仪、一体机、白板、荧光笔等。			
制订工作计划表	制订工作计划表。	1. 通过 PPT 展示工作计划的模板，包括工作步骤、工作要求、人员分工、时间安排等要素，分解测绘轴类零件的工作步骤。 2. 指导学生填写各个工作步骤的工作要求、小组人员分工、阶段性工作时间估算。 3. 组织各小组进行展示汇报，对各小组的工作计划表提出修改意见并指导学生填写工作页中的工作计划表。	1. 根据给定的工作计划模板，以小组为单位在海报纸上填写工作步骤，包括和面机的拆解、提取轴类零件、轴零件的测量、轴类零件的建模等。 2. 各小组填写每个工作步骤的工作要求，明确小组内人员分工及职责，估算阶段性工作时间及具体日期安排。 3. 各小组展示汇报工作计划表，针对教师及他人的合理意见进行修订并填写在工作页中。	1. 工作步骤是否完整。 2. 工作要求是否合理细致、分工是否明确、时间安排是否合理。 3. 工作计划表文本是否清晰、表达是否流畅；工作页填写是否完整。
	课时： 1 课时 1. 硬资源：和面机等。 2. 软资源：工作页、数字化资源等。 3. 教学设施：投影仪、一体机、白板、白板笔、海报纸等。			

基准课时：40

1 接受建模任务，明确任务要求 → 2 制订工作计划表 → 3 和面机的轴零件建模 → 4 成果审核验收 → 5 总结评价

和面机的轴零件建模

工作子步骤	教师活动	学生活动	评价
1. 轴零件的测量。	1. 通过 PPT 与实例进行安全教育，如用电安全、拆机安全。 2. 示范拆解其中一个模块，组织学生进行和面机拆解。 3. 示范测量轴类零件的尺寸并在 A4 纸上进行基本尺寸记录，巡回指导学生完成尺寸测量和标注。 4. 引导学生依次对零件的各几何特征尺寸进行检查。	1. 听取讲解，学习工量具使用、拆解方法、安全知识。 2. 以小组为单位，对和面机实物进行拆解并拍照记录拆解步骤，提取轴类零件用于测量。 3. 利用测量工具（游标卡尺、千分尺等）测量零件的所有几何体的特征尺寸，并在 A4 纸上进行尺寸记录。 4. 学生之间交换检查现有的测量尺寸是否完整正确。	1. 拆解模块划分是否合理，现场物品摆放是否按照 8s 要求进行现场管理。 2. 尺寸记录是否完整正确。 3. 能否正确指出 A4 纸上尺寸存在的问题。
课时： 3 课时 1. 硬资源：和面机样品、手机、拆解工具箱、游标卡尺、千分尺等。 2. 软资源：工作页、游标卡尺和螺旋测微器课件等。 3. 教学设施：计算机、投影仪、白板、A4 纸等。			
2. 软件介绍及参数设置。	1. 给定文件保存路径以及文件命名要求，并示范操作定义软件的工作目录。 2. 介绍软件的功能及界面。 3. 示范参数的设置并保存。	1. 在指定路径下新建文件夹并进行命名，定义软件的工作目录。 2. 熟悉软件功能及界面，并填写工作页。 3. 通过软件选项和配置，对软件的草绘器、配置编辑器进行参数的设置并保存。	1. 工作目录的文件夹保存路径及命名是否正确。 2. 工作页填写是否正确。 3. 参数设置是否正确并保存。
课时： 1 课时 1. 软资源：工作页、《Creo 4.0 工业产品设计实例解析》教材、教学视频等。 2. 教学设施：计算机、投影仪、Creo 4.0 软件等。			
3. 零件的草绘。	1. 针对教材绘制图元内容进行示范讲解。 2. 巡回指导学生完成绘制图元的内容。	1. 学生练习绘制图元。 2. 记录练习过程中出现的问题，通过小组讨论或向教师提问解决问题。	1. 绘制的图元是否正确完整。 2. 经过讨论或提问后是否能解决问题。
课时： 6 课时 1. 软资源：工作页、《Creo 4.0 工业产品设计实例解析》教材、教学视频等。 2. 教学设施：计算机、投影仪、Creo 4.0 软件等。			

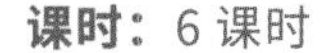

产品建模

课程 3.《产品建模》

学习任务 1：轴类零件建模

1 接受建模任务，明确任务要求 → 2 制订工作计划表 → 3 和面机的轴零件建模 → 4 成果审核验收 → 5 总结评价

和面机的轴零件建模

工作子步骤	教师活动	学生活动	评价
3. 零件的草绘。	1. 示范讲解在已有图元上创建几何轮廓。 2. 巡回指导学生完成在已有图元上创建几何轮廓。	1. 练习在已有图元上创建几何轮廓。 2. 记录练习过程中出现的问题，通过小组讨论或向教师提问解决问题。	1. 创建的几何轮廓是否正确完整。 2. 经过讨论或提问后是否能解决问题。
课时： 3 课时 1. 软资源：工作页、《Creo 4.0 工业产品设计实例解析》教材、教学视频等。 2. 教学设施：计算机、投影仪、Creo 4.0 软件等。			
	1. 针对零件的结构特点及绘制视图的需要示范选择相应的草绘平面进行绘图，借助草绘方向定义草绘平面的摆放位置。 2. 示范零件的草绘过程，巡回指导学生完成零件的草绘。	1. 学生通过教师提供的零件模型，按要求摆放出基本三视图（俯视图、主视图、左视图）。 2. 根据 A4 纸的尺寸记录及现场测量，结合教学视频绘制零件的草绘轮廓。	1. 草绘平面的选择是否正确。 2. 草绘轮廓及尺寸是否正确完整。
课时： 4 课时 1. 硬资源：轴、游标卡尺、千分尺、尺规等。 2. 软资源：工作页、《Creo 4.0 工业产品设计实例解析》教材、教学视频等。 3. 教学设施：计算机、投影仪、Creo 4.0 软件等。			
4. 三维建模。	1. 引导学生讨论、思考建模流程，解答学生在讨论过程中出现的问题。 2. 示范零件的建模过程，巡回指导学生完成三维建模。	1. 小组讨论分析该零件的建模流程，思考出多种方法，每个小组成员分配一种方法完成三维建模，实践得到最佳的建模流程。 2. 利用绘图软件（Creo 4.0）的特征命令工具栏构建零件的三维模型，将产品的形状特征表达出来，最后按照企业要求保存文档格式。	1. 对建模流程进行分析，实践中评价建模流程是否为最佳方法。 2. 是否使用正确的特征命令建立三维模型，尺寸是否正确完整。
课时： 4 课时 1. 硬资源：轴、游标卡尺、千分尺、尺规等。 2. 软资源：工作页、《Creo 4.0 工业产品设计实例解析》教材、教学视频等。 3. 教学设施：计算机、投影仪、Creo 4.0 软件等。			

基准课时：40

1 接受建模任务，明确任务要求 → 2 制订工作计划表 → 3 和面机的轴零件建模 → 4 成果审核验收 → 5 总结评价

	工作子步骤	教师活动	学生活动	评价
和面机的轴零件建模	4. 三维建模。	1. 针对拓展内容进行示范讲解。 2. 巡回指导学生完成拓展练习的内容。	1. 学生对拓展内容进行练习。 2. 记录练习过程中出现的问题，通过小组讨论或向教师提问解决问题。	1. 绘图方法是否正确。 2. 经过讨论或提问后是否能解决问题。
	课时： 6 课时 1. 软资源：工作页、《Creo 4.0 工业产品设计实例解析》教材、教学视频等。 2. 教学设施：计算机、投影仪、Creo 4.0 软件等。			
	5. 出 2D 工程图。	1. 通过 PPT 讲解工程图模板要求，指导学生完成工程图模板制作并以小组的形式进行展示和互相评价。 2. 引导学生查阅工具书完成工程图的输出。	1. 以小组为单位制作工程图模板（填写标题栏），并以电子文档的形式用电脑展示给全班同学。 2. 独立查阅 Creo 工程图教材，遵循工程图的国家标准，独立输出 2D 工程图（标注尺寸公差，填写技术要求）。	1. 工程图模板是否全面、规范（比例、单位名称、零件名称等）。 2. 2D 工程图是否规范，是否有尺寸标注、技术要求。
	课时： 6 课时 1. 硬资源：电脑等。 2. 软资源：Creo 工具书、工作页、数字化资源、PPT 等。 3. 教学设施：投影仪、一体机、白板、白板笔、海报纸等。			
成果审核验收	成果审核验收	1. 讲解检查三维模型的方法技巧，组织学生审核其他同学的三维模型并截图标注意见。 2. 审定经同学审核后的三维模型，审定通过后把最终的模型文档加密交付给客户。	1. 小组成员对三维模型进行相互检查，检查变速箱轴零件的结构特点是否表达完整、尺寸标注与实物实际尺寸是一致，错误的地方截图并对图片做彩色标注。 2. 各小组提交经审核的变速箱轴零件三维模型给教师最终审定，形成评价意见，根据反馈意见进行实体模型的修改。	1. 能否正确指出三维模型中存在的问题并在截图上做彩色标注。 2. 是否根据教师意见对图纸进行修改。
	课时： 2 课时 1. 软资源：零件的三维模型等。 2. 教学设施：计算机、投影仪、软件等。			
总结评价	总结评价	1. 组织学生以小组为单位进行汇报展示。 2. 组织学生填写评价表，对各小组的表现进行点评。	1. 以小组为单位制作一份 PPT，总结拆解、测量、建模过程中遇到的困难及解决方法。 2. 填写评价表，完成整个学习任务各环节的自我评价及互评。	1.PPT 内容是否丰富、表达是否清晰。 2. 评价表填写是否完整。
	课时： 2 课时 1. 软资源：学习过程记录素材、零件的三维模型、PPT、评价表等。 2. 教学设施：计算机、投影等。			

学习任务 2：盘类零件建模

任务描述

学习任务课时：30 课时

任务情境：

企业要在上一个任务——轴类零件建模的基础上，企业为了得到齿轮轮系的传动比，用于传动分析对比。要求对和面机的齿轮进行测绘，测量提取出齿轮的关键尺寸，并利用建模软件进行参数化建模，建立企业内部使用的齿轮标准库，以方便后续的产品开发设计，提升产品的竞争力。齿轮的测绘与建模需要非常扎实的专业技能，企业工程师通过对上一个任务的成果比较认知，了解到学生有较强的测绘基础，请同学们在教师的指导下完成齿轮的建模。企业给我们提供和面机样品，希望我们在样品到货一周内完成所有样品中齿轮零件的测绘建模，模型由专业教师审核签字，提交企业打印版及电子版图纸。优秀作品展示在学业成果展中，并由企业为作品优秀的学生提供现场参观的机会。

具体要求见下页。

产品建模

课程 3.《产品建模》

工作流程和标准

工作环节 1

接受建模任务，明确任务要求

学生从教师处接受建模任务后独立阅读任务书，明确任务内容、完成时间、资料提交等要求。用荧光笔在任务书中画出关键词，对整个任务书理解无误后在任务书中签字。其中，齿轮代号和定义、渐开线原理对于学生理解任务要求至关重要，因此学生以小组为单位，通过查找资料汇总并制作 PPT 向全班报告。

学习成果：
齿轮代号和定义表、渐开线原理图。

知识点、技能点：
齿轮代号和定义、渐开线原理、齿轮参数化建模与标准件库的含义。

职业素养：
参加的热情，培养于了解齿轮代号和定义、渐开线原理的过程中。

工作环节 2

制订工作计划表

2

学生分析和面机实物，根据工作计划表模板（工作页），制订工作步骤及工作内容。内容包括提取齿轮零件、齿轮零件数据的测量及计算、键槽的建模等。明确小组内人员分工及职责，估算阶段性工作时间及具体日期安排，制订工作计划文本，工作计划内容包括工作环节内容、人员分工、工作要求、时间安排等要素。展示汇报工作计划表，针对教师及他人的合理意见进行修订并获得审定定稿。

学习成果：
工作计划表。

知识点、技能点：
盘类零件建模的工作流程。

职业素养：
独立分析能力，培养于零件分析过程中。

工作环节 4

成果审核验收

每个小组成员对三维模型进行相互检查，要求盘类零件的结构特点表达完整、建模特征步骤简单、草绘尺寸约束和标注规范、模型尺寸与实物实际尺寸一致，错误的地方截图并对图片做彩色标注。各小组提交经审核的盘类零件三维模型给教师最终审定，形成评价意见，根据反馈意见进行实体模型的修改，审定通过后把最终的模型文档加密交付给客户。

学习成果：
审核通过的三维模型 STP 格式。

知识点、技能点：
检查三维模型的方法技巧、软件中编辑尺寸和编辑定义的使用。

职业素养：
1. 表达沟通能力，培养于审核评价过程中；
2. 确保质量，培养于检查三维模型的过程中。

工作环节 3

和面机的盘类零件建模

3

1. 齿轮零件的测量及计算。学生以小组为单位，提取齿轮零件用于测量。选择合适的测量工具（游标卡尺、千分尺等）获取产品可测量数据（如齿顶圆直径、齿根圆直径等），利用齿轮相关公式计算出齿高、模数、分度圆直径等数据，并在 A4 纸上进行尺寸记录。通过成员之间交换检查，找出尺寸数据错误的地方并改正，得到准确的尺寸数据为后面的建模做准备。
2. 齿轮零件建模。小组成员独立完成三维建模，根据齿轮的相关尺寸，使用参数化建模完成齿轮主体部分的建模。学生利用绘图软件（CREO）特征命令工具中的实体形状构建齿轮的键槽，最后按照企业要求保存文档格式。
3. 输出 2D 工程图。

   以小组为单位制作工程图模板（填写标题栏），以电子文档的形式用电脑展示给全班同学，提交教师点评确认模板；独立查阅 CREO 工程图教材，按照工程图的国家标准，独立输出 2D 工程图（标注尺寸公差，填写技术要求）。

学习成果：
1. 齿轮的相关尺寸数据；
2. 和面机齿轮零件的三维模型；
3. 工程图模板。

工作成果：
1. 和面机齿轮零件的三维模型；
2. 齿轮 2D 工程图。

知识点、技能点：
1. 测量工具的选择、测量齿轮尺寸及计算；
2. 齿轮零件的参数化建模、齿轮键槽和孔的绘制；
3. 齿轮零件的视图摆放、齿轮零件尺寸的标注、齿轮技术要求的编写。

职业素养：
1. 精益求精（追求高精度），细心谨慎，培养于尺寸数据测量过程中；
2. 考虑周到，培养于灵活选用特征命令工具栏的过程中；
3. 严谨的工作态度，培养于 2D 工程图的标注过程中。

课程 3.《产品建模》

学习内容

知识点	1.1 齿轮渐开线原理； 1.2 标准件库的含义。	2.1 填写工作步骤； 2.2 人员的合理分工安排； 2.3 估算阶段性工作时间。	3.1 测量工具的选择； 3.2 零件尺寸的标注； 3.3 齿轮的计算。
技能点	1.1 齿轮代号和定义； 1.2 齿轮参数化建模。	2.1 盘类零件建模的工作流程。	3.1 测量工具的正确使用； 3.1 测量齿轮零件尺寸。
工作环节	工作环节 1 接受建模任务，明确任务要求	工作环节 2 制订工作计划表	
成果	1.1 齿轮代号和定义表、渐开线原理图。	2.1 工作计划表。	3.1 齿轮的相关尺寸数据。
素养	参加的热情，培养于了解齿轮代号和定义，渐开线原理过程中。	独立分析能力，培养于零件分析过程中。	精益求精（追求高精度），细心谨慎，培养于尺寸数据测量过程中。

学习任务 2：盘类零件建模

4.1 基准平面的使用； 4.2 齿轮零件草绘轮廓的标注； 4.3 齿轮零件草绘轮廓的约束； 4.4 齿轮零件的参数化建模。	5.1 齿轮零件基本视图的调用； 5.2 齿轮零件尺寸标注的文本样式； 5.3 技术要求的文本样式。	6.1 检查三维模型的方法技巧。
4.1 齿轮渐开线的绘制； 4.2 齿轮的建模； 4.3 齿轮键槽和孔的绘制。	5.1 齿轮零件的视图摆放； 5.2 齿轮零件尺寸的标注； 5.3 技术要求的编写。	6.1 软件中编辑尺寸和编辑定义的使用。
工作环节 3 **和面机的盘类零件建模并出工程图**		**工作环节 4** **成果审核验收**
4.1 和面机齿轮零件的三维模型。	5.1 齿轮 2D 工程图。	6.1 审核通过的三维模型 STP 格式。
考虑周到，培养于灵活选用特征命令工具栏的过程中。	严谨的工作态度，培养于 2D 工程图的标注 fpt 过程中。	确保质量，培养于三维模型检查过程中。

产品建模

教学活动

课程 3.《产品建模》

学习任务 2：盘类零件建模

1 接受建模任务，明确任务要求 → 2 制订工作计划表 → 3 和面机的盘类零件建模 → 4 成果审核验收 → 5 总结评价

	工作子步骤	教师活动	学生活动	评价
接受建模任务，明确任务要求	接受建模任务，明确任务要求。	1. 通过 PPT 展示任务书，引导学生阅读工作页中的任务书，让学生明确任务完成时间、资料提交要求。举例划出任务书中的一个关键词，组织学生用荧光笔在任务书中画出其余关键词。 2. 列举查阅资料的方式，指导学生查阅资料明确齿轮代号和定义、渐开线原理，组织汇总并制作 PPT 向全班报告。 3. 教师组织学生填写工作页。 4. 组织学生在任务书中签字。	1. 独立阅读工作页中的任务书，明确任务完成时间、资料提交要求，内容包括盘类零件的测量及建模。每个学生用荧光笔在任务书中画出关键词，如明确建模任务书的要求、交付周期、产品说明书等。 2. 以小组合作的方式查找资料，了解齿轮代号和定义、渐开线原理，汇总并制作 PPT 向全班报告。 3. 完成工作页中引导问题的回答。 4. 对任务要求中不明确或不懂的专业技术指标，通过查阅技术资料或咨询教师进一步明确，最终在任务书中签字确认。	1. 找关键词的全面性与速度。 2. 资料查阅是否全面，复述表达是否完整、清晰。 3. 工作页中引导问题回答是否完整、正确。 4. 任务书是否有签字。
	课时： 2 课时 1. 硬资源：和面机等。 2. 软资源：工作页、数字化资源等。 3. 教学设施：投影仪、一体机、白板、荧光笔等。			
制订工作计划表	制订工作计划表。	1. 通过 PPT 展示工作计划的模板，包括工作步骤、工作要求、人员分工、时间安排等要素，分解测绘盘类零件的工作步骤。 2. 指导学生填写各个工作步骤的工作要求、小组人员分工、阶段性工作时间估算。 3. 组织各小组进行展示汇报，对各小组的工作计划表提出修改意见，并指导学生填写工作页中的工作计划表。	1. 根据给定的工作计划模板，以小组为单位在海报纸上填写工作步骤，包括提取齿轮零件、齿轮零件的测量及计算、齿轮的建模等。 2. 各小组填写每个工作步骤的工作要求；明确小组内人员分工及职责；估算阶段性工作时间及具体日期安排。 3. 各小组展示汇报工作计划表，针对教师及他人的合理意见进行修订并填写在工作页中。	1. 工作步骤是否完整。 2. 工作要求是否合理细致、分工是否明确、时间安排是否合理。 3. 工作计划表文本是否清晰、表达是否流畅，工作页填写是否完整。
	课时： 1 课时 1. 硬资源：和面机等。 2. 软资源：工作页、数字化资源等。 3. 教学设施：投影仪、一体机、白板、白板笔、海报纸等。			

基准课时：30

1 接受建模任务，明确任务要求 → 2 制订工作计划表 → 3 和面机的盘类零件建模 → 4 成果审核验收 → 5 总结评价

和面机的盘类零件建模

工作子步骤	教师活动	学生活动	评价
1. 齿轮零件的测量及计算。	1. 组织学生提取和面机齿轮零件。 2. 示范测量盘类零件的尺寸并在 A4 纸上进行基本尺寸记录；巡回指导学生完成尺寸测量并标注。 3. 提供齿轮相关公式，让学生计算齿轮相关尺寸数据。 4. 引导学生依次对齿轮零件的各几何特征尺寸进行检查。	1. 学生以小组为单位提取齿轮零件用于测量。 2. 利用测量工具（游标卡尺、千分尺等）直接测量数据（如齿顶圆直径、齿根圆直径等），并在 A4 纸上进行尺寸记录。 3. 每个学生利用齿轮相关公式计算出齿高、模数、分度圆直径等尺寸数据。 4. 学生之间交换检查现有的测量及计算尺寸是否完整正确。	1. 尺寸记录是否完整正确。 2. 齿轮相关尺寸数据是否计算正确。 3. 是否做到精益求精、严谨理性，能否正确指出 A4 纸上尺寸存在的问题。 4. 现场物品摆放是否按照 8s 要求进行现场管理。
课时： 6 课时 1. 硬资源：和面机样品、手机、拆解工具箱、游标卡尺、千分尺等。 2. 软资源：工作页、游标卡尺和螺旋测微器课件等。 3. 教学设施：计算机、投影仪、白板、A4 纸等。			
2. 齿轮零件建模。	1. 引导组织学生分析齿轮的结构特点。 2. 示范齿轮的参数化建模过程。 3. 示范键槽的建模过程，巡回指导学生完成齿轮的键槽三维建模。	1. 小组分析齿轮的结构特点。 2. 学生通过设置齿顶圆直径、齿根圆直径、齿轮模数、齿轮齿数、齿轮宽度等齿轮数据，完成齿轮主体的参数化建模。 3. 学生利用绘图软件（CREO）特征命令工具中实体形状构建齿轮的键槽。	1. 能否正确分析齿轮的结构特点。 2. 能否正确设置齿轮参数，完成参数化建模。 3. 齿轮主体草绘轮廓及尺寸是否正确完整。 4. 是否使用正确 的特征命令建立齿轮的键槽，尺寸是否正确完整。
课时： 6 课时 1. 硬资源：和面机样品等。 2. 软资源：工作页、《CREO》教材、教学视频、数字化资源等。 3. 教学设施：计算机、投影仪、Creo 软件等。			

课程 3.《产品建模》

学习任务 2：盘类零件建模

1 接受建模任务，明确任务要求 → 2 制订工作计划表 → 3 和面机的盘类零件建模 → 4 成果审核验收 → 5 总结评价

	工作子步骤	教师活动	学生活动	评价
和面机的盘类零件建模	3. 出 2D 工程图。	1. 通过 PPT 讲解工程图模板要求，指导学生以小组形式完成工程图模板制作并进行展示和小组互相评价。 2. 引导学生查阅工具书，完成工程图的输出。	1. 以小组为单位制作工程图模板（填写标题栏），并以电子文档的形式用电脑展示给全班同学。 2. 独立查阅 Creo 工程图教材，遵循工程图的国家标准，独立输出 2D 工程图（标注尺寸公差，填写技术要求）。	1. 工程图模板是否全面、规范（比例、单位名称、零件名称等）。 2.2D 工程图是否规范，是否有尺寸标注、技术要求。
	课时： 6 课时 1. 硬资源：和面机等。 2. 软资源：工作页、数字化资源等。 3. 教学设施：投影仪、一体机、白板、荧光笔等。			
成果审核验收	成果审核验收	1. 讲解检查三维模型的方法技巧，组织学生审核其他同学的三维模型并截图标注意见。 2. 审定经同学审核后的三维模型，审定通过后把最终的模型文档加密交付给客户。	1. 小组成员对三维模型进行相互检查，检查变速箱齿轮零件的结构特点是否表达完整、尺寸标注与实物实际尺寸是否一致，错误的地方截图并对图片做彩色标注。 2. 各小组提交经审核的齿轮零件三维模型给教师最终审定，形成评价意见，根据反馈意见进行实体模型的修改。	1. 能否正确指出三维模型中存在的问题并在截图上做彩色标注。 2. 是否根据教师意见对图纸进行修改。
	课时： 3 课时 1. 软资源：零件的三维模型等。 2. 教学设施：计算机、投影仪、Creo 软件等。			
总结评价	总结评价	1. 组织学生以小组为单位进行汇报展示。 2. 组织学生填写评价表，对各小组的表现进行点评。	1. 以小组为单位制作一份 PPT，总结拆解、测量、建模过程中遇到的困难及解决方法。 2. 填写评价表，完成整个学习任务各环节的自我评价和互评。	1. PPT 内容是否丰富、表达是否清晰。 2. 评价表填写是否完整。
	课时： 3 课时 1. 软资源：学习过程记录素材、零件的三维模型、PPT、评价表等。 2. 教学设施：计算机、投影等。			

基准课时：30

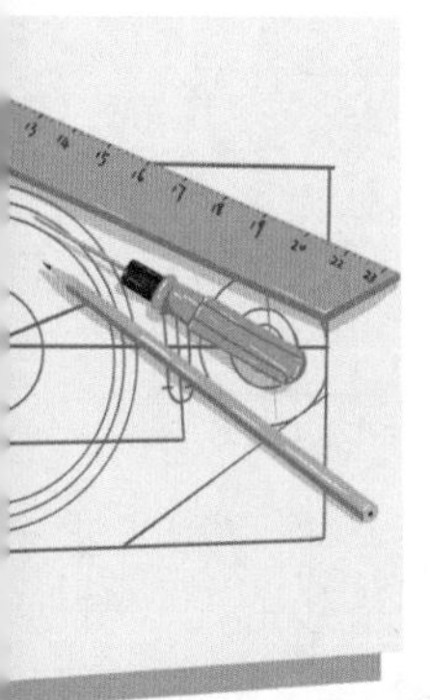

学习任务 3：叉架类零件建模

任务描述

学习任务课时：30 课时

任务情境：

深圳某自行车厂需要开发新型自行车产品，为了更好地了解同类产品的特点和功能，设计人员首先要对一款知名自动车的结构、外观、性能、成本等做对比分析，为后续设计开发提供可参照数据。其中自行车前叉是重要零部件，关系到人的骑乘安全，要求自行车前叉与车架、前轴等配合时没有干涉，建模须符合设计规范及公司的内部建模标准。自行车前叉架已由我院学生完成测绘，该企业的技术人员咨询我院学生能否帮助他们继续完成自行车前叉架建模工作。教师团队认为，同学们在老师指导下，根据所学的相关内容，可以胜任此项作务。企业给我们提供了自行车前叉架样品，希望我们一周内完成样品中前叉架零件的建模工作，绘制的模型由专业教师审核并提交企业。

具体要求见下页。

工作流程和标准

工作环节 1

接受建模任务，明确任务要求

学生从教师处接受建模任务后独立阅读任务书，明确任务内容、完成时间、资料提交等要求。用荧光笔在任务书中画出关键词，对整个任务书理解无误后在任务书中签字。其中，车架零件对于学生理解任务要求至关重要，因此学生以小组为单位，通过查找资料了解车架零件结构、位置作用以及与相邻件的配合关系，汇总并制作 PPT 向全班报告。

工作成果：
签字后的建模任务书。

学习成果：
自行车前叉的制造工艺。

知识点、技能点：
前叉的制造工艺、自行车前叉的夹角。

职业素养：
参加的热情，培养于了解自行车的制造流程的过程中。

工作环节 2

制订工作计划表

学生分析自行车实物，根据工作计划表模板（工作页），制订工作步骤及工作内容。内容包括领取原测绘图纸、提取前叉零件、前叉零件的建模等。明确小组内人员分工及职责，估算阶段性工作时间及具体日期安排，制订工作计划文本，工作计划内容包括工作环节内容、人员分工、工作要求、时间安排等要素。展示汇报工作计划表，针对教师及他人的合理意见进行修订并获得审定定稿。

学习成果：
工作计划表。

知识点、技能点：
叉架类零件建模的工作流程。

职业素养：
独立分析能力，培养于零件分析过程中。

工作环节 4

成果审核验收

每个小组成员对三维模型进行相互检查，要求前叉零件的结构特点表达完整、建模特征步骤简单、草绘尺寸约束到位、模型尺寸与实物实际尺寸一致。错误的地方截图并对图片做彩色标注。各小组提交经审核的前叉零件三维模型给教师最终审定，形成评价意见，根据反馈意见进行实体模型的修改，审定通过后把最终的模型文档加密交付给客户。

学习成果：
审核通过的三维模型 STP 格式。

知识点、技能点：
检查三维模型的方法技巧、软件中编辑尺寸和编辑定义的使用。

职业素养：

1. 表达沟通能力，培养于审核评价过程中；
2. 确保质量，培养于三维模型检查过程中。

工作环节 3

自行车的叉架零件建模

3

1. 领取原测绘图纸。查看原测绘图纸，结合自行车前叉，检查已有尺寸是否满足建模需求。如果不满足，结合实物把缺少的尺寸补齐。获取精准的前叉零件尺寸数据是建模的前提，直接影响建模工作是否能达到交付条件，通过成员之间交换检查，找出尺寸数据错误的地方并改正，得到准确的尺寸数据，为后面的建模做准备。
2. 叉架零件的建模。分析自行车前叉的结构特点，写出建模流程，并根据建模流程进行建模。绘制的草图，尺寸完整、尺寸约束到位。学生利用绘图软件（CREO）的特征命令工具栏构建零件的三维模型，将产品的形状特征表达出来，最后按照企业要求保存文档格式并提交汇总。

学习成果：
1. 尺寸完整的图纸；
2. 前叉建模流程及三维模型。

工作成果：
1. 前叉建模流程及三维模型。

知识点、技能点：
1. 零件视图的表达；
2. 实体、曲面特征命令工具栏的使用。

职业素养：
1. 细心谨慎，培养于检查已有尺寸是否满足建模需求的过程中；
2. 遵循标准和规范，培养于零件的草绘过程中。

学习内容

	工作环节 1	工作环节 2
知识点	1.1 前叉的结构特点； 1.2 自行车前叉的制造工艺。	2.1 填写工作步骤； 2.2 人员的合理分工安排； 2.3 估算阶段性工作时间。
技能点	1.1 根据前叉的制造工艺，确定前叉的建模方法。	2.1 叉架类零件建模的工作流程。
工作环节	工作环节 1 接受建模任务，明确任务要求	制订工作计划表 工作环节 2
成果	1.1 工作成果：签字后的建模任务书； 1.2 学习成果：自行车前叉的制造工艺。	2.1 工作计划表。
素养	参加的热情，培养于了解自行车制造流程的过程中。	独立分析能力，培养于零件分析过程中。

学习任务 3：叉架类零件建模

3.1 基本视图的调用； 3.2 尺寸标注的文本样式； 3.3 技术要求的文本样式。	4.1 基准平面的确定； 4.2 混合草图的绘制； 4.3 扫描草图的绘制； 4.4 折弯线的绘制。	5.1 检查三维模型的方法和技巧。
3.1 前叉零件的视图摆放； 3.2 前叉零件尺寸的标注； 3.3 技术要求的编写。	4.1 应用绘图软件（Creo）创建基准平面； 4.2 混合功能的使用； 4.3 扫描功能的使用； 4.4 骨架折弯功能的使用。	5.1 软件中编辑尺寸和编辑定义的使用。
工作环节 3 自行车的叉架零件建模		工作环节 4 成果审核验收
3.1 尺寸完整的图纸。	4.1 前叉建模流程及三维模型。	5.1 审核通过的三维模型 STP 格式。
细心谨慎的态度，培养于检查已有尺寸是否满足建模需求的过程中。	遵循标准和规范的工匠精神，培养于零件的草绘过程中。	表达沟通能力，培养于审核评价过程中。

课程 3.《产品建模》

学习任务 3：叉架类零件建模

1 接受建模任务，明确任务要求 → 2 制订工作计划表 → 3 自行车前叉建模 → 4 成果审核验收 → 5 总结评价

接受建模任务，明确任务要求

工作子步骤	教师活动	学生活动	评价
接受建模任务，明确任务要求。	1. 通过 PPT 展示任务书，引导学生阅读工作页中的任务书，让学生明确任务完成时间、资料提交要求。举例划出任务书中的一个关键词，组织学生用荧光笔在任务书中画出其余关键词。 2. 列举查阅资料的方式，指导学生学习前叉的制造工艺、自行车前叉的夹角等知识点，组织学生汇总并制作 PPT 向全班报告。 3. 教师组织学生填写工作页。 4. 组织学生在任务书中签字。	1. 独立阅读工作页中的任务书，明确任务完成时间、资料提交要求，内容包括分析叉架类建模流程、零件的建模。每个学生用荧光笔在任务书中画出关键词，如明确建模任务书的要求、交付周期、产品说明书等。 2. 以小组合作的方式查找了解前叉的制造工艺、自行车前叉的夹角，汇总并制作 PPT 向全班报告。 3. 小组各成员完成工作页中引导问题的回答。 4. 对任务要求中不明确或不懂的专业技术指标，通过查阅技术资料或咨询教师进一步明确，最终在任务书中签字确认。	1. 查找关键词的全面性与速度。 2. 资料查阅是否全面，复述表达是否完整、清晰。 3. 工作页中引导问题回答是否完整、正确。 4. 任务书是否有签字。

课时：4 课时

1. 硬资源：自行车等。
2. 软资源：工作页、数字化资源等。
3. 教学设施：投影仪、一体机、白板、荧光笔等。

制订工作计划表

工作子步骤	教师活动	学生活动	评价
制订工作计划表	1. 通过 PPT 展示工作计划的模板，包括工作步骤、工作要求、人员分工、时间安排等要素，分解叉架类零件的建模步骤。 2. 指导学生填写各个工作步骤的工作要求、小组人员分工、阶段性工作时间估算。 3. 组织各小组进行展示汇报，对各小组的工作计划表提出修改意见，并指导学生填写工作页中的工作计划表。	1. 根据给定的工作计划模板，以小组为单位在海报纸上填写工作步骤，包括领取原测绘图纸、提取前叉零件、前叉零件的建模。 2. 各小组填写每个工作步骤的工作要求；明确小组内人员分工及职责；估算阶段性工作时间及具体日期安排。 3. 各小组展示汇报工作计划表，针对教师及他人的合理意见进行修订并填写在工作页中。	1. 建模步骤是否合理、正确。 2. 工作要求是否合理细致、分工是否明确、时间安排合理。 3. 工作计划表文本是否清晰、表达是否流畅，工作页填写是否完整。

课时：2 课时

1. 硬资源：自行车等。
2. 软资源：工作页、数字化资源等。
3. 教学设施：投影仪、一体机、白板、白板笔、海报纸等。

基准课时：30

① 接受建模任务，明确任务要求 ② 制订工作计划表 ③ 自行车前叉建模 ④ 成果审核验收 ⑤ 总结评价

自行车前叉建模

工作子步骤	教师活动	学生活动	评价
1. 领取原测绘图纸。	1. 发放原测绘图纸，强调任务实施中要注意的安全事项。 2. 引导学生依次对零件的各几何特征尺寸进行检查。	1. 领取原测绘图纸，结合自行车前叉，检查已有尺寸是否满足建模需求，学习本次任务中的安全知识。 2. 学生之间交换检查现有前叉零件的尺寸是否完整正确；如不完整，结合实物把缺少的尺寸补齐。	1. 现场物品摆放是否按照 8s 要求进行现场管理。 2. 原测绘图纸是否完整正确。 3. 能否正确指出测绘图纸上尺寸存在的问题。
课时： 2 课时 1. 硬资源：自行车样品、拆解工具箱、卡尺、内径千分尺等。 2. 软资源：工作页、游标卡尺和螺旋测微器课件、原测绘图纸等。 3. 教学设施：计算机、投影仪、白板、A4 等。			
2. 前叉零件主体的建模。	1. 解答学生在讨论过程中出现的问题。 2. 示范零件的草绘过程，巡回指导学生完成零件的草绘。 3. 示范前叉零件的建模过程，巡回指导学生完成三维建模。	1. 分析自行车前叉的结构特点，写出建模流程。 2. 根据原测绘图纸及现场测量，结合教学视频绘制前叉零件主体的各截面轮廓。 3. 学生利用绘图软件（Creo）的特征命令工具栏构建前叉零件的主体特征。	1. 各建模方法是否正确。 2. 草绘轮廓及尺寸是否正确完整。 3. 是否使用正确的实体特征命令建立三维模型，尺寸是否正确完整。
课时： 6 课时 1. 硬资源：自行车样品、卡尺、内径千分尺等。 2. 软资源：工作页、《Creo 4.0 工业产品设计实例解析》教材、教学视频等。 3. 教学设施：计算机、投影仪、Creo 软件等。			
2. 前叉卡口的建模。	1. 解答学生在讨论过程中出现的问题。 2. 示范零件的草绘过程，巡回指导学生完成零件的草绘。 3. 示范前叉卡口的建模过程，巡回指导学生完成三维建模。	1. 根据原测绘图纸及现场测量，结合教学视频绘制前叉卡口特征的各轮廓线。 2. 学生利用绘图软件（Creo）的特征命令工具栏构建前叉卡口的特征。	1. 各建模方法是否正确。 2. 草绘轮廓及尺寸是否正确完整。 3. 是否使用正确的实体特征命令建立三维模型，尺寸是否正确完整。
课时： 6 课时 1. 硬资源：自行车样品、卡尺、内径千分尺等。 2. 软资源：工作页、《Creo 4.0 工业产品设计实例解析》教材、教学视频等。 3. 教学设施：计算机、投影仪、Creo 软件等。			

课程 3.《产品建模》

学习任务 3：叉架类零件建模

1 接受建模任务，明确任务要求 → 2 制订工作计划表 → 3 自行车前叉建模 → 4 成果审核验收 → 5 总结评价

	工作子步骤	教师活动	学生活动	评价
自行车前叉建模	4. 前叉直管的建模	1. 解答学生在讨论过程中出现的问题。 2. 示范零件的草绘过程，巡回指导学生完成零件的草绘。 3. 示范前叉直管的建模过程，巡回指导学生完成三维建模。	1. 根据原测绘图纸及现场测量，结合教学视频绘制前叉直管特征的各轮廓线。 2. 学生利用绘图软件（Creo）的特征命令工具栏构建前叉直管和抽壳特征。	1. 各建模方法是否正确。 2. 草绘轮廓及尺寸是否正确完整。 3. 是否使用正确的实体特征命令建立三维模型，尺寸是否正确完整。
	课时： 6 课时 1. 硬资源：自行车样品、卡尺、内径千分尺等。 2. 软资源：工作页、《Creo 4.0 工业产品设计实例解析》教材、教学视频等。 3. 教学设施：计算机、投影仪、Creo 软件等。			
成果审核验收	成果审核验收	1. 组织学生审核其他同学的三维模型，并对三维模型进行修改。 2. 审定经同学审核后的三维模型，提交成果给客户（企业技术人员）验收。	1. 学生审核其他同学的三维模型，检查轴类零件的结构特点是否表达完整、尺寸标注与实物实际尺寸是一致，错误的地方截图并对图片做彩色标注，被审核图纸经作者修改后交审核者确认并签字。 2. 经同学审核的三维模型，提交教师最终审定。教师审定签字后，纸质版包装，电子版加密，提交成果给客户（企业技术人员）验收。	1. 能否正确指出三维模型中存在的问题并在截图上做彩色标注。 2. 是否根据教师意见对图纸进行修改。
	课时： 2 课时 1. 软资源：零件的三维模型等。 2. 教学设施：计算机、投影仪、Creo 软件等。			
总结评价	总结评价	1. 组织学生以小组为单位进行汇报展示。 2. 组织学生填写评价表，对各小组的表现进行点评。	1. 以小组为单位制作一份 PPT，总结拆解、测量、建模过程中遇到的困难及解决方法。 2. 填写评价表，完成整个学习任务各环节的自我评价和互评。	1. PPT 内容是否丰富、表达是否清晰。 2. 评价表填写是否完整。
	课时： 2 课时 1. 软资源：学习过程记录素材、零件的三维模型、PPT、评价表等。 2. 教学设施：计算机、投影仪等。			

基准课时：30

产品建模

学习任务 4：箱壳类零件建模

任务描述

学习任务课时：40 课时

任务情境：

某机械产品设备生产企业为迎合市场，需要开发一款新型螺旋千斤顶产品，产品的特点是体积小、重量轻、携带方便，应用于工厂仓库、桥梁、码头、交通运输和建筑工程等部门的起重作业。现需要对市场上热销的某品牌螺旋千斤顶进行改良设计，在了解该产品工作原理的基础上完成壳体部分的建模。由于壳体形状为不规则，需通过三维扫描的方式获取该零件的数据进行逆向建模，要求螺旋千斤顶的壳体零件与内部零件配合时没有干涉，建模须符合设计规范及公司的内部建模标准。由于该企业逆向建模为外发订单，希望我校能提供帮忙。教师团队分析认为，我校逆向工程设备齐全，学生通过学习能完成此项工作。企业给我们提供螺旋千斤顶样品，希望我们在一周内完成螺旋千斤顶壳体逆向建模工作，所建逆向模型由专业教师审核并提交企业，优秀作品将展示在学业成果展中，并由企业提供精美纪念品一份作为奖励。

具体要求见下页。

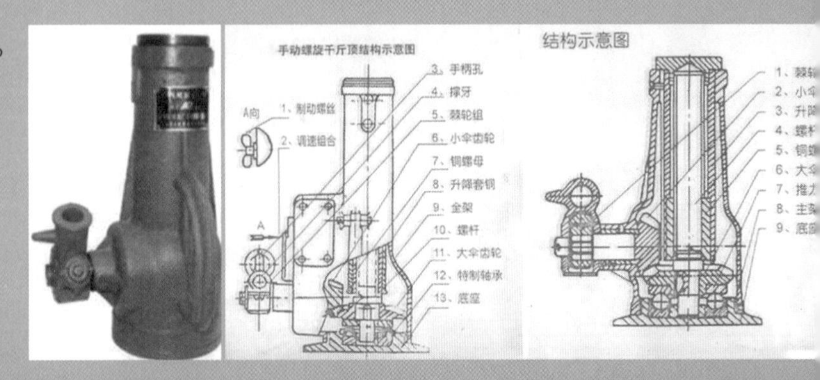

产品建模

课程 3.《产品建模》

工作流程和标准

工作环节 1

接受建模任务，明确任务要求

通过划关键词和口头复述工作任务以明确任务要求。学生以小组为单位，完成关于千斤顶的工作原理、逆向工程流程的 PPT 并向全班汇报发言。

学习成果：
汇报 PPT。

知识点、技能点：
千斤顶的工作原理、逆向工程的流程。

职业素养：
工作目标明确，培养于接受建模任务的过程中。

工作环节 2

制订工作计划表

2

学生通过观看关于逆向工程的视频分析螺旋千斤顶实物，根据工作计划表模板（工作页），制订工作步骤及工作内容。内容包括螺旋千斤顶的拆解、提取箱壳类零件、三维扫描仪的使用、点云数据采集、点云数据处理、箱壳类零件的建模等。明确小组内人员分工及职责，估算阶段性工作时间及具体日期安排，制订工作计划文本，工作计划内容包括工作环节内容、人员分工、工作要求、时间安排等要素。展示汇报工作计划表，针对教师及他人的合理意见进行修订并获得审定定稿。

学习成果：
工作计划表。

知识点、技能点：
箱壳类零件建模的工作流程。

职业素养：
独立分析能力，培养于零件分析过程中。

工作环节 4

成果审核验收

每个小组成员对三维模型进行相互检查，要求箱壳类零件的结构特点表达完整，建模特征步骤简单，草绘尺寸约束完整、标注规范，模型尺寸与实物尺寸误差在公差范围内。错误或超差的地方截图并对图片做彩色标注。各小组提交经审核的箱壳类零件三维模型给教师最终审定，形成评价意见，根据反馈意见进行实体模型的修改，审定通过后把最终的模型文档加密交付给客户。

学习成果：
审核通过的三维模型 STP 格式。

知识点、技能点：
检查三维模型的方法技巧、软件中编辑尺寸和编辑定义的使用。

职业素养：

1. 表达沟通能力，培养于审核评价过程中；
2. 确保质量，培养于三维模型检查过程中。

工作环节 3

螺旋千斤顶壳体零件建模

3

1. 三维扫描仪的使用。学生查阅说明书，通过用荧光笔在说明书上划关键字的方式，了解三维扫描仪的作用、硬件系统结构（扫描头，云台，三脚架）、Win3DD 软件系统的使用。经过小组讨论，制作使用扫描仪的注意事项汇总表并展示。
2. 点云数据采集。学生以小组为单位，对螺旋千斤顶实物进行拆解并拍照记录拆解步骤，提取箱壳类零件用于数据采集。各小组对千斤顶壳体喷显影剂和粘贴标记点，使用三维扫描仪进行逆向数据采集。扫描各位置时，必须保证与上一步扫描有至少三个的标记点重叠，按照这样的方法直到所有的外表轮廓扫描完毕。各小组提交展示扫描文档并分享喷显影剂的方法和技巧。
3. 点云数据处理。各小组成员使用 Geomagic Wrap 软件对千斤顶壳体零件的点云进行处，理包括剔除噪点和冗余点、调整点云密度、删除钉状物、填充孔、去除特征等，最后封装输出面片 IGS、STL 等格式图档并按照要求保存点云数据格式。
4. 壳体的逆向建模。各小组把封装好的面片图档导入到绘图软件（Creo），根据面片图档建立基准点、基准面，参照面片图档和测量产品实物绘制三维模型，将产品的形状特征表达出来，按照要求保存三维模型的文件格式并提交进行小组互检。

学习成果：
1. 扫描仪的使用注意事项汇总表；
2. 千斤顶壳体的原始点云数据；
3. 处理好的完整点云数据；
4. 千斤顶壳体的三维模型。

工作成果：
处理好的完整点云数据。

知识点、技能点：
1. 三维扫描仪的作用、硬件系统结构、Win3DD 软件系统的使用；
2. 点云数据采集流程、喷显影剂和贴粘标记点的方法和技巧；
3. Geomagic Wrap 软件的使用技巧、点云数据处理功能的使用；
4. 壳体零件的领域划分、坐标系的创建、千斤顶壳体的逆向建模。

职业素养：
1. 独立获取信息的能力，培养于查阅说明书的过程中；
2. 制订方案策略的能力，培养于点云数据采集的过程中；
3. 严谨的工作态度，培养于点云数据处理的过程中；
4. 细心耐心，培养于逆向建模过程中。

课程 3.《产品建模》

学习内容

知识点	1.1 千斤顶的工作原理； 1.2 逆向工程的流程。	2.1 填写工作表的步骤； 2.2 人员的合理分工安排； 2.3 估算阶段性工作时间。	3.1 三维扫描仪的作用； 3.2 硬件系统结构。	4.1 壳体零件的表面处理； 4.2 显影剂的使用方法； 4.3 标记点的使用方法。
技能点	1.1 根据千斤顶的结构特点，确定建模方式。	2.1 箱壳类零件建模的工作流程。	3.1 Win3DD 软件系统的使用。	4.1 喷涂显影剂； 4.2 粘贴标记点。
工作环节	工作环节 1 接受建模任务，明确任务要求	制订工作计划表 工作环节 2		
成果	1.1 汇报 PPT。	2.1 工作计划表。	3.1 扫描仪的使用注意事项汇总表。	4.1 千斤顶壳体的原始点云数据。
素养	明确工作目标的能力，培养于接受建模任务的过程中。	独立分析能力，培养于零件分析过程中。	独立获取信息的能力，培养于查阅说明书的过程中。	制定方案策略的能力，培养于点云数据采集的过程中。

学习任务 4：箱壳类零件建模

5.1 删除壳体外的杂点； 5.2 生成网格面； 5.3 点云数据的简化。	6.1 壳体零件的领域划分； 6.2 手动对齐坐标系； 6.3 布尔运算的应用； 6.4 抽壳的应用。	7.1 检查三维模型的方法技巧。
5.1 点云数据处理及导出。	6.1 构建参考平面； 6.2 面片草图的使用； 6.3 实体特征的使用； 6.4 曲面特征的使用。	7.1 软件中编辑尺寸和编辑定义的使用。
工作环节 3 螺旋千斤顶壳体零件建模		**工作环节 4** 成果审核验收
5.1 处理好的完整点云数据。	6.1 千斤顶壳体的三维模型。	7.1 审核通过的三维模型 STP 格式。
严谨的工作态度，培养于点云数据处理。	细心耐心，培养于逆向建模过程中。	确保质量，培养于三维模型检查过程中。

课程 3.《产品建模》

学习任务 4：箱壳类零件建模

1 接受任务，明确任务要求 → 2 制订工作计划 → 3 螺旋千斤顶壳体零件建模 → 4 成果审核验收 → 5 总结评价

	工作子步骤	教师活动	学生活动	评价
接受任务，明确任务要求	阅读任务书，明确任务要求。	1. 通过 PPT 展示任务书，引导学生阅读任务书，让学生明确任务完成时间及要求。举例划出任务书中的一个关键词，组织学生用荧光笔在任务书中画出完成本次任务的关键词。 2. 引导学生做汇报 PPT 并向全班汇报发言。 3. 组织学生在任务书中签字。	1. 独立阅读任务书，明确任务完成时间及要求，用荧光笔在任务书中画出完成本次任务的关键词。 2. 各小组制作关于逆向工程的作用、逆向工程的选用的 PPT，并向全班汇报发言。 3. 对任务要求中不明确或不懂的专业技术指标，通过查阅技术资料或咨询教师进一步明确，最终在任务书中签字确认。	1. 关键词是否准确全面。 2. 复述表达是否完整清晰。 3. 任务书是否有签字。
	课时：3 课时 1. 硬资源：螺旋千斤顶等。 2. 软资源：任务书、PPT 等。 3. 教学设施：投影仪、一体机、白板、荧光笔等。			
制订工作计划	制订工作计划	1. 通过 PPT 展示工作计划的模板，包括工作步骤、工作要求、人员分工、时间安排等要素，分解测绘箱壳类零件的工作步骤。 2. 指导学生填写各个工作步骤的工作要求、小组人员分工、阶段性工作时间估算。 3. 组织各小组进行展示汇报，对各小组的工作计划表提出修改意见，指导学生填写工作页中的工作计划表。	1. 根据给定的工作计划模板，以小组为单位在海报纸上填写工作步骤，包括螺旋千斤顶的拆解、提取箱壳类零件、三维扫描仪的使用、点云数据采集、点云数据处理、箱壳类零件的建模等。 2. 各小组填写每个工作步骤的工作要求；明确小组内人员分工及职责；估算阶段性工作时间及具体日期安排。 3. 各小组展示汇报工作计划表，针对教师及他人的合理意见进行修订并填写在工作页中。	1. 工作步骤是否完整。 2. 工作要求是否合理细致、分工是否明确、时间安排是否合理。 3. 工作计划表文本是否清晰、表达是否流畅、工作页填写是否完整。
	课时：1 课时 1. 硬资源：螺旋千斤顶等。 2. 软资源：工作计划表、数字化资源等。 3. 教学设施：投影仪、一体机、白板、白板笔、海报纸等。			

工作子步骤	教师活动	学生活动	评价
1. 三维扫描仪的使用。	1. 以 PPT 方式介绍本任务的扫描设备，组织学生了解现有扫描设备的结构。 2. 以视频的方式讲解扫描仪的标定。	1. 小组讨论扫描仪的结构组成，把结构名称写在卡纸上进行展示。 2. 小组个人通过观看视频资料，学习扫描仪的使用及标定。	1. 卡纸上的结构名称是否完整正确。 2. 扫描仪标定是否正确。 3. 是否按照 8s 要求进行现场管理
课时： 2 课时 1. 硬资源：螺旋千斤顶壳体、扫描仪一套、电脑等。 2. 软资源：扫描仪使用软件、扫描仪标定视频等。 3. 教学设施：投影仪、白板、卡纸、水性笔等。			
2. 点云数据采集。	1. 示范拆解其中一个模块，组织学生拆解千斤顶。 2. 图片展示不同产品表面，讲解表面是否需要喷涂显影剂，讲解产品的结构特征。 3. 根据产品特征，提供采集流程选项卡。	1. 学生以小组为单位对螺旋千斤顶实物进行拆解并拍照记录拆解步骤，提取箱壳类零件用于数据采集。 2. 各小组讨论，总结零件在什么情况下需要喷涂显影剂。 3. 各小组分析壳体零件结构特点，制订点云的数据采集流程。	1. 拆解模块划分是否合理，现场物品摆放是否按照 8s 要求进行现场管理。 2. 喷涂显影剂的适用范围。 3. 点云数据采集流程是否合理正确。
课时： 6 课时 1. 硬资源：螺旋千斤顶壳体、显影剂、标定点、扫描仪一套、一次性手套、黑色橡皮泥、口罩、棉签、纸皮箱、电脑等。 2. 软资源：扫描仪使用软件、扫描示范视频等。 3. 教学设施：投影仪、白板、海报纸、水性笔等。			
2. 点云数据采集。	1. 根据表面特征分析，确定喷涂显影剂，展示显影剂的喷涂和粘贴标记点的技巧。 2. 以视频加示范的方式讲解产品的扫描过程。 3. 巡回指导学生完成扫描。	1. 各小组对螺旋千斤顶壳体喷显影剂、贴标记点，利用三维扫描仪进行点云数据的采集。 2. 各小组对扫描的点云数据进行保存和导出。	1. 产品的表面喷涂是否均匀全覆盖，是否满足扫描。 2. 标定点是否黏贴成三角形、无直线，密度是否合理。 3. 扫描点云是否完整。
课时： 6 课时 1. 硬资源：螺旋千斤顶壳体、显影剂、标定点、扫描仪一套、一次性手套、黑色橡皮泥、口罩、棉签、纸皮箱、电脑等。 2. 软资源：扫描仪使用软件、扫描示范视频等。 3. 教学设施：投影仪、白板、海报纸、水性笔等。			

课程 3.《产品建模》

学习任务 4：箱壳类零件建模

1 接受任务，明确任务要求 → 2 制订工作计划 → 3 螺旋千斤顶壳体零件建模 → 4 成果审核验收 → 5 总结评价

	工作子步骤	教师活动	学生活动	评价
螺旋千斤顶壳体零件建模	3. 点云数据处理。	1. 示范点云数据的处理方法。 2. 巡回指导学生完成数据的导出。	1. 各小组成员使用 Geomagic Wrap 软件对千斤顶壳体零件的点云进行处理，包括剔除噪点和冗余点、调整点云密度、删除钉状物、填充孔、去除特征等。 2. 各小组对已处理的点云数据进行导出，保存为 STL 格式。	1. 点云处理是否光顺、杂点删除是否完整。 2. 保存格式是否正确。
	课时：6 课时 1. 硬资源：螺旋千斤顶壳体、电脑等。 2. 软资源：Geomagic Wrap 软件等。 3. 教学设施：投影仪、白板、海报纸、水性笔等。			
	4. 壳体的逆向建模。	1. 示范基准、坐标系的创建及设置方法，组织学生进行基准和坐标系的创建。 2. 通过 PPT 讲解 Creo 软件草绘功能中直线、圆弧、圆角指令的使用技巧，示范螺旋千斤顶壳体草绘的绘制过程。	1. 学生通过选取点云上的点创建点云基准（点、线、面的创建），设置基准并建立坐标系。 2. 学生根据点云数据独立完成螺旋千斤顶的草绘（直线、圆弧、圆角）。 3. 学生利用草绘创建螺旋千斤顶壳体外形特征（旋转、拉伸、加强筋、阵列、扫描）。	1. 创建及设置的基准是否正确合理。 2. 壳体草绘尺寸是否正确、约束是否完全。 3. 选取创建壳体外形特征、尺寸是否正确。
	课时：6 课时 1. 硬资源：电脑、游标卡尺等。 2. 软资源：Creo 软件、PPT 课件等。 3. 教学设施：投影仪、白板等。			
成果审核验收	成果审核验收	1. 讲解检查三维模型的方法技巧，组织学生审核其他同学的三维模型并截图标注意见。 2. 审定经同学审核后的三维模型，审定通过后把最终的模型文档加密交付给客户。	1. 小组成员对三维模型进行相互检查，检查箱壳类零件的结构特点是否表达完整、尺寸标注与实物实际尺寸是一致，错误的地方截图并对图片做彩色标注。 2. 各小组提交经审核的箱壳类零件三维模型给教师最终审定，形成评价意见，根据反馈意见进行实体模型的修改。	1. 能否正确指出三维模型中存在的问题并在截图上做彩色标注。 2. 是否根据教师意见对图纸进行修改。
	课时：2 课时 1. 软资源：零件的三维模型等。 2. 教学设施：计算机、投影仪、Creo 软件等。			

总结评价	工作子步骤	教师活动	学生活动	评价
	总结评价	1. 组织学生以小组为单位进行汇报展示。 2. 组织学生填写评价表，对各小组的表现进行点评。	1. 以小组为单位制作一份PPT,总结拆解、测量、建模过程中遇到的困难及解决方法。 2. 填写评价表，完成整个学习任务各环节的自我评价和互评。	1. PPT 内容是否丰富、表达是否清晰。 2. 评价表填写是否完整。

课时： 2 课时

1. 软资源：学习过程记录素材、零件的三维模型、PPT、评价表等。
2. 教学设施：计算机、投影仪等。

学习任务 5：组件建模

任务描述

学习任务课时：60 课时

任务情境：

某机械产品设备生产企业为迎合市场的需求，开发一款新型螺旋千斤顶产品，产品的特点是体积小、重量轻、携带方便，应用于工厂仓库、桥梁、码头、交通运输和建筑工程等部门的起重作业。现需要对市场上热销的某品牌螺旋千斤顶进行改良设计。上一个任务已完成了标准件和非标准件的分类及壳体的逆向建模，现需配合企业继续完成其他非标准件的零件建模，根据工作原理进行装配并制作运动仿真视频，在装配过程中根据装配需要调用标准件。要求螺旋千斤顶各零件装配时建立正确的约束关系、无干涉，两周后提交所有零件模型、装配模型、运动仿真视频。教师团体分析觉得同学们通过小组分工配合，能按时间完成任务。优秀作品将展示在学业成果展中，并由企业提供精美纪念品一份作为奖励。

具体要求见下页。

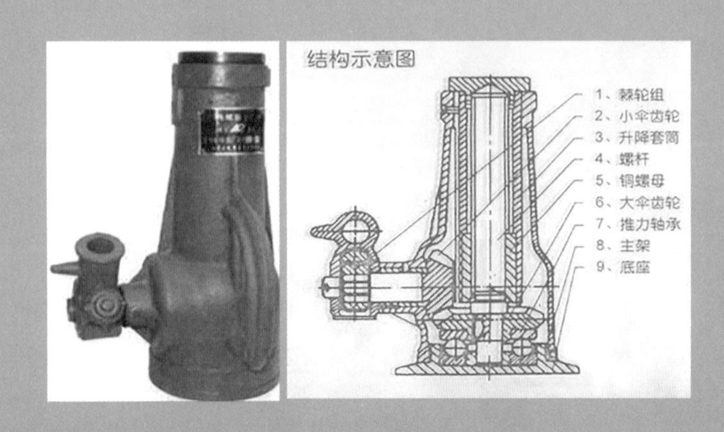

课程 3.《产品建模》

工作流程和标准

工作环节 1

接受建模任务，明确任务要求

1

通过划关键词和口头复述工作任务以明确任务要求。以小组为单位查阅资料，明确碰撞干涉的含义、零件的装配关系并汇总写在卡纸上进行展示。

学习成果：
展示的卡纸。

知识点、技能点：
碰撞干涉的含义、零件的装配关系。

职业素养：
工作目标明确，培养于接受建模任务的过程中。

工作环节 2

制订工作计划表

2

学生分析螺旋千斤顶实物，根据工作计划表模板（工作页），制订工作步骤及工作内容。内容包括螺旋千斤顶的拆解、提取组件、组件的测量、组件的建模、组件的装配等。明确小组内人员分工及职责，估算阶段性工作时间及具体日期安排，制订工作计划文本，工作计划内容包括工作环节内容、人员分工、工作要求、时间安排等要素。展示汇报工作计划表，针对教师及他人的合理意见进行修订并获得审定定稿。

学习成果：
工作计划表。

知识点、技能点：
组件建模的工作流程。

职业素养：
独立分析能力，培养于零件分析过程中。

工作环节 4

成果审核验收

每个小组成员对装配体进行相互检查，要求组件零件的结构表达完整、建模步骤简单，草绘尺寸约束完整、标注规范，模型尺寸正确，装配体不存在碰撞干涉。错误的地方截图并对图片做彩色标注。各小组提交经审核的轴类零件三维模型给教师最终审定，形成评价意见，根据反馈意见进行实体模型的修改，审定通过后把最终的模型文档加密交付给客户。

工作 / 学习成果：
审核通过的三维组件模型 STP 格式。

知识点、技能点：
检查三维模型的方法技巧、软件中编辑尺寸和编辑定义的使用。

职业素养：
1. 表达沟通能力，培养于审核评价过程中；
2. 确保质量，培养于三维模型检查过程中。

工作环节 3

螺旋千斤顶的组件建模

3

1. 组件的测量。学生以小组为单位，对螺旋千斤顶实物进行拆解并拍照记录拆解步骤，提取组件零件用于测量。获取精准的螺旋千斤顶组件尺寸数据是建模的前提，直接影响建模工作能否达到交付条件，学生必须选择合适的测量工具（卡尺、外径千分尺、内径千分尺、螺纹尺等工具）获取螺旋千斤顶零件各组件的特征尺寸，并在 A4 纸上进行尺寸记录。通过成员之间交换检查，找出尺寸数据错误的地方并改正，得到准确的尺寸数据，为后面的建模做准备。
2. 组件的建模。每个小组成员分配建模任务，根据零件的形状以及零件尺寸数据表，选择草绘命令工具栏中相应形状的功能命令，完成丝杆、升降套筒、铜螺母、顶盘、导向平键、棘轮壳、棘轮、封板的草绘。绘制的草图须符合工程图标准和规范。学生利用绘图软件（Creo）的特征命令工具栏构建零件的三维模型，将产品的形状特征表达出来，最后按照企业要求保存文档格式并提交汇总。
3. 组件的装配。把汇总后的组件分发到各小组，小组成员独立完成组件装配。在零件装配模块下，选择千斤顶箱体零件作为装配中的基准体，根据组件的结构特点、运动的原理进行组件的装配。最后进行干涉检查，看是否有碰撞干涉。记录操作过程中出现的问题并提交小组进行汇总。

学习成果：
1. A4 纸上的尺寸记录；
2. 螺旋千斤顶各组件的模型；
3. 螺旋千斤顶总装配模型。

工作成果：
1. 螺旋千斤顶各组件的模型；
2. 螺旋千斤顶总装配模型。

知识点、技能点：
1. 测量方法，测量工具的使用；
2. 草绘命令的使用，特征命令工具栏的使用；
3. 装配中自顶向下的更改，自底向上的设计，装配技术的应用。

职业素养：
1. 细心谨慎，培养于尺寸数据测量过程中；
2. 遵循标准和规范，培养于零件的草绘过程中；
3. 考虑周到，培养于灵活选用装配模块约束的过程中。

课程 3.《产品建模》

学习内容

知识点	1.1 碰撞干涉的含义。	2.1 填写工作表的步骤； 2.2 人员的合理分工安排； 2.3 估算阶段性工作时间。	3.1 测量工具的选择； 3.2 零件尺寸的标注。
技能点	1.1 掌握零件的装配关系。	2.1 组件建模的工作流程。	3.1 测量工具的正确使用； 3.2 测量组件零件的尺寸。
工作环节	工作环节 1 接受建模任务，明确任务要求	工作环节 2 制订工作计划表	
成果	1.1 展示的卡纸。	2.1 工作计划表。	3.1 A4 纸上的尺寸记录。
素养	明确工作目标的能力，培养于接受建模任务的过程中。	独立分析能力，培养于零件分析过程中。	细心谨慎的工作态度，培养于尺寸数据测量过程中。

学习任务 5：组件建模

4.1 千斤顶各组件的建模。	5.1 装配中自顶向下的更改； 5.2 自底向上的设计的定义。	6.1 检查三维模型的方法技巧。
4.1 草绘命令的使用； 4.2 实体特征命令工具栏的使用； 4.3 曲面特征命令工具栏的使用。	5.1 装配技术的应用； 5.2 运动机构的设置； 5.3 运动仿真的制作。	6.1 软件中编辑尺寸和编辑定义的使用。
工作环节 3 螺旋千斤顶的组件建模		工作环节 4 成果审核验收
4.1 螺旋千斤顶各组件的模型。	5.1 螺旋千斤顶总装配模型。	6.1 审核通过的三维模型 STP 格式。
遵循标准和规范，培养于零件的草绘过程中。	考虑周到，培养于灵活选用装配模块约束过程中。	表达沟通能力，培养于审核评价过程中。

产品建模

课程 3.《产品建模》

学习任务 5：组件建模

1 接受任务，明确任务要求 → 2 制订工作计划 → 3 螺旋千斤顶的组件建模 → 4 成果审核验收 → 5 总结评价

	工作子步骤	教师活动	学生活动	评价
接受任务，明确任务要求	阅读任务书，明确任务要求	1. 通过 PPT 展示任务书，引导学生阅读任务书，让学生明确任务完成时间及要求。举例划出任务书中的一个关键词，组织学生用荧光笔在任务书中画出完成本次任务的关键词。 2. 引导学生查阅资料，明确碰撞干涉的含义、零件的装配关系。 3. 组织学生在任务书中签字。	1. 独立阅读任务书，明确任务完成时间及要求，用荧光笔在任务书中画出完成本次任务的关键词。 2. 以小组为单位查阅资料，明确碰撞干涉的含义、零件的装配关系并汇总写在卡纸上进行展示。 3. 对任务要求中不明确或不懂的专业技术指标，通过查阅技术资料或咨询教师进一步明确，最终在任务书中签字确认。	1. 关键词是否准确全面。 2. 汇总表达是否完整清晰。 3. 任务书是否有签字。
	课时： 3 课时 1. 硬资源：螺旋千斤顶等。 2. 软资源：任务书、PPT 等。 3. 教学设施：投影仪、一体机、白板、荧光笔、卡纸等。			
制订工作计划	制订工作计划	1. 通过 PPT 展示工作计划的模板，包括工作步骤、工作要求、人员分工、时间安排等要素，分解测绘组件零件的工作步骤。 2. 指导学生填写各个工作步骤的工作要求、小组人员分工、阶段性工作时间估算。 3. 组织各小组进行展示汇报，对各小组的工作计划表提出修改意见，指导学生填写工作页中的工作计划表。	1. 根据给定的工作计划模板，以小组为单位在海报纸上填写工作步骤，包括螺旋千斤顶的拆解、提取组件、组件的测量、组件的建模、组件的装配等。 2. 各小组填写每个工作步骤的工作要求；明确小组内人员分工及职责；估算阶段性工作时间及具体日期安排。 3. 各小组展示汇报工作计划表，针对教师及他人的合理意见进行修订并填写在工作页中。	1. 工作步骤是否完整。 2. 工作要求是否合理细致、分工是否明确、时间安排是否合理。 3. 工作计划表文本是否清晰、表达是否流畅，工作页填写是否完整。
	课时： 2 课时 1. 硬资源：螺旋千斤顶等。 2. 软资源：工作计划表、PPT 等。 3. 教学设施：投影仪、一体机、白板、白板笔、海报纸等。			

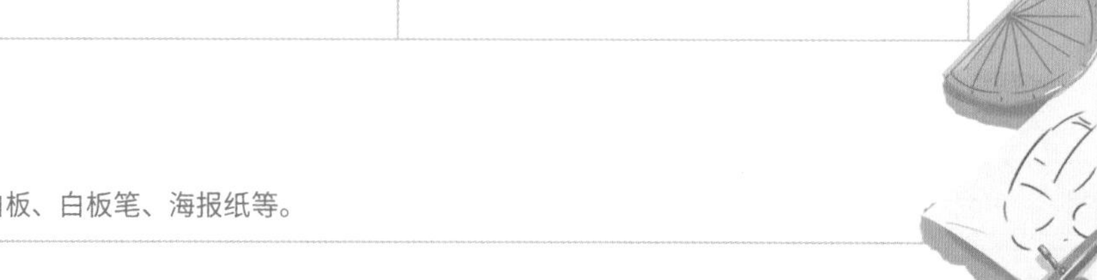

基准课时：60

1 接受任务，明确任务要求 → 2 制订工作计划 → 3 螺旋千斤顶的组件建模 → 4 成果审核验收 → 5 总结评价

螺旋千斤顶的组件建模

工作子步骤	教师活动	学生活动	评价
1. 组件的测量。	1. 示范拆解其中一个模块，组织学生拆解螺旋千斤顶组件。 2. 示范测量零件的尺寸并在 A4 纸上进行基本尺寸记录；巡回指导学生完成尺寸测量并标注。 3. 引导学生依次对零件的各几何特征尺寸进行检查。	1. 学生以小组为单位对螺旋千斤顶实物进行拆解并拍照记录拆解步骤，提取组件零件用于测量。 2. 利用测量工具（游标卡尺、千分尺等）测量零件的所有几何体的特征尺寸，并在 A4 纸上进行尺寸记录。 3. 学生之间交换检查现有的测量尺寸是否完整正确。	1. 拆解模块划分是否合理，现场物品摆放是否按照 8s 要求进行现场管理。 2. 尺寸记录是否完整正确。 3. 能否正确指出 A4 纸上尺寸存在的问题。
课时： 2 课时 1. 硬资源：螺旋千斤顶样品、拆解工具箱、游标卡尺、千分尺、尺规、粗糙度比较样块等。 2. 软资源：工作页、游标卡尺和螺旋测微器课件等。 3. 教学设施：计算机、投影仪、白板、A4 纸等。			
2. 组件的建模	1. 演示完成壳体内部结构特征建模并巡回指导。 2. 演示丝杆零件的建模并巡回指导。	1. 完成壳体内部结构特征建模。 2. 完成丝杆零件的建模。	三维模型结构特征是否完整，尺寸是否正确。
课时： 6 课时 1. 硬资源：电脑、千斤顶零件、测量工具（钢尺、游标卡尺）等。 2. 软资源：Creo 软件等。 3. 教学设施：投影仪、多媒体教学系统等。			
2. 组件的建模	1. 演示升降套筒的建模并巡回指导。 2. 演示铜螺母的建模并巡回指导。	1. 完成升降套筒的建模。 2. 完成铜螺母的建模。	三维模型结构特征是否完整，尺寸是否正确。
课时： 6 课时 1. 硬资源：电脑、千斤顶零件、测量工具（钢尺、游标卡尺）等。 2. 软资源：Creo 软件等。 3. 教学设施：投影仪、多媒体教学系统等。			
2. 组件的建模	1. 演示顶盘的建模并巡回指导。 2. 演示导向平键的建模并巡回指导。	1. 完成顶盘的建模。 2. 完成导向平键的建模。	三维模型结构特征是否完整，尺寸是否正确。
课时： 6 课时 1. 硬资源：电脑、千斤顶零件、测量工具（钢尺、游标卡尺）等。 2. 软资源：Creo 软件等。 3. 教学设施：投影仪、多媒体教学系统等。			

教学活动

课程 3.《产品建模》

学习任务 5：组件建模

1 接受任务，明确任务要求 → 2 制订工作计划 → 3 螺旋千斤顶的组件建模 → 4 成果审核验收 → 5 总结评价

螺旋千斤顶的组件建模

工作子步骤	教师活动	学生活动	评价
2. 组件的建模	1. 演示棘轮壳的建模并巡回指导。 2. 演示棘轮的建模并巡回指导。 3. 演示封板的建模并巡回指导。	1. 完成棘轮壳的建模。 2. 完成棘轮的建模。 3. 完成封板的建模。	三维模型结构特征是否完整，尺寸是否正确。
课时： 6 课时 1. 硬资源：电脑、千斤顶零件、测量工具（钢尺、游标卡尺）等。 2. 软资源：Creo 软件等。 3. 教学设施：投影仪、多媒体教学系统等。			
3. 组件的装配	1. 向学生提供零件模型以及标准件。 2. 引导学生讨论、思考组件的装配关系，解答学生在讨论过程中出现的问题。	1. 接收教师提供的零件模型以及标准件。 2. 通过小组讨论分析装配关系，根据组件的结构特点、运动的原理进行组件零件的总装配，在实证中得到最合理的装配方式。	1. 装配是否有干涉。 2. 是否留有装配间隙。 3. 对装配方式进行分析，实践中评价装配方式是否为最合理。
课时： 6 课时 1. 硬资源：电脑、千斤顶零件模型、标准件、测量工具（钢尺、游标卡尺）等。 2. 软资源：Creo 软件等。 3. 教学设施：投影仪、多媒体教学系统等。			
3. 组件的装配	1. 演示自顶向下完成丝杆配合特征设计并巡回指导。 2. 演示优化约束，为运动仿真做准备。 3. 演示如何根据成型方式调整装配间隙。	1. 根据自顶向下原则完成丝杆配合特征设计。 2. 优化约束，为运动仿真做准备。 3. 根据成型方式调整装配间隙。	1. 装配是否有干涉。 2. 是否留有装配间隙。 3. 对装配方式进行分析，实践中评价装配方式是否为最合理。
课时： 6 课时 1. 硬资源：电脑、千斤顶零件模型、标准件、测量工具（钢尺、游标卡尺）等。 2. 软资源：Creo 软件等。 3. 教学设施：投影仪、多媒体教学系统等。			
3. 组件的装配	1. 演示根据自顶向下原则完成底座螺纹特征设计并巡回指导。 2. 演示优化约束，为运动仿真做准备。 3. 演示如何根据成型方式调整装配间隙。	1. 根据自顶向下原则完成底座螺纹特征设计。 2. 优化约束，为运动仿真做准备。 3. 根据成型方式调整装配间隙。	1. 装配是否有干涉。 2. 是否留有装配间隙。 3. 对装配方式进行分析，实践中评价装配方式是否为最合理。
课时： 4 课时 1. 硬资源：电脑、千斤顶零件模型、标准件、测量工具（钢尺、游标卡尺）等。 2. 软资源：Creo 软件等。 3. 教学设施：投影仪、多媒体教学系统等。			

	工作子步骤	教师活动	学生活动	评价
成果审核验收	成果审核验收	1. 讲解检查三维模型的方法技巧，组织学生审核其他同学的三维模型并截图标注意见。 2. 审定经同学审核后的三维模型，审定通过后把最终的模型文档加密交付给客户。	1. 小组成员对三维模型进行相互检查，检查组件零件的结构特点是否表达完整、尺寸标注与实物实际尺寸是一致，错误的地方截图并对图片做彩色标注。 2. 各小组提交经审核的轴类零件三维模型给教师最终审定，形成评价意见，根据反馈意见进行实体模型的修改。	1. 能否正确指出三维模型中存在的问题并在截图上做彩色标注。 2. 是否根据教师意见对图纸进行修改。
	课时：6 课时 1. 软资源：零件的三维模型等。 2. 教学设施：计算机、投影仪、Creo 软件等。			
总结评价	总结评价	1. 组织学生以小组为单位进行汇报展示。 2. 组织学生填写评价表，对各小组的表现进行点评。	1. 以小组为单位制作一份PPT，总结拆解、测量、建模过程中遇到的困难及解决方法。 2. 填写评价表，完成整个学习任务各环节的自我评价和互评。	1. PPT 内容是否丰富、表达是否清晰。 2. 评价表填写是否完整。
	课时：6 课时 1. 软资源：学习过程记录素材、零件的三维模型、PPT、评价表等。 2. 教学设施：计算机、投影仪等。			

课程 3.《产品建模》

考核标准

电话机造型设计

情境描述:

某通信设备公司准备开发一款新型电话机，产品的特点是造型时尚、握感舒服、功能按键分布符合操作习惯。现需对电话机进行外观造型设计。企业提供电话机的外形最大尺寸，需要我校学生完成电话机的外观造型设计工作，提交电话机模型审核并提交企业。

任务要求:

根据上述任务要求制订一份工作计划，并完成电话机造型设计建模，符合尺寸要求以及企业内部标准。

参考资料:

完成上述任务时，你可能使用专业教材、网络资源、《现代机械设计手册》、《CREO 快速入门教程》、《计算机安全操作规程》等参考资料。

评价方式:

由任课教师、小组长组成考评小组共同实施考核评价，取所有考核人员评分的平均分为学生考核成绩。包括笔试、实操等多种类型考核内容的，其中笔试占30%，实操占 70%。

考核内容	评分细则	配分	得分
手柄	手柄结构特征 8 分 杨声器特征 4 分 传声器特征 4 分 圆角特征 2 分	18	
机座上盖	上盖特征 10 分 数字按键槽 6 分 功能按键槽 4 分 指示灯槽 4 分	24	
机座下盖	下盖特征 6 分 电池仓 4 分 散热槽 5 分	15	
电池盖	电池盖外形特征 4 分 电池盖卡扣 3 分	7	
功能按键	数字键 12 分 功能键 8 分	20	
连接线	连接线	7	
保存文件类型是否正确	零件正确保存 8 分（共 6 个），一个不正确扣 1 分	6	
8S 现场管理	物品是否摆放到位，不符合要求每处扣 1	3	
总分			

课程 4.《机械加工类产品结构设计》

学习任务 1
车削加工类产品结构设计
（30）课时

学习任务 2
铣削加工类产品结构设计
（30）课时

学习任务 3
车铣复合加工类产品结构设计
（40）课时

课程目标

学习完本课程后，学生应当能够胜任机械加工类产品的结构设计任务，包括车削加工类产品结构设计、铣削加工类产品结构设计、车铣复合加工类产品结构设计。在作业过程中执行企业《产品开发流程》、JB/T5054.2-2000《产品图样及设计文件图样的基本要求》、GB/T 1804- 2000《一般公差未注公差的线性和角度尺寸的公差》、GB/T 1031-2000《产品几何技术规范（GPS）表面结构、轮廓、表面粗糙度参数及数值》、GB/T 1182- 2000《产品几何技术规范（GPS）几何公差、形状、方向、位置和跳动公差标准》等。养成积极沟通表达、团结合作、严谨细致的职业素养。具体目标为：

1. 通过阅读任务书，明确任务完成时间、资料提交要求；通过查阅资料，了解市场上现有产品的结构特点，了解产品内部构造；找出关键词，对任务中不明白或不懂的专业技术词语，能通过查阅技术资料或咨询专家进一步明确，最终在任务书中签字确认。

2. 能根据任务书要求，结合时间要求，编制工作计划：包括工作步骤、工作内容、工作要求、工作时间、责任人等。重点策划零件设计、加工检测、现场安调等环节，最后提交审核。

3. 将初步设计完成的部件和工作计划表，经小组讨论确定后交予老师，与老师共同协商，最终确定方案。

4. 能手绘出原产品的尺寸图，能调用原产品模型，对产品进行结构运动仿真，并进行干涉检查。

5. 能测绘产品配件的尺寸，在实施过程中要按照计划表进行实施，做到分工明确、责任到人。

6. 能根据提供的轴承、键、齿轮等实物，参照标准件的参数，对产品的尺寸图进行修正。

7. 能依照修正的尺寸图、结构特征、产品的配件尺寸，根据设计方案建立三维模型。

8. 能按照国家制图标准绘制工程图最后，导出标准 2D 工程图。

9. 能组织团队对 2D 工程图进行评审，正确表达意见，在讨论过程中能体现协同合作的能力。

10. 能够选择加工工艺，掌握机床的操作技巧，独立完成加工程序的编制，使用加工机床完成产品的加工。

11. 能够对加工完的零件与给定的元件进行装配测试，在装配过程中注意问题的记录并形成报告。

12. 能够根据初步装配的结果，检验产品部件设计是否合理，分析装配成功或失败的原因，总结整个设计、加工、装配过程中的体会。依据存在的问题，重新细化 3D、2D 图，完成后与教师共同商讨，最终确定设计方案。

13. 能够根据最终设计方案加工成品；能够对成品进行防潮、防锈处理并包装好提交给企业安装，同时将零件图样及设计指标说明一并交付。

14. 能够运用机械零件加工的工艺知识及技术进行产品创新。

课时：100

课程内容

本课程的主要学习内容包括：

一、车削加工类产品结构设计

1. 轴的分类、用途、结构形式，关键技术指标，轴上零件的固定方法，轴的常见的失效形式及原因。
2. 输出轴的实际安装位置、传动关系、平时的工作方式、载荷情况。
3. 零件的测绘能力、尺寸图手绘能力、轴的常用材料、轴的表面热处理方法。齿轮的固定方法，轴上零件的固定方法。
4. 轴与轴承的配合参数的查找及选用，轴与键的配合参数的查找及选用，轴与齿轮的配合参数的查找及选用。
5. 三维建模能力。
6. 出工程图的能力；技术要求、表面粗糙度、配合公差尺寸的标准。
7. 轴类零件评审提纲编制。
8. 编制输出轴的加工工艺的能力，操作车床加工输出轴的能力。
9. 编制零件的图样及设计指标说明。
10.8S 管理相关知识。

二、铣削加工类产品结构设计

1. 阅读理解任务书、万向结的结构要点。
2. 万向结的结构特征，图纸查阅的能力。
3. 分析产品的情况，设计方案说明书的编写，常见的装配紧固方式认知（螺钉固定，压接固定，螺丝，胶水、超声波、焊接）。球头接头的结构特征分析。
4. 产品的三维建模，产品的运动仿真及干涉检查、间隙分析，拔模角度检查。
5. 2D 工程图绘制（结合工艺要求及公差配合的标准）（基准的选择）。
6. 盘类评审提纲编制。
7. 铣床加工工艺编制，加工零点的设置，铣床加工的使用技能。
8. 分析铣床的结构特点，了解铣床设备的技术迭代情况。
9. 盘套类零件的检测技术。
10. 装配工具使用，间隙检查。
11.8S 管理相关知识。

三、车铣复合加工类产品结构设计

1. 获取信息、草拟方案。
2. 设计编写多零件组合的结构方案。
3. 车载手电筒的方案及专业技术词语。
4. 通用元件的样件测绘，元件之间的保护与连接间隙的设计。
5. 电子产品的设计标准和规范、车载手电筒的三维模型建模技巧。
6. 车铣加工技术、检测。
7. 装配方案、产品的调试。
8. 车载手电筒的设计方案的修改，车载手电筒的图纸审定，技术要点的编制，加工工艺卡的修订。

课程 4.《机械加工类产品结构设计》

学习任务 1：车削加工类产品结构设计

任务描述

学习任务课时：30 课时

任务情境：

广州某机床厂有一台带式输送机，输送机由电动机、变速箱、传送带组成（如图 1 所示），已满载工作 XX 小时（其中变速箱整体使用寿命的设计周期为 60000 小时）。在生产过程中发现变速箱的输出轴损坏（III处的输出轴），为非正常失效。该企业在联系设备厂家外修过程中被告知需更换整个变速箱，维修周期为 3 个月，更换硬件费用为 3 万，维修人员劳务费为约需 1 万元（下场工作 2 天），维修人员的交通、食宿由该企业承担。该企业维保人员建议找专业机构配做已损坏的输出轴，这样既可以缩短维修周期，又可以大幅降低维修费用，也能保证原设备的继续使用。该企业是我院的校企合作单位，考虑到我院的技术力量，希望我们承接该任务，整个工作的成本费用控制在 5000 元以内。该任务的内容包括测绘并改型设计该零件，完成同样材料的零件样品试制；检测输出轴的关键装配尺寸，如果条件允许，则现场安装检测调试各项几何精度及运转功能，空运行 12 小时，确保稳固性；满载试运行 24 小时，零件力矩传递关键部位无肉眼可观测的变形；零件运行试验通过后，再加工 2 根同样的零件，做防潮、防锈处理并包装交付，同时将零件图样及设计指标说明一并交付，对应力集中作出图示。机械专业教师认为，高级班学生在教师的指导下，学习相关知识后完全可以完成该任务，整个工作周期 10 天。

具体要求见下页。

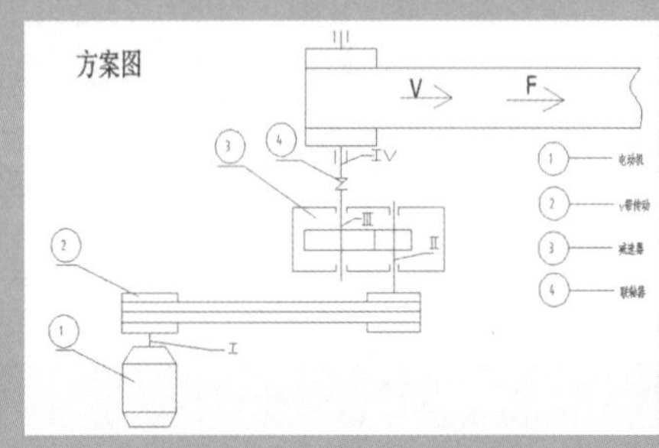

（如图 1 输送机简图）

课程 4.《机械加工类产品结构设计》

工作流程和标准

工作环节 1

明确任务要求

阅读任务书，明确任务主要技术指标。

查阅资料，了解轴零件设计的相关知识，制作一份技术展示 PPT，内容包括轴的分类、用途、结构形式、关键技术指标、主要关联部件及装配传动关系，轴的常见失效形式及原因等内容。图文并茂，专业术语呈现。明确任务后在任务书上签名确定。

工作成果：
签字后的设计任务书。

学习成果：
技术展示 PPT。

知识点、技能点：
轴的分类、用途、结构形式、关键技术指标，轴上零件的固定方法，轴的常见的失效形式及原因。

职业素养：
构建信息的能力，培养于审阅轴的相关知识的过程中；专业的表达能力，培养于技术展示 PPT 的制作过程中。

工作环节 2

编制工作计划

2

根据任务书要求，结合时间要求，编制工作计划，包括工作步骤、工作内容、工作要求、工作时间、责任人等。重点策划零件设计、加工检测、现场安调等环节，提交审核。

工作成果：
设计方案计划表。

学习成果：
工作计划书。

知识点、技能点：
工作步骤的安排、时间规划、工具清单的准备。

职业素养：
资源的查找能力、计划书的编写能力，培养于工作计划的编写过程中。

工作环节 3 见下页

工作环节 4

输出轴现场交付

教师把评选出的小组中加工质量比较好的学生作品，指导学生做防潮、防锈处理并包装好提交给企业安装，同时将零件图样及设计指标说明一并交付，对应力集中的消除作出图示。

工作成果：
已包装的输出轴。

学习成果：
设计指标说明书，应力集中示意图。

知识点、技能点：
零件的图样及设计指标说明编制。

职业素养：
安全、文明生产意识，培养于车间实习加工过程中。

工作流程和标准

工作环节 3

输出轴的结构设计并加工

3

1. 手绘输出轴的尺寸图

领取损坏的输出轴，查找《机械设计手册》，了解输出轴的材料、表面热处理、轴上零件的固定方法，在输出轴上用标签纸标记出输出轴的轴头、轴身、轴颈、轴环、键槽等部位，测绘输出轴，手绘输出轴的尺寸图，需要与轴承、齿轮、键槽等实物进行校对的用颜色笔标注出来。

2. 修正输出轴的尺寸图

根据提供的轴承、键、齿轮等实物，以小组为单位，查表确定输出轴的尺寸，制作一份数据汇总表，并说明在机械设计手册中“平键与键槽的尺寸与公差表”“轴承与轴的尺寸与公差表”等的查阅方法。查阅机械设计手册，根据标准件的参数修正输出轴的尺寸图。

3. 输出轴的三维模型

依照修正的尺寸图，建立输出轴的三维模型，并检查轴的应力集中情况，按不低于使用 12 年的年限要求，修改输出轴的结构。

4. 输出 2D 工程图：根据学过的知识，按照标准标注尺寸、填写技术要求、填写标题栏、输出 2D 工程图。

5. 评审输出轴的 2D 工程图

3D、2D 图完成后，组织小组评审，分小组向教师汇报；教师根据小组成果进行点评，推选出结构设计最合理的输出轴，签名确认，作为下一步加工的标准图纸。

6. 加工输出轴

以小组为单位，向教师领取已经评审通过的输出轴 2D 工程图，编制加工工艺；学习车床的操作技巧，在传动轴的车削加工过程中，通过控制加工余量及不断地测量，保证加工产品质量更优，完成输出轴的加工。

7. 输出轴的检测

小组相互交换检测输出轴，填写检测评价表。

学习任务 1：车削加工类产品结构设计

工作成果：

1. 输出轴的尺寸图；
2. 输出轴的修正尺寸图；
3. 输出轴的三维模型。
4. 输出轴的 2D 工程图；
5. 设计评审表；
6. 加工完成的输出轴；
7. 检测评价表。

学习成果：

1. 输出轴的参数列表（轴常用的材料列表、轴的固定方法列表），颜色标注输出轴的尺寸图；
2. 轴与轴承、键槽、齿轮配合数据汇总表；
3. 小组汇总 PPT；
4. 加工工艺卡、车床的操作技巧；
5. 检测结果分析表。

知识点、技能点：

1. 零件的测绘能力、尺寸图手绘能力、轴的常用材料、轴的表面热处理方法、齿轮的固定方法和上零件的固定方法；
2. 轴与轴承的配合参数的查找及选用，轴与键的配合参数的查找及选用，轴与齿轮的配合参数的查找及选用；
3. 三维建模能力；
4. 编制出工程图的能力（技术要求、表面粗糙度、配合公差尺寸的标准）；
5. 评审提纲编制；
6. 编制输出轴的加工工艺的能力，车床的操作能力，操作车床加工输出轴的能力；
7. 零件的检测技术。

职业素养：

1. 严谨的思维，培养于机械设计手册的查阅过程中；认真细致的工作态度，培养于输出轴的测绘过程中；
2. 独立获取信息的能力，培养于标准件参数查阅的过程中；
3. 严谨细致的工作作风，培养于对轴的应力进行集中检查的过程中；
4. 细心，培养于不漏标注尺寸的及读取测量数据的过程中；
5. 学术争辩能力，培养于小组评审讨论过程中；协同工作能力、考虑周到，培养于小组评审的组织过程中；
6. 选择工作程序的能力，制订策略的能力。

课程 4.《机械加工类产品结构设计》

学习内容

知识点	1.1 轴的分类、用途、结构形式、关键技术指标； 1.2 轴的常见失效形式及原因。	2.1 工作步骤的安排 2.2 时间规划； 2.3 工具清单的准备。	3.1 轴的常用材料； 3.2 轴的表面热处理方法； 3.3 齿轮的固定方法； 3.4 轴上零件的固定方法。	4.1 轴与轴承的配合参数的查找及选用； 4.2 轴与键的配合参数的查找及选用； 4.3 轴与齿轮的配合参数的查找及选用。	5.1 软件绘制建模； 5.2 应力集中检查； 5.3 过渡结构设计。
技能点			3.1 能测绘输出轴； 3.2 能绘制尺寸图。	4.1 能通过查阅工具书，确定轴与轴承的配合参数； 4.2 能通过查阅工具书，确定轴与键的配合参数； 4.3 能通过查阅工具书，轴与齿轮的配合参数。	5.1 能快速应用旋转命令完成输出轴的三维建模； 5.2 能检查输出轴的应力集中情况； 5.3 能对输出轴进行校核并修改结构。
工作环节	工作环节 1 明确任务要求	工作环节 2 编制工作计划			
成果	1.1 工作成果：签字后的设计任务书； 1.2 学习成果：技术展示 PPT。	2.1 学习成果：工作计划书； 2.2 工作成果：设计方案计划表。	3.1 工作成果：输出轴的尺寸图； 3.2 学习成果：输出轴的参数列表。	4.1 工作成果：输出轴的修正尺寸图； 4.2 学习成果：轴与轴承、键槽、齿轮配合数据汇总表。	5.1 工作成果：输出轴的三维模型。
素养	1.1 构建信息的能力，培养于轴的相关知识的查阅过程中；专业的表达能力，培养于技术展示 PPT 的制作过程中。	2.3 资源的查找能力、计划书的编写能力，培养于工作计划的编写过程中。	3.1 严谨的思维，培养于机械设计手册的查阅过程中；认真细致的工作态度，培养于输出轴的测绘过程中。	4.1 独立获取信息的能力，培养于标准件参数查阅的过程中。	5.2 细心，培养于不漏标注尺寸的工程中。

学习任务 1：车削加工类产品结构设计

6	7	8	9	10
6.1 技术要求； 6.2 表面粗糙； 6.3 配合公差尺寸。		8.1 车床的操作技巧； 8.2 车床的操作能力； 8.3 编制输出轴的加工工艺的能力。	9.1 车削类零件的检测技术。	10.1 金属材料防潮、防锈处理技巧。
6.1 能根据轴类零件的工程图绘制规律完成输出轴的工程图； 6.2 能根据输出轴的结构要求准确标注表面粗糙度、技术要求、配合公差尺寸。	。7.1 评审提纲编制	8.1 能编制输出轴的工艺卡； 8.2 能操作车床加工零件； 8.3 能根据工程图控制加工尺寸。	9.1 能检测车削类零件。	10.1 零件的图样及设计指标说明编制。

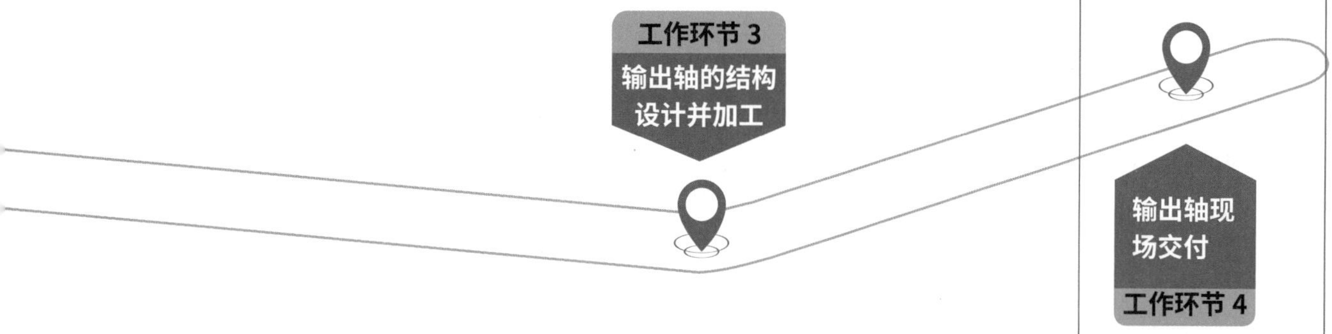

工作环节 3
输出轴的结构设计并加工

输出轴现场交付
工作环节 4

6	7	8	9	10
6.1 工作成果：输出轴的 2D 工程图。	7.1 工作成果：设计评审表 7.2 学习成果：小组汇总 PPT。	8.1 工作成果：加工完成的输出轴； 8.2 学习成果：加工工艺卡。	9.1 工作成果：检测评价表。	10.1 工作成果：包装好的输出轴； 10.2 学习成果：设计指标说明书，应力集中消除示意。
6.1 选择工作程序的能力，制订策略的能力。	7.1 学术争辩能力，培养于小组评审讨论过程中；协同工作能力、考虑周到，培养于小组评审的组织过程中。	8.1 选择工作程序的能力，制订策略的能力。	9.1 细心，培养于测量数据的读取过程中。	10.1 安全、文明生产意识，培养于车间实习加工过程中。

课程 4.《机械加工类产品结构设计》

学习任务 1：车削加工类产品结构设计

1 明确任务要求　2 制订工作计划表　3 输出轴的结构设计并加工　4 成果审核

	工作子步骤	教师活动	学生活动	评价
明确任务要求	阅读任务书，明确任务主要技术指标。	1. 通过 PPT 展示任务书，引导学生阅读工作页中的任务书，让学生明确任务完成时间、资料提交要求。举例划出任务书中的一个关键词，组织学生用荧光笔在任务书中画出其余关键词。 2. 列举查阅资料的方式，指导学生查阅资料轴的分类、用途、结构形式、关键技术指标、主要关联部件及装配传动关系，轴的常见失效形式及原因以及相关术语；组织学生进行口述。 3. 教师组织学生填写工作页。 4. 组织学生在任务书中签字。	1. 独立阅读工作页中的任务书，明确任务完成时间、资料提交要求，内容包括轴的分类、用途、结构形式、关键技术指标、主要关联部件及装配传动关系，轴的常见失效形式及原因等内容。每个学生用荧光笔在任务书中画出关键词，如非正常失效、测绘并改型、现场安装检测调试、防潮、防锈处理等。 2. 以小组合作的方式查阅资料，明确轴类、用途、结构形式，以及轴上固定等术语；通过快问快答的形式，各小组派代表回答。 3. 小组各成员完成工作页中引导问题的回答。 4. 对任务要求中不明确或不懂的专业技术指标，通过查阅技术资料或咨询教师进一步明确，最终在任务书中签字确认。	1. 找关键词的全面性与速度。 2. 资料查阅是否全面，复述表达是否完整、清晰。 3. 工作页中引导问题回答是否完整、正确。 4. 任务书是否有签字。
	课时：1 课时 1. 硬资源：二级变速箱等。 2. 软资源：工作页、参考资料《机械制造基础》《机械手册》、数字化资源等。 3. 教学设施：投影仪、一体机、白板、荧光笔等。			
制订工作计划表	制订工作计划表	1. 通过 PPT 展示工作计划的模板，包括工作步骤、工作内容、工作要求、工作时间、责任人等。重点策划零件设计、加工检测、现场安调等环节，提交审核等工作步骤。 2. 指导学生填写各个工作步骤的工作要求、小组人员分工、阶段性工作时间估算。 3. 组织各小组进行展示汇报，对各小组的工作计划表提出修改意见并指导学生填写工作页中的工作计划表。	1. 根据给定的工作计划模板，以小组为单位在海报纸上填写工作步骤，包括工作步骤、工作内容、工作要求、工作时间、责任人等。重点策划零件设计、加工检测、现场安调等环节，提交审核等。 2. 各小组填写每个工作步骤的工作要求；明确小组内人员分工及职责；估算阶段性工作时间及具体日期安排。 3. 各小组展示汇报工作计划表，针对教师及他人的合理意见进行修订并填写在工作页中。	1. 工作步骤是否完整。 2. 工作要求是否合理细致、分工是否明确、时间安排是否合理。 3. 工作计划表文本是否清晰、表达是否流畅、工作页填写是否完整。
	课时：1 课时 1. 硬资源：二级变速箱等。 2. 软资源：工作页、参考资料《机械制造基础》《机械手册》、数字化资源等。 3. 教学设施：投影仪、一体机、白板、荧光笔等。			

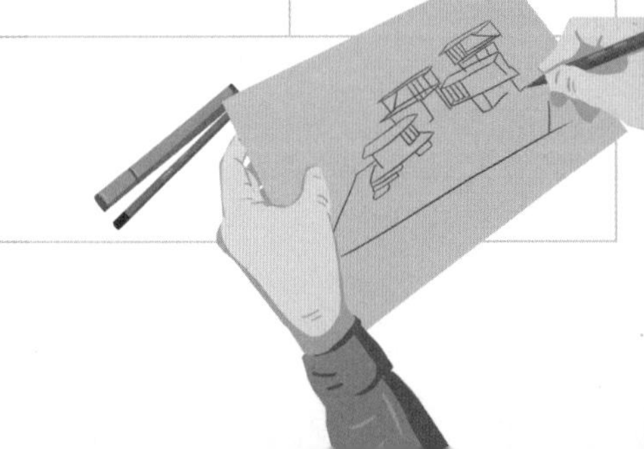

基准课时：30

1 明确任务要求　2 制订工作计划表　3 输出轴的结构设计并加工　4 成果审核

输出轴的结构设计并加工

工作子步骤	教师活动	学生活动	评价
1. 手绘输出轴的尺寸图。	1. 组织学生分四个小组，以小组为单位领取输出轴、工具箱以及测绘工具等。指导布置工作现场。 2. 教师提供关键词，引导学生通过网络查找资料，巡回指导学生填写工作页。 3. 教师组织学生以小组为单位用标签纸标记出属于叉架类的零件，并组织小组互评和进行综合点评。 4. 教师组织学生填写工作页。	1. 以小组为单位领取减速箱、工具箱以及测绘工具（图板、游标卡尺、圆角规、直尺、圈尺等），布置工作现场。 2. 以小组为单位观察输出轴。通过查找《机械设计手册》了解输出轴的材料、表面热处理、轴上零件的固定方法，完成工作页的引导问题。 3. 以小组为单位分析变速箱的各结构，在输出轴上用标签纸标记出输出轴的轴头、轴身、轴颈、轴环、键槽等部位，通过拍照方式记录产品完整的外形结构。 4. 测绘输出轴，手绘输出轴的尺寸图，需要与轴承、齿轮、键槽等实物进行校对的用颜色笔标注出来。	1. 使用方便的就近原则摆放工具；按工具类型摆放整齐，符合 8S 管理的标准。 2. 查找的速度，工作页的填写是否完整、正确。 3. 轴头、轴身、轴劲、轴环等部位是否标记正确。 4. 工作页上标注的核对部位是否正确。
课时： 4 课时 1. 硬资源：二级变速箱、测绘工具箱等。 2. 软资源：工作页、参考资料《机械制造基础》《机械手册》《机械设计手册》数字化资源等。 3. 教学设施：投影仪、一体机、白板、荧光笔等。			
2. 修正输出轴的尺寸图。	1. 组织学生以小组合作方式制作一份数据汇总表，巡回指导学生。 2. 组织学习对修订的尺寸图进行展示。	1. 根据提供的轴承、键、齿轮等实物，以小组为单位查表确定输出轴的尺寸，制作一份数据汇总表，小组讨论确定后填写在工作页上。 2. 以小组为单位，根据标准件的参数（如：轴承参数：① 深沟球轴承，轴承代号 6011，内径为 55m m，宽度为 18 mm；② A 型平键、宽度 S=10，高度 H=8，长度 L=65、齿宽 75 mm，齿数 Z1=23，模数 m=2.5，齿轮分度圆 33.8 mm）修正输出轴的尺寸图的尺寸。	1. 查阅数据完整是否合理。 2. 修正输出轴的尺寸图是否满足配合要求。
课时： 3 课时 1. 硬资源：二级变速箱、测绘工具箱等。 2. 软资源：工作页、参考资料《机械制造基础》《机械手册》《机械设计手册》数字化资源等。 3. 教学设施：投影仪、一体机、白板、荧光笔等。			
3. 输出轴的三维模型。	1. 组织学生按个人独立完成的方式，完成输出轴的三维建模。 2. 指导学生查阅《机械设计手册》，完成输出轴的校核。 3. 组织学生按小组进行输出轴结构的优化设计分析分享。	1. 个人依照修正的尺寸图，建立输出轴的三维模型，并检查轴的应力集中情况。 2. 根据轴类零件的工程图出图规律完成输出轴的工程图。 3. 根据输出轴的结构要求准确标注表面粗糙度、技术要求、配合公差尺寸。	1. 是否按照尺寸图建立三维模型。 2. 输出轴的校核是否正确。 3. 输出轴的结构优化是否合理。
课时： 2 课时 1. 硬资源：二级变速箱、测绘工具箱等。 2. 软资源：工作页、参考资料《机械制造基础》《机械手册》《机械设计手册》数字化资源等。 3. 教学设施：投影仪、一体机、白板、荧光笔等。			

学习任务 1：车削加工类产品结构设计

1 明确任务要求 → 2 制订工作计划表 → 3 输出轴的结构设计并加工 → 4 成果审核

输出轴的结构设计并加工

工作子步骤	教师活动	学生活动	评价
4. 输出 2D 工程图：根据学过的知识，按照标准标注尺寸、填写技术要求、填写标题栏、绘制 2D 工程图。	1. 给定文件保存路径以及文件命名要求，巡回指导学生创建文件。 2. 示范零件图尺寸标注及技术要求和标题栏填写，讲解尺寸标注工具栏、文字命令的使用，并进行巡回指导。 3. 检查学生文件格式转换是否正确。	1. 在指定路径下新建文件夹，并进行命名。创建 A4 工程图模板文件，设置图层、文字样式、标注样式、粗糙度属性、绘制图框及标题栏并进行保存。 2. 标注零件图纸尺寸、填写技术要求和标题栏。 3. 图纸保存为 DWG 格式，并转换成 PDF 格式，打印成 A4 图纸。	1. 文件夹路径保存是否正确。A4 工程图模板文件是否正确，是否设置图层、文字样式、标注样式、粗糙度属性，是否绘制图框及标题栏。 2. 尺寸标注是否规范、完整；技术要求编写是否合理；标题栏是否填写完整。 3. 文件是否正确保存，格式转换是否正确。
课时：4 课时 1. 硬资源：1. 二级变速箱、测绘工具箱等。 2. 软资源：工作页、参考资料《机械制造基础》《机械手册》《机械设计手册》数字化资源等。 3. 教学设施：投影仪、一体机、白板、荧光笔等。			
5. 评审输出轴的 2D 工程图。	1. 巡回指导，注意学生讨论过程中方向是否正确。 2. 听取小组汇报，做好点评。 3. 签名确定加工图纸，并指导学生完成加工图纸的准备。	1. 以小组为单位，汇总小组的图纸，组成小组评审，讨论确定本小组参与汇报的图纸。 2. 以小组为单位，完成汇报 PPT。 3. 根据最后的评选结果，签字确定本组的输出轴的加工图纸。	1. 学生讨论方向是否正确。 2. 小组的图纸表达和 PPT 的表达是否一致。 3. 设计结果是否合理，能否用于生产。
课时：6 课时 1. 硬资源：二级变速箱、测绘工具箱等。 2. 软资源：工作页、参考资料《机械制造基础》《机械手册》《机械设计手册》数字化资源等。 3. 教学设施：投影仪、一体机、白板、荧光笔等。			

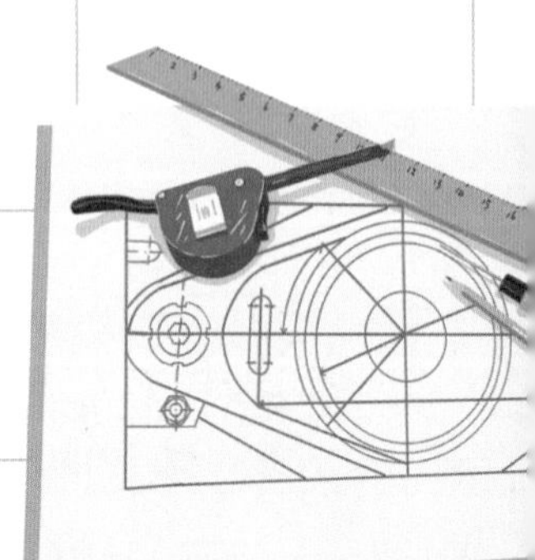

基准课时：30

学习活动	工作子步骤	教师活动	学生活动	评价
输出轴的结构设计并加工	6. 加工输出轴。	1. 讲解加工安全规范，发放加工图纸。 2. 指导学生根据图纸编写加工工艺，检测学生的刀具、量具领取是否正确。 3. 讲解示范操作车床，通过快问快答的方式，检查学生是否理解了车床大拖板、小拖板的操作。 4. 分组示范机床的加工操作，包括刀具的安装、刀具的选用、转速的设置、大拖板及小拖板的配合、加工尺寸的控制。 5. 巡回指导学生进行加工，对安全隐患及时处理。 6. 指导学生进行检测。	1. 以小组为单位，领取加工用的输出轴的 2D 图纸。 2. 根据图纸编写加工工艺，并根据图纸完成加工刀具、量具的准备。 3. 学习刀具的装夹，完成输出轴的车刀的装夹。 4. 学习工件的装夹，完成输出轴。 5. 学习数控机床的操作技巧，完成输出轴的加工指令的输入、刀具的安装、已经加工零点的确定。 6. 两人一组，完成输出轴的加工，注意过程尺寸的控制。 7. 小组内互评，对输出轴进行检测，填写到工作页中。	1. 加工工艺是否合理，工量具是否正确。 2. 刀具是否正确安装。 3. 机床操作是否正确。 4. 加工精度是否满足要求。
	课时： 6 课时 1. 硬资源：二级变速箱、数控车床、工量具、铝合金圆棒等。 2. 软资源：工作页、参考资料《机械制造基础》《机械手册》《机械设计手册》《金工实习》数字化资源等。 3. 教学设施：投影仪、一体机、白板、荧光笔等。			
	7. 输出轴的检测。	1. 组织学生互相检测加工产品的质量，检测者必须在检查报告上签名。	1. 小组相互交换检测输出轴，填写检测评价表。	能否正确指产品尺寸精度存在的问题。
	课时： 2 课时 1. 硬资源：二级变速箱、量具工具箱等。 2. 软资源：工作页、参考资料《机械制造基础》《机械手册》《机械设计手册》数字化资源等。 3. 教学设施：投影仪、一体机、白板、荧光笔等。			
成果审核	输出轴现场交付	1. 组织指导学生做防潮、防锈处理并包装好提交给企业安装，同时将零件图样及设计指标说明一并交付，对应力集中的消除作出图示。 2. 审定经同学审核签字后的产品；提交成果给客户(企业技术人员)验收。	1. 按小组做防潮、防锈处理并包装好提交给企业安装，同时将零件图样及设计指标说明一并交付，对应力集中的消除作出图示。	1. 能否正确做好防潮、防锈。 2. 交接是否合理。
	课时： 1 课时 1. 硬资源：二级变速箱、量具工具箱等。 2. 软资源：工作页、参考资料《机械制造基础》《机械手册》《机械设计手册》数字化资源等。 3. 教学设施：投影仪、一体机、白板、荧光笔等。			

学习任务 2：铣削加工类产品结构设计

任务描述

学习任务课时：30 课时

任务情境：

东莞某夹具生产企业，有一款吸盘万向夹具，作为搬运机器人的搬运夹具，在使用一段时间后经常出现转向不能正常转动的情况，影响使用。经过与夹具公司的客服沟通后，企业对该款夹具进行拆解，发现是该万向夹具的固定夹板部分设计不合理，转向受限制。企业与我院老师沟通后，企业技术人员咨询我们是否可以帮忙对其结构进行改进。教师团队认为，同学们在老师的指导下，学习相关知识，使用铣床就可以加工出企业需要的样件。

经过与生产企业沟通，该款吸盘万向夹具是生产中的产品，其他的零件规格一般不做变动，以减少经济损失。企业提供固定夹板的图纸，希望根据图纸进行结构设计修改，要求不能影响固定杆的旋转定向、紧固调整操作简单方便。完成样品制作，装配并确认效果，希望 5 天后能交企业生产部门批量生产。

具体要求见下页。

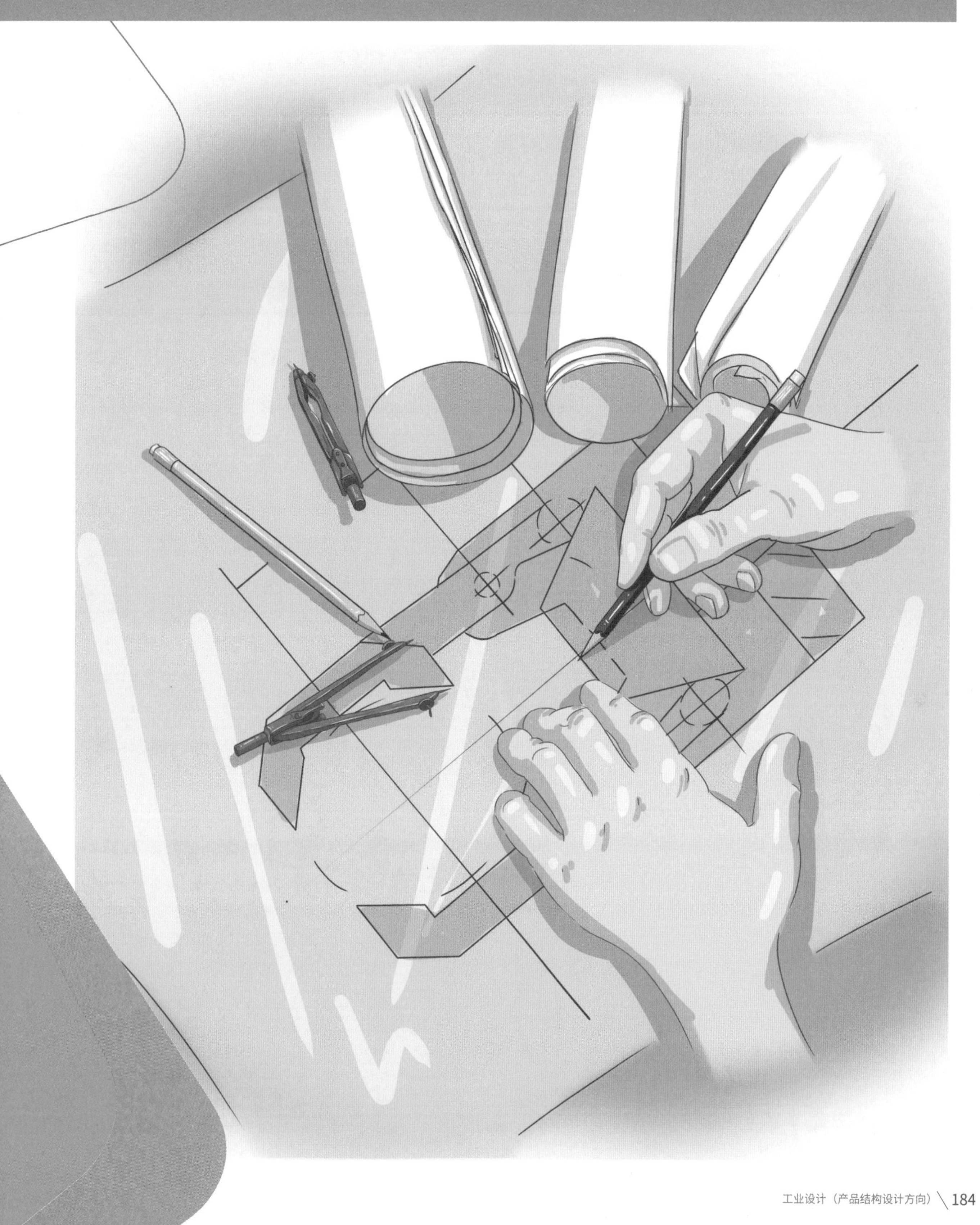

工作流程和标准

工作环节 1

接受万向夹具的结构设计改良任务，明确任务要求

以小组形式，从教师处领取任务书，阅读设计任务书，标注出万向夹具改良设计要求中的关键词，包括：万向转动顺畅，紧固操作方便，尽量减少已生产的零件损耗，交货时间，只修改固定板的结构，不影响其他结构的零件等。对任务中不明白或不懂的专业技术词语，通过查阅技术资料或咨询专家进一步明确，最终在任务书中签字确认。

工作成果：
签字后的设计任务书。

学习成果：
关键词展示。

知识点、技能点：
阅读理解任务书、万向结的结构要点。

职业素养：
沟通领悟能力，培养于接受任务的过程中，保密意识，培养于对企业产品知识产权的保护实施过程中。

工作环节 2

制订设计方案并把方案提交老师审核

2

1. 领取物料

分小组领取吸盘万向夹具一套，产品的原图纸一套，拆解工具一套。在领出单上签名确定。

2. 拆解万向夹具结构

教师指导学生分小组对夹具进行拆解，用标签纸标记出各个零件，在拆装过程中查阅原图纸，对比分析产品在实际生产中存在的问题，填写样机拆装记录表。

3. 确定改良方案

观看大国重器第二季《智造先锋》，分析智能制造生产中万向夹具对于提高自动化生产的重要性，激发同学们的创新思维小组分析万向结的紧固特征后，上网查找同类产品的结构特征；教师使用头脑风暴法，让每个小组结合教师提供的改良方案，对比设计出改良方案；按小组形式用 PPT 向全班同学展示自己查找到的成果及选择的改良方案，要求图文并茂，能解决任务中的万向夹具存在的问题。展示完毕后教师对万向夹具的固定板设计要点进行审阅，签名确定。

工作成果：
1. 样机拆装记录表；
2. 设计方案说明书。

学习成果：
1. 标签纸作标记的零件；
2. 汇报 PPT。

知识点、技能点：
1. 了解万向结的结构特征，图纸查阅的能力；
2. 编写设计方案说明书的能力，认知常见的装配紧固方式。分析球头接头的结构特征的能力，解决问题的能力，创新性。

职业素养：
1. 分析问题、解决问题的能力，培养于产品的分析过程中；
2. 上网查找同类产品的能力，文字表达能力、明确问题并解决问题的能力。

思政元素：
分析智能制造生产中万向夹具对于提高自动化生产的重要性，激发同学们的创新思维。

工作流程和标准

工作环节 3

实施计划

3

1. 建立改良结构的万向夹具固定板三维模型

调用原万向夹具的产品三维模型，根据设计方案，进行固定板的结构改良设计，观看视频学习软件运动仿真的知识，对万向夹具的固定板的结构进行运动干涉检查。

2. 输出万向夹具固定板的工程图

按照标准输出固定板结构件的 2D 工程图。

3. 评审万向夹具固定板的 2D 工程图

3D、2D 图完成后，组织小组评审，分小组向教师汇报，教师根据小组成果进行点评，推选出结构设计最合理的固定板图纸，签名确认，作为下一步加工的标准图纸。

4. 加工万向夹具的固定板

以小组为单位，向老师领取已经评审通过的固定板 2D 工程图，小组分析选择加工工艺，分析铣床的结构，了解铣床设备的技术迭代情况；学习铣床操作技术，独立操作机床完成固定板的加工。根据固定板的加工工艺，选择铣床完成产品加工。

5. 固定板的检测

小组相互交换检测压板的实际加工尺寸，填写检测评价表。

工作成果：
1. 新固定板的结构三维模型；
2. 固定板结构件的 2D 工程图；
3. 设计评审表；
4. 加工完成的固定板；
5. 检测评价表。

学习成果：
1. 运动仿真过程文件；
2. 固定板结构件的 2D 工程图；
3. 小组汇总 PPT、设计评审表；
4. 加工工艺卡、加工零件的设置、加工完成的固定板。

知识点、技能点：
1. 产品的三维建模，产品的运动仿真、干涉检查、间隙分析；
2. 2D 工程图绘制（结合工艺要求公差配合的标准）（基准的选择）；
3. 评审提纲编制；
4. 加工工艺编制，刀具的安装，铣床加工的使用技能；
5. 零件的检测技术。

职业素养：
1. 逻辑关系思维能力，培养于产品运动仿真过程中；
2. 细心，培养于尺寸的标准化过程中；
3. 学术争辩能力，培养于小组评审讨论过程中；协同工作能力、考虑周到的能力，培养于小组评审的组织过程中
4. 团队合作能力，培养于小组进行工艺分析的过程中；
5. 细心，培养于测量数据的读取过程中。

思政元素：

分析机床的结构，了解铣床设备的技术迭代历程，树立对国家制造发展的信心。

工作环节 4

万向夹具实际使用性能检测

分小组把加工完成的固定板与原来生产的零件进行装配后，在教师的指导下进行使用测试，检验是否能旋转定向、紧固调整操作简单方便的设计要求，小组成员拍照记录测试过程，通过表格说明测试结果。小组互评后，评选出本组最优的一个零件提交给教师。教师指导学生对零件做防潮、防锈处理并包装好提交给企业使用，同时将零件图样及设计指标说明一并交付。

工作成果：
样机试装记录表。

学习成果：
测试过程照片。

知识点、技能点：
装配工具使用，间隙检查。

职业素养：
团队合作意识，培养于装配检查过程中。

课程 4.《机械加工类产品结构设计》

学习内容

知识点	1.1 万向结的结构要点。	2.1 万向结的结构特征。	3.1 球头接头的结构特征； 3.2 常见的装配紧固方式认知。	4.1 产品的拔模角度检查； 4.2 产品的间隙分析； 4.3 产品的干涉检查； 4.4 产品的运动仿真。
技能点		2.2 图纸查阅的能力。	3.1 设计方案说明书的编写能力； 3.2 提出问题、解决问题的能力，创新性。	4.1 产品的三维建模 4.2 产品的运动仿真及干涉检查。
工作环节	工作环节 1 接受万向夹具的结构设计改良任务，明确任务要求	制订设计方案并把方案提交老师审核 工作环节 2		
成果	1.1 关键词展示。	2.1 样机拆装记录表。	3.1 设计方案说明书； 3.2 汇报 PPT。	4.1 工作成果：新固定板的结构三维模型。
素养	1.1 沟通领悟能力，培养于接收任务的过程中； 1.2 保密意识，培养于对企业产品知识产权的保护过程中。	2.1 分析问题，解决问题的能力，培养于产品的分析过程中。	3.1 资源的查找培养于上网查找同类产品的过程中；文字表达能力，培养于计划书的编写过程中；明确问题并解决问题的能力，培养于分析解决问题的过程中； 3.2 创新思维，培养于分析智能制造生产中万向夹具对于提高自动化生产的重要性的过程中。	4.1 逻辑关系思维能力，培养于产品运动仿真过程中。

5.1 评审提纲编制。	6.1 加工工艺编制； 6.2 刀具的选用与安装； 6.3 加工的使用技能	7.1 技术要求； 7.2 配合精度； 7.3 零件的检测技术。	8.1 装配工具使用，间隙检查。
5.1 评审提纲编制。	6.1 能编制加工工艺； 6.2 能正确选用与安装刀具； 6.3 铣床加工的使用技能。	7.1 零件的检测技术。	8.1 零件的图样及设计指标说明编制。
	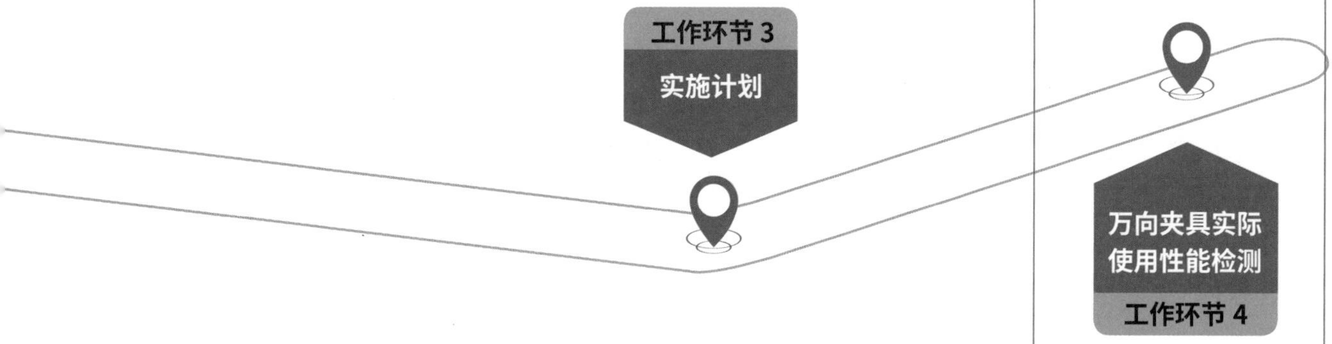 工作环节 3 实施计划		万向夹具实际使用性能检测 工作环节 4
5.1 工作成果：设计评审表； 5.2 学习成果：小组汇总 PPT。	6.1 工作成果：加工完成的固定板； 6.2 学习成果：加工工艺卡。	7.1 工作成果：检测评价表。	8.1 工作成果：样机试装记录表 。
5.1 细心及学术争辩的态度，培养于小组评审讨论过程中； 5.2 协同工作能力、考虑周到的能力，培养于小组评审的组织过程中。	6.1 团队合作能力，培养于小组进行工艺分析的过程中； 6.2 分析机床的结构，了解铣床设备的技术迭代历程，树立对国家制造发展的信心。	7.1 细心，培养于测量数据的读取过程中。	8.1 团队合作意识，培养于装配检查过程中。

课程 4.《机械加工类产品结构设计》

学习任务 2：铣削加工类产品结构设计

1 明确任务要求　2 制订设计方案并把方案提交老师审核　3 实施计划　4 成果性能校核

	工作子步骤	教师活动	学生活动	评价
明确任务要求	1. 阅读任务书，明确任务主要技术指标。	1. 通过 PPT 展示任务书，引导学生阅读工作页中的任务书，让学生明确任务完成时间、资料提交要求。举例划出任务书中的一个关键词，组织学生用荧光笔在任务书中画出其余关键词。 2. 列举查阅资料的方式，指导学生查阅资料了解万向夹具的工作原理，对万向夹具常用的连接结构进行归类；组织学生进行口述。 3. 教师组织学生填写工作页。 4. 组织学生在任务书中签字。	1. 独立阅读工作页中的任务书，明确任务完成时间、资料提交要求。每个学生用荧光笔在任务书中画出关键词，包括：万向转动顺畅，紧固操作方便，尽量减少已生产的零件损耗，交货时间，只修改固定板的结构，不影响其他结构的零件等。 2. 以小组合作的方式查阅资料，明确万向夹具的工作原理；查找资料了解万向夹具的常用连接结构。各小组派代表回答问题。 3. 小组各成员完成工作页中引导问题的回答。 4. 对任务要求中不明确或不懂的专业技术指标，通过查阅技术资料或咨询教师进一步明确，最终在任务书中签字确认。	1. 找关键词的全面性与速度。 2. 资料查阅是否全面，复述表达是否完整、清晰。 3. 工作页中引导问题回答是否完整、正确。 4. 任务书是否有签字。
	课时： 2 课时 1. 硬资源：万向夹具等。 2. 软资源：工作页、参考资料《机械制造基础》《机械手册》、数字化资源等。 3. 教学设施：投影仪、一体机、白板、荧光笔等。			
制订设计方案并把方案提交给老师审核	1. 领取万向夹具，并拆解。	1. 根据学生递交的物料清单，指导学生领取物料，并落实管理责任人。 2. 指导学生拆解万向夹具，记录学生的拆解过程。 3. 展示原图纸的 BOM 表，指导学生填写工作页。	1. 小组根据任务单领取物料，包括吸盘万向夹具一套、产品的原图纸一套、拆解工具一套，做好物料领出记录并签名。 2. 分小组拆解万向夹具，并用标签纸标记出各个零件，填写拆解记录表。 3. 查阅原来图纸的 BOM 表，找出转向结构件，并填写在工作页中。	1. 物料清单是否完整，责任是否落实到位。 2. 拆解过程是否有序。 3. 工作计划表文本是否清晰、表达是否流畅、工作页填写是否完整。
	课时： 0.5 课时 1. 硬资源：万向夹具、拆解工具等。 2. 软资源：工作页、参考资料《机械制造基础》《机械手册》、数字化资源等。 3. 教学设施：投影仪、一体机、白板、荧光笔等。			

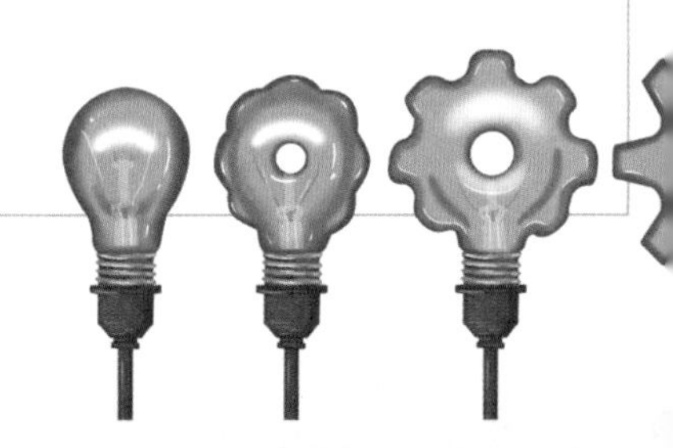

	工作子步骤	教师活动	学生活动	评价
制订设计方案并把方案提交给老师审核	2. 改良方案的确定。	1. 组织学生观看大国重器第二季《智造先锋》，和学生一起分析在生产中万向夹具的使用以及对于智能制造的重要性，鼓励同学们多创新。 2. 让每个小组结合教师提供的改良方案展开头脑风暴。 3. 教师对万向夹具的固定板设计方案要点进行审阅，签名确定。	1. 观看大国重器第二季《智造先锋》，分析智能制造生产中万向夹具对于提高自动化生产的重要性，激发创新思维。 2. 各小组分析万向结的紧固特征后上网查找同类产品的结构特征。 3. 按小组形式用 PPT 向全班同学展示自己查找到的成果及选择的改良方案，要求图文并茂，能解决任务中的万向夹具存在的问题。	1. 是否熟悉常用的连接方案。 2. 改良方案是否方便拆装、易夹紧，能解决磨损后不能夹紧的问题。 3. 使用方便的就近原则摆放工具。按工具类型摆放整齐，符合 8S 管理的标准。 4. 设计方案是否体现学生的创新思维。
	课时： 3 课时 1. 硬资源：万向夹具等。 2. 软资源：工作页、参考资料《机械制造基础》《机械手册》、数字化资源等。 3. 教学设施：投影仪、一体机、白板、荧光笔等。			
实施计划	1. 建立改良结构的万向夹具固定板三维模型。	1. 分发不涉及改动的三维模型，组织学生根据改良方案进行设计，巡回指导学生。 2. 组织学生观看软件运动仿真教学视频，指导学生完成工作原理动画制作。 3. 收集学生的三维建模模型，并对结果进行点评。 4. 收集学生的工作原理动画。	1. 以小组为单位，根据确定的改良方案，调用原万向夹具的产品三维模型，对固定板的结构进行改良设计。 2. 以小组为单位观看视频，学习软件运动仿真的知识，对万向夹具的固定板的结构进行运动干涉检查。 3. 以个人为单位提交三维模型。 4. 以个人为单位提交工作原理动画。	1. 是否能根据设计方案进行建模。 2. 是否能根据产品结构进行运动检验。 3. 提交的三维模型是否完整。 4. 提交的工作原理动画是否正确。
	课时： 4 课时 1. 硬资源：万向夹具、计算机等。 2. 软资源：工作页、参考资料《机械制造基础》《机械手册》、数字化资源等。 3. 教学设施：投影仪、一体机、白板、荧光笔等。			

学习任务 2：铣削加工类产品结构设计

1 明确任务要求 2 制订设计方案并把方案提交老师审核 3 实施计划 4 成果性能校核

实施计划

工作子步骤	教师活动	学生活动	评价
2. 绘制方向夹具固定板的工程图。	1. 通过 PPT 讲解工程图模板要求，指导学生完成工程图模板制作并展示、小组互相评价。 2. 引导学生查阅工具书或者机械加工工艺实用手册，完成工程图输出。	1. 以小组为单位制作工程图模板（填写标题栏），并以电子文档的形式用电脑给全班同学展示。 2. 根据加工工艺，标注粗糙度、基准等要求。	1. 工程图模板是否全面、规范。（比例、单位名称、零件名称等）。 2. 2D 工程图是否规范，是否有尺寸标注及技术要求。
课时： 2 课时 1. 硬资源：万向夹具、计算机等。 2. 软资源：工作页、参考资料《机械制造基础》《机械手册》《机械设计手册》数字化资源等。 3. 教学设施：投影仪、一体机、白板、荧光笔等。			
3. 评审万向夹具固定板的 2D 工程图。	1. 巡回指导，注意学生讨论过程中方向是否正确。 2. 听取小组汇报，做好点评。 3. 签名确定加工图纸，并指导学生完成加工图纸的准备。	1. 以小组为单位，汇总小组的图纸，组成小组评审，讨论确定本小组参与汇报的图纸。 2. 以小组为单位，汇报 PPT。 3. 根据最后的评选结果，签字确定本组的输出轴的加工图纸。	1. 学生讨论方向是否正确。 2. 小组的图纸表达和 PPT 的表达是否一致。 3. 设计结果是否完整合理，能否用于生产。
课时： 1.5 课时 1. 硬资源：万向夹具、计算机等。 2. 软资源：工作页、参考资料《机械制造基础》《机械手册》《机械设计手册》数字化资源等。 3. 教学设施：投影仪、一体机、白板、荧光笔等。			
4. 加工万向夹具的固定板。	1. 讲解加工安全规范，发放加工图纸。 2. 指导学生根据图纸编写加工工艺，检测学生的刀具、量具领取是否正确。 3. 示范刀具的安装和加工零点的设置。 4. 演示铣床设备的结构，以时间轴演示铣床设备的技术迭代历程，激发学生对国家制造发展的信心；分组示范机床的操作，包括高度设置、轴线的移动。 5. 巡回指导学生进行加工，对有安全隐患的及时进行处理。 6. 指导学生进行检测。	1. 以小组为单位，领取已经评审通过的固定板 2D 工程图。 2. 根据图纸编写加工工艺，并根据图纸完成加工刀具、量具的准备。 3. 学习刀具的安装和加工零点设置。 4. 分析机床的结构，了解铣床设备的技术迭代历程，树立对国家制造发展的信心；学习铣床的操作技巧，完成固定板的加工。 5. 两人一组，完成固定板的加工，注意加工过程尺寸的控制。 6. 小组内互评，对固定板进行检测，填写到工作页中。	1. 加工工艺是否合理，工量具是否正确。 2. 刀具安装是否正确，加工零点设置是否合理、是否有利于尺寸的控制。 3. 是否能判断不同时期的铣床设备，机床操作是否正确。 4. 加工精度是否满足要求。
课时： 12 课时 1. 硬资源：万向夹具、数控铣床、计算机、工量具、铝合金方块等。 2. 软资源：工作页、参考资料《机械制造基础》《机械手册》《机械设计手册》《金工实习》数字化资源等。 3. 教学设施：投影仪、一体机、白板、荧光笔等。			

	工作子步骤	教师活动	学生活动	评价
实施计划	5. 固定板的检测。	组织学生互相检测加工产品的质量，检测者必须在检查报告上签名。	1. 小组相互交换检测压板的实际加工尺寸，填写检测评价表。 2. 分小组把加工完成的固定板与原来生产的零件进行装配后，在教师的指导下进行使用测试，检验是否能旋转定向、紧固调整操作是否简单方便。	能否正确指出产品尺寸精度存在的问题。
	课时： 3 课时 1. 硬资源：二级变速箱、量具工具箱等。 2. 软资源：工作页、参考资料《机械制造基础》《机械手册》《机械设计手册》数字化资源等。 3. 教学设施：投影仪、一体机、白板、荧光笔等。			
成果性能校核	1. 万向夹具实际使用性能检测。	1. 组织指导学生做防潮、防锈处理并包装好提交给企业安装，同时将零件图样及设计指标说明一并交付，对应力集中的消除作出图示。 2. 审定经同学审核签字后的产品；提交成果给客户（企业技术人员）验收。	1. 小组成员拍照记录测试过程，通过表格说明测试结果，小组互评后，评选出本组最优的一个零件提交教师。 2. 做防潮、防锈处理并包装好提交给企业使用，同时将零件图样及设计指标说明一并交付。	1. 能否正确做好防潮、防锈。 2. 交接是否合理。
	课时： 2 课时 1. 硬资源：二级变速箱、量具工具箱等。 2. 软资源：工作页、参考资料《机械制造基础》《机械手册》《机械设计手册》数字化资源等。 3. 教学设施：投影仪、一体机、白板、荧光笔等。			

学习任务 3：车铣复合加工类产品结构设计

任务描述

学习任务课时：40 课时

任务情境：

我校实习工厂与上海某自行车厂共同合作开发一款运动自行车的车载电筒，开发部委托我们进行设计开发和生产，现委派我班学生来完成该项任务。此款产品采用三段式连接，分为灯头、筒身、尾盖三个部分。根据现有的其他配件如灯壳、聚光镜、电池、通电开关等附件进行设计。产品要求采用航空级铝合金材料，具有防水、防滑、轻便、拆装方便等特性。设计和生产总计 6 周时间。

具体要求见下页。

工作流程和标准

工作环节 1

接受设计任务，明确任务要求

通过阅读任务书，明确任务完成时间、资料提交要求，用荧光笔画出任务书中的主要技术指标，查阅资料陈述自行车车载手电筒的特点、现有市场上的车载手电筒有哪些形式，了解市场上现有产品的结构、特点及产品内部构造。以小组为单位制作 PPT，详细介绍自行车车载手电筒，以海报纸绘制示意图的方式展示手电筒的结构形式并进行汇报。同一个小组可认为是一个公司，不同的小组就是不同的公司，由此体现公司之间的竞争关系。不懂之处可咨询老师进一步明确，经小组讨论确定后在任务书中签字确认。

工作成果：

模拟公司建立，签字任务书。

学习成果：

技术展示 PP T、海报展示。

知识点、技能点：

获取信息、方案草拟。

职业素养：

沟通与表达能力，培养于小组讨论教学过程中；保密意识，培养于小组（虚拟公司）建立的过程中。

工作环节 2

制订设计方案

2

1. 制订工作计划

每个小组（公司）根据给定的要求设计方案，按给定的条件独立地制订计划。条件：采用三段式螺纹连接，分为灯头、筒身、尾盖三部分，直径分别为 45mm/23mm/25mm，总长 150mm。功能要求：防水、防滑、轻便、拆装方便，其他附件如灯壳、聚光镜、电池、通电开关等已经给定，材料选择铝合金。在工作过程中要明确小组各成员的职责，根据要求确定进度安排（时间计划表）。

2. 制订项目计划时间

设计时间 2 周。

工作成果：

部件的结构设计方案、工作计划表。

学习成果：

部件的结构设计方案、工作计划表。

知识点、技能点：

结构方案设计。

职业素养：

团队合作能力，培养于小组讨论教学的过程中；归纳文档的能力；培养于计算机标准办公软件学习过程中；自我学习的能力，培养于结构方案设计的过程中。

工作环节 3

提交设计主管审核

方案提交审核，将初步设计完成的部件和工作计划表经小组讨论确定后交予老师，与老师共同协商，最终确定方案。此过程根据不同情况，可能需要反复进行。

工作成果：

设计草案

学习成果：

PPT 制作汇报 。

知识点、技能点：

沟通与表达能力、专业技术语言理解能力。

职业素养：

沟通与表达能力，培养于小组讨论和 PPT 汇报过程中；专业技术语言理解能力，培养于方案确定的过程中。

工作流程和标准

工作环节 4

实施计划：根据确定的方案进行具体的实施

1. 测绘通用元件

每个小组根据老师分发的电路板、电池、灯头、开关总成等通用元件的样件进行测绘，主要测量每个元件的外部框架尺寸，注意元件的保护和元器件之间的连接关系。在实施过程中要按照计划表进行实施，分工明确，责任到人。在实施过程中遇到困难可向老师咨询。

2. 构建手电筒数字模型

每个小组根据通用件的测绘数据，构建手电筒主体的 3D 部件模型并细化的结构，注意元器件之间的连接关系与定位位置。在实施过程中要按照计划表进行实施，分工明确，责任到人。在实施过程中遇到困难可向老师咨询。

3. 完成手电筒筒身的工程图

按照国家制图标准导出标准 2D 工程图，在实施过程中要按照计划表进行实施，分工明确，责任到人。在实施过程中遇到困难可向老师咨询。

4. 加工手电筒筒身

根据输出的 2D 工程图，以小组形式到金工车间进行试加工，注意遵守车间操作安全守则。

5. 手电筒的装配

以小组形式对加工好的部件与给定的元件进行装配测试，在装配过程中注意问题的记录，形成报告。

工作成果：

1. 通用元件的测绘图；
2. 主体元件的数字模型、产品的装配模型；
3. 手电筒筒身的 2D 工程图；
4. 加工完成的手电筒筒身；
5. 手电筒的成品装配。

学习成果：

1. 责任分配表；
2. 主体元件的数字模型、产品的装配模型；
3. 加工工艺卡、小组加工分工安排表、加工完成的手电筒筒身；
4. 手电筒产品装配的检测报告，手电筒的成品装配，手电筒产品装配的检测报告。

知识点、技能点：

1. 零件的测绘能力；
2. 遵循标准和规范、3D 软件应用的能力、检索的能力；
3. 车床、铣床加工工艺知识与机床操作能力、解决问题的步骤；
4. 装配方案、产品的调试。

职业素养：

1. 沟通与表达的能力、协同工作能力，培养于小组讨论教学过程中；
2. 沟通与表达的能力，培养于小组讨论教学过程中；创造力，培养于设计过程中；
3. 构建信息的能力，培养于遵循标准和规范的过程中；
4. 独立执行能力，培养于车床、铣床加工过程中；责任心、安全意识，培养于车床、铣床使用过程中；
5. 独立执行能力、责任心，培养于产品的装配调试过程中。

工作环节 5

过程控制阶段性评审、过程性检验

根据初步装配的结果，检验手电筒部件设计是否合理，分析装配成功或失败的原因，总结整个设计、加工、装配过程中的体会。根据存在的问题，重新细化 3D、2D 图，完成后与教师共同商讨，最终确定设计方案。

工作成果：

PPT 成果汇报。

工作成果：

优化后的设计方案。

知识点、技能点：

专业展示的能力、标准软件使用的能力。

职业素养：

沟通与表达的能力，培养于小组讨论教学过程中，专业展示的能力、标准软件使用的能力，培养于 PPT 汇报过程中。

课程 4.《机械加工类产品结构设计》

学习内容

知识点	1.1 方案草拟； 1.2 获取信息。	2.1 结构方案设计； 2.2 工作步骤的安排； 2.3 时间规划。	3.1 汇报 PPT 的制作。	4.1 通用元件的测绘； 4.2 通用元件的保护； 4.3 通用元件的连接关系
技能点	1.1 产品使用功能展示技巧； 1.2 海报绘制能力； 1.3 方案展示能力。	2.1 结构方案设计。	3.1 沟通与表达能力； 3.2 专业技术语言理解能力。	4.1 能绘制尺寸图； 4.2 零件的测绘能力。
 工作环节	工作环节 1 接受万向夹具的结构设计改良任务，明确任务要求	制订设计方案 工作环节 2	提交设计主管审核 工作环节 3	
成果	1.1 工作成果：模拟公司建立，签字任务书； 1.2 学习成果：技术展示 PP T，海报展示。	2.1 工作成果：部件的结构设计方案、工作计划表； 2.2 学习成果：部件的结构设计方案、工作计划表。	3.1 工作成果：设计草案； 3.2 学习成果：PPT 制作汇报。	4.1 学习成果：通用元件绘图建模； 4.2 工作成果：通用元件绘模型。
素养	沟通与表达能力，培养于小组讨论教学过程中；保密意识，培养于小组（虚拟公司）建立的过程中。	团队合作能力，培养于小组讨论教学过程中；归纳文档能力，培养于计算机标准办公软件学习过程中；自我学习的能力，培养于结构方案设计的过程中。	沟通与表达能力，培养于小组讨论和 PPT 汇报过程中；专业技术语言理解能力，培养于方案确定的过程中。	沟通与表达的能力、协同培养于小组讨论教学过程

学习任务 3：车铣复合加工类产品结构设计

5.1 建模软件的应用； 5.2 产品的间隙与间隙分析。	6.1 2D 工程图绘制； 6.2 工艺要求公差配合的标准。	7.1 车床、铣床加工工艺知识； 7.2 车床加工过程控制； 7.3 铣床加工过程控制。	8.1 技术要求； 8.2 产品的调试； 8.3 装配方案。	9.1 设计方案的优化与修改的方法。
5.1 产品的三维建模。	6.3 3D 软件应用的能力。	7.1 车床、铣床加工工序安排； 7.2 解决问题的步骤； 7.3 铣床加工的使用技能； 7.4 车床加工的使用技能。	8.1 零件的检测技术。	9.1 零件的图样及设计指标说明编制。

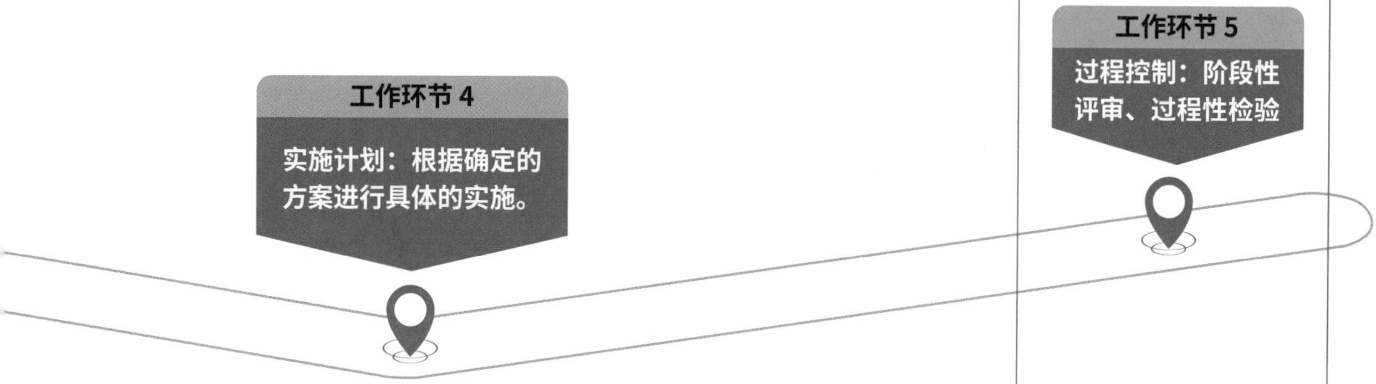

工作环节 4

实施计划：根据确定的方案进行具体的实施。

工作环节 5

过程控制：阶段性评审、过程性检验

5.1 学习成果：主体元件的数字模型、产品的装配模型； 5.2 工作成果：主体元件的数字模型、产品的装配模型。	6.1 工作成果：手电筒筒身的 2D 工程图。	7.1 工作成果：加工完成出手电筒筒身； 7.2 学习成果：加工工艺卡、小组加工分工安排表、加工完成的手电筒筒身。	8.1 工作成果：手电筒的成品装配； 8.2 学习成果：手电筒产品装配的检测报告。	9.1 工作成果：PPT 成果汇报； 9.2 学习成果：优化后的设计方案。
沟通与表达的能力，培养于小组讨论教学过程中；创造力，培养于设计过程中。	构建信息的能力，培养于遵循标准和规范过程中；协同工作能力，培养于小组讨论教学过程中。	独立执行能力，培养于车床、铣床加工过程中；责任心、安全意识，培养于车床、铣床使用过程中。	独立执行能力、责任心，培养于产品的装配调试过程中。	沟通与表达的能力，培养于小组讨论教学过程中；专业展示的能力、标准软件使用的能力，培养于 PPT 汇报过程中。

课程 4.《机械加工类产品结构设计》

学习任务 3：车铣复合加工类产品结构设计

1 明确任务要求 → 2 制订设计方案 → 3 提交设计主管审核 → 4 实施计划 → 5 过程控制：阶段性评审、过程性检验

明确任务要求

工作子步骤	教师活动	学生活动	评价
阅读任务书，明确任务主要技术指标。	1. 通过 PPT 展示任务书，引导学生阅读工作页中的任务书，让学生明确任务技术指标。举例划出任务书中的一个关键词，组织学生用荧光笔在任务书中画出其余关键词。 2. 指导学生通过网络了解市场上现有产品的结构、特点及内部特征。 3. 教师组织学生制作 PPT, 检查学生的介绍是否完整。 4. 组织学生成立产品开发团队，指导学生组建公司，组织学生在任务书中签字。	1. 通过阅读任务书，明确任务完成时间、资料提交要求，用荧光笔画出任务书中的主要技术指标。 2. 以小组合作的方式查阅资料，了解自行车车载手电筒的特点，现有市场上的车载手电筒有哪些形式，市场上现有产品的结构、特点以及产品内部构造。 3. 以小组为单位制作 PPT，详细介绍自行车车载手电筒的产品特点。 4. 小组讨论，成立一个产品开发团队，并对开发团队的成员进行分工，最后以团队为基础，成立一家公司。	1. 找关键词的全面性与速度。 2. 资料查阅是否全面，复述表达是否完整、清晰。 3. 产品结构介绍是否完整。 4. 任务书是否有签字。

课时： 1 课时

1. 硬资源：自行车手电筒等。
2. 软资源：工作页、参考资料《机械制造基础》《机械手册》、数字化资源等。
3. 教学设施：投影仪、一体机、白板、荧光笔等。

基准课时：40

1 明确任务要求 → 2 制订设计方案 → 3 提交设计主管审核 → 4 实施计划 → 5 过程控制：阶段性评审、过程性检验

制订设计方案

工作子步骤	教师活动	学生活动	评价
制订设计方案	1. 通过 PPT 说明制作方案的附加条件，要求学生按采购件的尺寸制订产品的结构。 2. PPT 展示工作计划的模板，包括工作步骤、工作要求、人员分工、时间安排等要素，指导学生填写各个工作步骤的工作要求、小组人员分工、阶段性工作时间估算。 3. 组织各小组进行展示汇报，对各小组的工作计划表提出修改意见，指导学生填写工作页中的工作计划表。 4. 组织学生对工作步骤与工作计划进行修订。	1. 根据给定的任务的设计条件 ① 采用三段式螺纹连接，分为灯头、筒身、尾盖三部分，直径分别 45 mm/23 mm/25 mm，总长 150 mm，功能要求具有防水、防滑、轻便、拆装方便。 ②电池、电路板、灯珠、聚光镜、开关等为通用件。制订产品结构设计方案。 2. 工作计划模板，以小组为单位在海报纸上填写工作步骤，包括其他类型的强光手电筒的拆解、测量采购件的外形尺寸、手绘手电筒的形状、手电筒的建模、设计手电筒灯头、筒身，尾部控制部分形成装配体、输出 3D 及 2D 图等。 3. 各小组填写每个工作步骤的工作要求；明确小组内人员分工及职责；估算阶段性工作时间及具体日期安排。 4. 各小组展示汇报工作计划表，针对教师及他人的合理意见进行修订并填写在工作页中。	1. 工作步骤是否完整。 2. 工作要求是否合理细致、分工是否明确、时间安排是否合理。 3. 工作计划表文本是否清晰、表达是否流畅、工作页填写是否完整。

课时： 2 课时
1. 硬资源：自行车手电筒、计算机等。
2. 软资源：工作页、数字化资源等。
3. 教学设施：投影仪、一体机、白板、白板笔、海报纸等。

提交设计主管审核

工作子步骤	教师活动	学生活动	评价
方案提交审核	1. 审议设计方案的可行性，充分考虑加工条件。	1. 各小组通过讨论确定后，将初步设计完成的部件和工作计划表上交，最后通过共同协商确定设计方案。	设计方案是否结合实际的加工条件，结构是否合理。

课时： 1 课时
1. 硬资源：自行车手电筒、计算机等。
2. 软资源：工作页、数字化资源等。
3. 教学设施：投影仪、一体机、白板、白板笔、海报纸等。

课程 4.《机械加工类产品结构设计》

学习任务 3：车铣复合加工类产品结构设计

1 明确任务要求　2 制订设计方案　3 提交设计主管审核　4 实施计划　5 过程控制：阶段性评审、过程性检验

实施计划

工作子步骤	教师活动	学生活动	评价
1. 通用件的测绘与建模。	1. 发放通用件，指导学生根据分工表进行分工。 2. 指导学生完成通用件的测绘建模。 3. 收集学生的测绘结果并对结果进行点评。	1. 以小组为单位领取采购的通用零件，包括电路板、电池、灯珠、开发总成等元件，做好领取登记。 2. 根据计划表的分工，进行测绘建模，做到分工明确、责任到人。 3. 分小组提交测绘结果。	1. 通用元件是否领取齐全。 2. 通用件的测绘尺寸是否正确。 3. 是否能根据实物进行建模与组装。
课时： 4 课时 1. 硬资源：自行车手电筒、计算机、测绘工具箱等。 2. 软资源：工作页、参考资料《机械制造基础》《机械手册》《机械设计手册》数字化资源等。 3. 教学设施：投影仪、一体机、白板、荧光笔等。			
2. 手电筒主体结构建模与装配。	1. 巡回指导完成主体零件的建模。 2. 巡回指导学生完成零件的装配。 3. 收集学生的装配结果并对结果进行干涉和间隙分析、检查。	1. 以小组为单位根据设计方案和通用件的测绘模型进行主体的建模。 2. 根据设计方案和零件的结构关系进行装配。注意元器件之间的连接关系与定位位置。 3. 分小组提交装配总装图。	1. 通用元件是否领取齐全。 2. 通用件的测绘尺寸是否正确。 3. 是否能根据实物进行建模与组装。
课时： 6 课时 1. 硬资源：自行车手电筒、计算机、测绘工具箱等。 2. 软资源：工作页、参考资料《机械制造基础》《机械手册》《机械设计手册》数字化资源等。 3. 教学设施：投影仪、一体机、白板、荧光笔等。			
3. 出手电筒筒身零件的工程图。	1. 给定文件保存路径以及文件命名要求，巡回指导学生创建文件。 2. 示范零件图尺寸标注及技术要求和标题栏填写，讲解尺寸标注工具栏及文字命令的使用，进行巡回指导。 3. 检查学生文件格式转换是否正确并签名。	1. 根据设计手电筒筒身的模型按工程图标准进行出图。 2. 根据生产设备情况，标注粗糙度、基准等加工工艺要求标。 3. 小组内部对工程图进行讨论，确定加工图纸并提交审核签名。	1. 文件夹路径保存是否正确。A4 工程图模板文件是否正确，是否设置了图层、文字样式、标注样式、粗糙度属性，是否绘制了图框及标题栏。 2. 尺寸标注是否规范、完整；技术要求编写是否合理；标题栏是否填写完整。 3. 文件是否正确保存，格式转换是否正确。
课时： 4 课时 1. 硬资源：自行车手电筒、计算机、测绘工具箱等。 2. 软资源：工作页、参考资料《机械制造基础》《机械手册》《机械设计手册》数字化资源等。 3. 教学设施：投影仪、一体机、白板、荧光笔等。			

1 明确任务要求 → 2 制订设计方案 → 3 提交设计主管审核 → 4 实施计划 → 5 过程控制：阶段性评审、过程性检验

	工作子步骤	教师活动	学生活动	评价
实施计划	4. 加工出手电筒筒身。	1 讲解加工安全规范，发放加工图纸。 2. 指导学生根据图纸编写加工工艺，检测学生的刀具、量具领取是否正确。 3. 检查学生的工序分工是否合理。 4. 分组进行零件机床的操作、刀具的安装、加工零点的设置。 5. 巡回指导学生进行加工，对有安全隐患的及时进行处理。 6. 指导学生进行检测。	1. 以小组为单位，领取已经评审通过的手电筒筒身 2D 工程图。 2. 根据图纸编写加工工艺，并根据图纸完成加工刀具、量具的准备。 3. 根据工艺卡的工序，分配落实负责人员。 4. 学习车床、铣床的操作技巧，刀具的安装，零件装夹以及加工零点的确定。 5. 两人一组，完成手电筒筒身的加工，注意过程尺寸的控制。 6. 小组内互评，对手电筒筒身进行检测，并填写工作页。	1. 加工工艺是否合理，工量具是否正确。 2. 工序分工是否合理。 3. 机床操作是否正确。 4. 加工精度是否满足要求。
	课时： 16 课时 1. 硬资源：自行车手电筒、车床、铣床、工量具、铝合金圆棒、计算机等。 2. 软资源：工作页、参考资料《机械制造基础》《机械手册》《机械设计手册》《金工实习》数字化资源等。 3. 教学设施：投影仪、一体机、白板、荧光笔等。			
	5. 手电筒的装配检测。	1. 组织学生互相检测加工产品的质量，检测者必须在检查报告上签名。 2. 组织学生对产品进行装配检测。	1. 小组对完成加工的零件互相进行检测，填写工作页上的检测报告。 2. 小组根据自己的设计方案，把已经加工完成的零件与通用零件进行装配，验证设计尺寸是否正确。	1. 能否正确指出产品尺寸精度存在的问题。
	课时： 4 课时 1. 硬资源：自行车手电筒、拆装工具箱、测绘工具箱等。 2. 软资源：工作页、参考资料《机械制造基础》《机械手册》《机械设计手册》数字化资源等。 3. 教学设施：投影仪、一体机、白板、荧光笔等。			
过程控制：阶段性评审、过程性检验	设计方案的修改与验证。	1. 组织学生进行装配，针对装配过程中出现的问题及时给予解决。 2. 检查学生最终的设计方案的合理性，评选出优化后的最优产品。 3. 组织学生进行产品交付。	1. 分小组根据初步装配的结果，检验手电筒部件设计是否合理，分析装配成功或失败的原因，总结整个设计、加工、装配过程中的体会。 2. 依据存在的问题，重新细化 3D、2D 图，确定最终设计方案。 3. 提交最优设计方案的最终设计数据，并将零件图样及设计指标说明一并交付。	1. 能否根据装配结果修改设计方案。 2. 能否根据修改方案进行修订。
	课时： 2 课时 1. 硬资源：自行车手电筒、拆装工具箱等。 2. 软资源：工作页、参考资料《机械制造基础》《机械手册》《机械设计手册》数字化资源等。 3. 教学设施：投影仪、一体机、白板、荧光笔等。			

课程 4.《机械加工类产品结构设计》

考核标准

螺纹直通快拧接的设计

情境描述：

某企业的气缸上有一款螺纹直通快拧接头在使用过程中已经磨损，该企业通过了解同类用户发现，接头的磨损是经常发生的问题，因此想重新设计一款更方便、耐磨损的快拧接头，为此需要对现有的螺纹直通快拧接头进行测绘，包括现场拆装、测绘、分析，并按要求设计出一款新的接头，出 2D 工程图纸，加工样件完成后装配到气缸上，并进行检测。要求设计理念符合人的使用习惯，同时加工过程也要严格遵循规范标准。

任务要求：

根据上述任务要求制订一份尽可能翔实的能完成此次任务的工作方案，完螺纹直通快拧接头设计、绘制 2D 工程图、加工样件并装机检测，保证产品正确性及准确性，能投入加工生产。

参考资料：

完成上述任务时，你可能使用专业教材、网络资源、《机械设计手册》《车床操作手册》《铣床操作手册》《现代机械设计手册》《机械制造基础》《加工工艺》《公差与配合》《金工实习》、机房管理条例等参考资料。

评价方式：

由任课教师、专业组长、企业代表组成考评小组共同实施考核评价，取所有考核人员评分的平均分作为学生考核成绩。（有笔试、实操等多种类型考核内容的，还须说明分数占比或分值计算方式。）

评价标准

课程名称						
学习任务名称		学生姓名				
评价项目	评价内容	分值	评分标准	得分	小计分数	扣分原因
专业能力	工作准备，安全检查（工作服、安全鞋）	5	穿着符合要求得 5 分，否则酌情减分			
	工具、设备准备	5	工具、设备准备完整 5 分			
	测绘尺寸图	5	填写正确规范得 5 分，少一项扣 1 分，扣完为止			
	2D 工程图	25	尺寸标注正确 5 分，技术要求表达清楚 5 分，视图表达完整 5 分，结构合理 5 分			
	编写加工工艺	15	完全正确给 10 分，不正确酌情扣分			
	尺寸精度测量结果	15	每个加工尺寸根据加工位置的难度以及精度等级 3～5 分，不足酌情扣分			
通用能力	口述维修方案，表达能力	5	口述清楚、层次逻辑清晰得 5 分，不符合酌情减分			
	能独立完成程序的编制，有独立工作能力	5	符合要求得 5 分，否则酌情扣分			
	团队配合能力，资料检索能力	5	符合要求得 5 分，否则酌情扣分			
	现场清洁，零件工具摆放整齐，符合 8S 规范要求	5	符合要求得 5 分，否则酌情扣分			
	操作过程记录填写规范、清晰	5	符合要求得 5 分，否则酌情扣分			
	分工明确，团队合作融洽	5	分工不明确扣 2 分，团队合作不融洽扣 2 分			
总分						
学生自评：						

课程 5.《钣金成型类产品结构设计》

学习任务 1

冲压成型钣金类产品结构设计

（36）课时

学习任务 2

折弯成型钣金类产品结构设计

（40）课时

课程目标

学习完本课程后，学生应当能够胜任钣金成型类产品结构设计的任务，包括：冲压成型钣金类产品结构设计、折弯成型钣金类产品结构设计、复合成型钣金类产品结构设计。能严格按照《实用钣金技术手册》及《CREO 软件应用》对各类钣金成型零件进行建模、形成装配体以及出工程图，具备创新设计能力、装配工艺能力、材料工艺能力、软件建模能力、工程制图能力、自我检查能力；结构设计过程中培养严谨的设计思维、技术创新思想、细致的职业素养，在结构设计评审中培养批判质疑的科学精神和技术思想，培养新时代中国高素质创新型高技能设计人才。具体目标为：

1. 通过阅读任务书，明确任务完成时间、资料提交要求，通过查阅技术资料或咨询教师进一步明确任务要求中不懂的专业技术指标，最终在任务书中签字确认。

2. 能够分解各类钣金成型类产品结构设计零件的工作内容以及工作步骤，制订工作计划，具备明确的时间观念和养成有计划工作的习惯。

3. 能够正确查阅资料，叙述钣金零件各类材料的特性以及应用，具备自我学习能力和归纳总结能力。

4. 能够叙述防水防尘等级，能够根据产品使用场合设计产品防水防尘等级。

5. 能够正确查找网络资源，叙述五金烤漆的工艺流程，具备产品表面处理知识和环保意识。

6. 能够根据给定产品零件的实物，对产品进行合理拆解，并能够叙述钣金的加工工艺和焊接工艺。拆解过程中，要求具备严谨的科学精神，拆解现场要具备 8S 管理相关知识和职业素养要求。

7. 能够遵守测量规范，针对不同的零件结构特征选择合适的测量工具进行测量并正确读数，测量过程中要求具有精益求精的精神。

8. 能够查阅网络销量较好的蓝牙音箱，结合现有的实物和电子元件，对蓝牙音箱产品进行市场定位，进行外观创新设计，手工绘制产品外观草图和零件图并正确标注尺寸，具备创新技术和严谨的设计思维。

9. 能够使用 CREO 软件的各项命令绘制零件三维模型、装配图以及出工程图，具备严谨理性的设计思维和科学精神。

10. 能够展示汇报钣金成型类零件三维建模，形成装配体以及工程图的成果，能够根据评价标准进行自检，并能审核他人成果以及提出修改意见，在结构设计评审中培养批判质疑的科学精神和技术思想。

11. 能够运用钣金知识，通过分析产品成本和使用价值，运用钣金零件代替产品塑料零件，降低成本，节约资源。

课时：100

学习任务 3

复合成型钣金类产品结构设计

（24）课时

课程内容

对照本课程目标，学生应当掌握以下知识、技能及职业素养：

一、冲压成型钣金类产品结构设计

1. 铝合金板的特性及应用；

2. 设计喇叭网的工作步骤及工作内容；

3. 钣金冲压工艺；

4. 标准螺钉规格；

5. 徒手绘制喇叭网的技巧，对蓝牙音箱外观进行创新设计；

6.CREO 软件冲压命令的应用；

7. 机械装配工艺；

8.CREO 软件装配方法、干涉检查的应用；

9. 查阅钣金实用设计手册的方法；

10. 钣金零件 3D、2D 工程图；

11. 8S 管理相关知识，职业素养要求。

二、折弯成型钣金类产品结构设计

1. 分析产品市场需求，采用的材料以及成本估算；

2. 冷轧板的特性及应用；

3. 配电箱防水防尘等级的分类；

4. 五金烤漆的工艺流程；

5. 设计配电箱的工作步骤及工作内容；

6. 钣金折弯工艺；

7. 材料焊接工艺；

8.CREO 软件折弯命令的应用；

9.CREO 软件制作 BOM 表；

10. 企业结构设计评审的流程、内容，产品设计的材料能够采用新材料，可回收利用，减少环境污染。

三、复合成型钣金类产品结构设计

1. SUS304 不锈钢板的特性及应用；

2. 设计纸巾盒的工作步骤及工作内容；

3. 折弯钣金加工工艺；

4. SUS304 不锈钢钣材料焊接工艺；

5. CREO 软件冲压折弯命令的应用；

6. CREO 软件装配方法、干涉检查的应用；

7. 钣金零件 2D 工程图。

学习任务 1：冲压成型钣金类产品结构设计

任务描述

学习任务课时：36 课时

任务情境：

深圳某生产音箱的企业，现在要开发一款新的蓝牙音箱，企业提供音箱箱体实物，现需要对蓝牙音箱外观进行创新设计，对现款蓝牙音箱进行改良设计；蓝牙音箱喇叭网采用 1.0mm 厚铝合金板，喇叭网装配到箱体四边的凹槽中，四角用自攻螺钉固定，喇叭网的形状要求时尚、新颖。要求设计人员首先要对市场上的蓝牙音箱喇叭网的形状、结构以及对应的成本（材料成本、加工成本）进行对比分析，确定喇叭网的形状和结构；喇叭网的结构设计是一项重要的工作，尤其是喇叭网的外观形状和结构的设计会影响新产品市场的销售量。冲压成型钣金类产品结构设计有着严格的行业规范标准，在设计过程中必须遵循国家标准，GB/T26487-2011《壳体钣金成型设备通用技术条件》。我院产业系与该企业有密切的合作关系，该企业的技术人员咨询我们在校生能否帮助他们完成该项工作，教师团队认为，大家在老师指导下完全可以胜任。要求根据企业提供的蓝牙音箱箱体实物按照 1:1 比例进行建模，重新设计喇叭网，把设计好的喇叭网和音箱箱体配合完好、外形简洁美观；希望一周内完成喇叭网的设计，提交蓝牙音箱的装配体、喇叭网 3D 及 2D 图和材料成本预算（通过查阅网络资源了解铝合金板价格，CREO 软件通过定义材料属性，计算出材料的质量）。提交的 3D、2D 图纸经过全班同学进行评选，评选出最好的设计方案（考虑成本）和设计图纸。

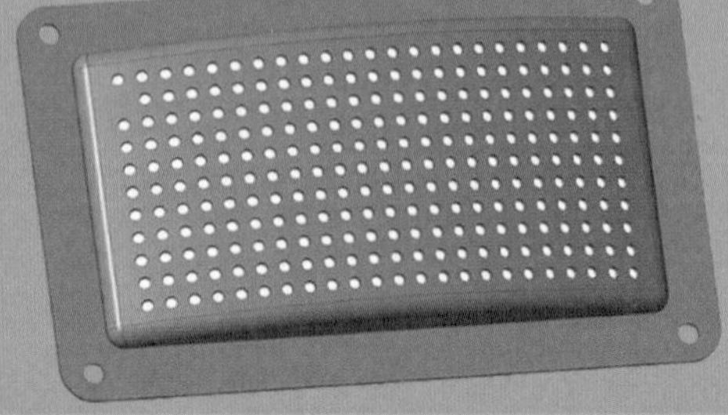

具体要求见下页。

工作流程和标准

工作环节 1

接受设计任务，明确任务要求

阅读任务书，明确任务要求。通过阅读任务书，明确任务完成时间、资料提交要求，内容包括蓝牙音箱的装配体、喇叭网 3D 及 2D 图的输出，材料成本预算等。用荧光笔画出任务书中的主要技术指标，包括喇叭网采用 1.0 mm 厚铝合金板、喇叭网装配到箱体四边的凹槽中、外形按箱体的外形变化、四角用自攻螺钉固定等。以小组方式通过查阅钣金实用手册或网络资源，学习铝合金板的特性及应用，并以海报纸的方式进行汇报，不懂之处可咨询老师进一步明确，最终在任务书中签字确认。

工作成果：签字后的设计任务书。

学习成果：铝合金板的特性及应用汇报稿。

知识点和技能点：铝合金板的特性及应用。

职业素养：逻辑思维能力，培养于制作海报讲述铝合金的特性及应用的过程中；学习能力，培养于查阅钣金实用手册或网络资源的过程中；关键信息的获取能力，培养于查找关键词的过程中。

工作环节 2

制订工作计划表

通过 PPT 讲解企业新产品开发进度计划表，对工作计划表不合理的案例进行分析，学生根据蓝牙音箱实物制订工作计划表。学生根据工作计划表模板（工作页），制订工作步骤及工作内容；教师把设计好的工作步骤（包括蓝牙音箱的拆解、测量音箱箱体的外形尺寸、手绘喇叭网的形状、音箱箱体的建模、设计喇叭网、蓝牙音箱形成装配体、输出 3D 及 2D 图等）以卡片纸的方式分发给各小组，学生以小组为单位填写工作计划表，并以海报纸的形式在班上展示，教师进行审核并点评。

工作成果：新产品开发进度计划表。

学习成果：工作计划表。

知识点和技能点：设计喇叭网的工作步骤及工作内容。

职业素养：项目统筹能力，培养于对工作计划表中的工作步骤、工作内容、时间安排进行统筹的过程中；表达能力，培养于工作计划表的汇报过程中。

工作环节 3

蓝牙音箱设计

3

在设计过程中执行企业产品开发流程、GB/T26487-2011《壳体钣金成型设备通用技术条件》《公差与配合》、装配工艺要求，通过计算机软件（CREO,UG,SolidWorks）进行结构设计。

1. 拆解蓝牙音箱

领取蓝牙音箱实物，根据产品说明书学习蓝牙音箱结构。通过 PPT 观看拆解不规范、不严谨导致产品失效的案例，学生以小组为单位对蓝牙音箱实物进行拆解，拆解前制订拆解方案，并拍照记录拆解步骤，要求照片清晰、拍照角度能够很好反映零件的装配关系；以小组为单位把拆解好的零件分类摆放，用 A0 大白纸绘制产品零件清单。根据拆解的产品零件清单学习蓝牙音箱的结构和蓝牙音箱各零件的加工工艺；以小组为单位，制订蓝牙音箱各零件的加工工艺表和钣金冲压工艺流程图，并向全班同学展示。学生独自查找网络资源，结合蓝牙音箱实物，学习蓝牙音箱喇叭网的固定方式，制订标准自攻螺钉规格表。

2. 手绘蓝牙音箱各零件草图

小组成员通过查阅网络销量较好的蓝牙音箱，分析结构特点，以卡片纸形式汇报优缺点。结合现有的实物和电子元件，对蓝牙音箱外观进行创新设计，手绘蓝牙音箱外观草图并向全班同学展示。根据蓝牙音箱零件实物，以小组为单位对产品零件进行测量，有配合关系的零件，需要小组相互确定配合的尺寸关系，并把测量数据标注在手绘图纸上。

3. 三维建模

独立查阅《实用钣金技术手册》并结合喇叭网实物设计喇叭网，强化行业标准意识，设计的模型符合国家或者行业标准要求。根据钣金冲压工艺，确定喇叭网采用 1.0 mm 厚铝合金板，孔径 2.0 mm，孔距 5 mm，并在全班展示；查阅网络资源，了解螺钉规格，根据音箱箱体上和喇叭网配合的四个孔孔径直径为 2.5 mm，孔距根据实物确定，确定喇叭网开孔直径为 3.2 mm，四角用自攻螺钉固定（螺钉规格 ST2.9*15）；学生根据给定的参数和测量尺寸独立应用软件进行零件建模；完成建模后，独立 CREO 软件计算出喇叭网零件的质量（密度乘以体积，注意单位换算），以小组为单位通过查阅网络资源了解铝合金板价格，最终估算出喇叭网零件的材料成本，并以卡片纸形式在全班展示，评选出成本最低的两个小组。

开料：确定钣金厚度和外形尺寸 130mmx90mm；

冲孔：阵列（方形、圆形、菱形等）

成型（凸模、凹模、草绘成型）：深度要和音箱箱体吻合。

4. 形成装配体

根据蓝牙音箱实物，了解其装配工艺，以小组为单位制作蓝牙音箱的装配流程图，把装配注意事项填写在流程图上并全班展示；应用 CREO 软件独立完成喇叭网和音箱箱体组装（配合关系——完全约束）、装配并检查配合间隙；制作原理示意图并全班展示。

工作流程和标准

学习成果：1. 拆解方案、拆解记录照片、产品零件清单、加工工艺表、冲压工艺流程图、螺钉规格表；
2. 根据修改意见修订后的蓝牙音箱外观草图、记录零件尺寸的图纸；
3. 3D 零件图建模思路流程图；
4. 蓝牙音箱装配流程图。

工作成果：1. 蓝牙音箱外观草图；
2. 喇叭网、音箱箱体零件三维模型；
3. 装配完成后的 3D 模型。

知识点、技能点：1. 拆解工具使用、拆解技巧、拍照要求、产品零件清单内容和分类要求，冲压工艺、标准螺钉规格；
2. 参考同类型产品的设计亮点、创新设计点、手绘蓝牙音箱外观草图、图纸的尺寸标注要求；
3. 钣金模块设计方法，平面壁、拉伸壁、旋转壁、混合壁、偏移壁的特征及定义，钣金次要壁的创建方法和定义，成本的估算；
4. 装配工艺、CREO 软件装配方法、干涉检查的方法和步骤。

职业素养：1. 严谨的工作态度和团队协作精神，培养于蓝牙音箱的拆解过程中和产品零件的分类过程中；
2. 团队协作精神和严谨的工作态度，培养于测量零件尺寸的过程中；
3. 严谨的设计思维，培养于三维模型的绘制过程中；自我学习能力，培养于查阅《钣金实用手册》和网络资源的过程中；
4. 细致的工作态度，培养于喇叭网和音箱箱体的装配过程中。

思政元素：1. 技术运用，技术创新：根据蓝牙音箱实物进行外观创新设计，对已有物品进行改良设计；
2. 实践创新，用于喇叭网外观模型设计；强化行业标准意识，设计的模型符合国家或者行业标准要求。

工作环节 4

结构设计自检

结构设计完成后进行运动仿真、干涉检查后交由老师进行评审。在结构设计自检过程中，明确自检的方法和内容是本任务环节的重点，要求学生以小组为单位对蓝牙音箱进行运动仿真、模组化装配、装配关系、装配干涉预估、配合间隙等，形成一份结构自检表和原理爆炸图。

工作成果：自检合格后的 3D 模型。

学习成果：自检项目表、原理爆炸图。

知识点和技能点：运动仿真、模组化装配、装配关系、装配干涉预估、配合间隙的软件应用。

职业素养：考虑周全的工作态度，培养于结构自检项目表的制作过程中。

工作环节 5

图纸审核

1. 出 2D 工程图

   以小组为单位制作工程图模板（填写标题栏），以电子文档的形式用电脑展示给全班同学，并提交教师点评确认模板；独立查阅钣金实用手册，按照钣金工程图标准，独立输出 2D 工程图（标注尺寸公差，填写技术要求）。

2．提交图纸给教师审核

学生完成 3D、2D 图纸后，3D 图以电子文档的形式用电脑给全班同学展示，以小组互评形式对图纸进行点评，并记录修改意见，以卡片纸形式展示在大白板上。独立打印 2D 图，打印的图纸交互检查，形成的修改意见记录在图纸上并签名确认，评选出优秀的 3D 图及规范的 2D 工程图各 5 份，2D 图纸以海报纸的形式在全班展示。

工作成果：1. 喇叭网的 2D 工程图；
2. 3D、2D 图。

学习成果：1. 工程图模板；
2. 3D 图修改意见的卡片纸、2D 图修改意见的海报纸。

知识点和技能点：1. 钣金零件尺寸标注（重要尺寸添加公差要求），填写技术要求，填写标题栏；
2. 卡片纸形式展示 3D 图修改意见、2D 图的修改意见、配合的正确性、图纸的完整性。

职业素养：1. 严谨的工作态度，培养于 2D 工程图的标注过程中；
2. 自我纠错能力，培养于良好的绘图习惯中；审核能力，培养于小组互评工作中。

课程 5.《钣金成型类产品结构设计》

学习内容

知识点	1.1 任务书的内容； 1.2 钣金的定义及加工方法； 1.3 冲压的原理； 1.4 分离工序； 1.5 成型的工序； 1.6 钣金常用材料； 1.7 铝合金的分类及特性； 1.8 新产品设计规划书的内容。	2.1 新产品开发进度计划表内容； 2.2 设计蓝牙音箱的工作内容及工作步骤。	3.1 拆解工具的名称、功能、使用场合以及注意事项； 3.2 拆解方法及技巧； 3.3 产品零件清单内容和分类要求； 3.4 冲压工艺； 3.5 标准螺钉主要参数。	4.1 同类型产品的设计亮点； 4.2 同类型产品的创新设计点； 4.3 蓝牙音箱外观草图包含的内容； 4.4 手绘图纸的尺寸标注要求
技能点	1.1 从任务书中提取关键词； 1.2 能查阅资料，明确关键词含义； 1.3 正确填写钣金成型和分类工序的原理示意图； 1.4 制作铝合金板的分类及应用海报纸； 1.5 能正确填写新产品设计规划书。	2.1 正确填写蓝牙音箱设计工作计划表。	3.1 能正确拆解蓝牙音箱； 3.2 能对产品零件进行分类并填写零件清单； 3.3 能制作冲压工艺流程图； 3.4 填写蓝牙音箱需要的标准螺钉规格。	4.1 手绘蓝牙音箱外观草图； 4.2 正确标注各零件测量的尺寸。
工作环节	工作环节 1 接受设计任务，明确任务要求	制订工作计划表 工作环节 2	1. 拆解蓝牙音箱	2. 手绘音箱外观草图
成果	1.1 工作成果：签字后的任务书、新产品设计规划书； 1.2 学习成果：铝合金板的特性及应用汇报稿。	2.1 工作成果：新产品开发进度计划表； 2.2 学习成果：蓝牙音箱工作计划表。	3.1 学习成果：拆解方案、拆解记录照片、产品零件清单、加工工艺表、冲压工艺流程图、螺钉规格表。	4.1 工作成果：蓝牙音箱外观 4.2 学习成果：按修改意见修的蓝牙音箱外观草图、i件尺寸的图纸。
素养	1.1 逻辑思维能力，可培养于制作铝合金的特性及应用的海报纸的过程中；学习能力，培养于查阅钣金实用手册或网络资源的过程中；关键信息的获取能力，培养于查找关键词的过程中。	2.1 项目统筹能力，培养于对工作计划表中的工作步骤、工作内容、时间安排进行统筹的过程中；表达能力，培养于工作计划表的汇报过程中。	3.1 严谨的工作态度和团队协作精神，培养于蓝牙音箱的拆解过程和产品零件的分类过程中。	4.1 团队协作和严谨工作态度，培养于测量零件尺寸的过程中； 4.2 技术运用，技术创新：根据蓝牙音箱实物进行外观创新设计，对已有物品进行改良设计。

学习任务 1：冲压成型钣金类产品结构设计

5.1 喇叭网建模方法； 5.2 钣金模块设计方法； 5.3 自顶而下设计概念； 5.4 平面壁、拉伸壁、旋转壁、混合壁、偏移壁的特征及定义； 5.5 钣金次要壁的创建方法和定义； 5.6 喇叭网设计要求，符合国家或者行业标准。	6.1 蓝牙音箱装配工艺； 6.2CREO 软件装配方法； 6.3 模组化装配方法。	7.1 检查装配关系的方法； 7.2 检查装配干涉的方法； 7.3 检查配合间隙的方法； 7.4 原理爆炸图要求； 7.5 工作日志的作用。	8.1 钣金零件的工程图要求 8.2 钣金零件的工程图标注方法； 8.3 技术要求的填写方法。	9.1 检查图纸的方法和技巧。
5.1 制作喇叭网建模思路图； 5.2 能够运用 CREO 软件新建钣金零件； 5.3 能够运用 CREO 软件绘制喇叭网。	6.1 填写装配流程图； 6.2 能够运用 CREO 软件正确装配蓝牙音箱。	7.1 能对图纸进行修改； 7.2 制作原理爆炸图	8.1 能用 CREO 软件输出钣金 2D 图纸； 8.2 能用 CREO 软件标注图纸尺寸； 8.3 能撰写钣金零件的技术要求。	9.1 能对图纸进行修改。
工作环节 3 蓝牙音箱设计		工作环节 4 结构设计自检	图纸审核 工作环节 5	
3. 三维建模	4. 形成装配体		1. 出 2D 工程图	2. 提交图纸教师审核
成果：喇叭网、音箱箱体零件三维模型； 成果：3D 零件图建模思路流程图。	6.1 工作成果：装配完成后的 3D 模型； 6.2 学习成果：蓝牙音箱装配流程图。	7.1 工作成果：自检合格后的 3D 模型； 7.2 学习成果：自检项目表、原理爆炸图。	8.1 工作成果：喇叭网的 2D 工 程图； 8.2 学习成果：工程图模板。	9.1 工作成果：3D、2D 图； 9.2 学习成果：3D 图修改意见 的卡片纸、2D 图修改意见的海报纸。
5.1 严谨的设计思维，培养于三维模型的绘制过程中；自我学习能力，培养于查阅《钣金实用手册》和网络资源的过程中； 5.2 实践创新能力，培养用于喇叭网外观模型设计过程中；强化行业标准意识，设计的模型符合国家或者行业标准要求。	6.1 严谨细致的工作态度，培养于测量工具的正确读数过程中； 6.2 培养创新技能，能对产品的外观和结构进行创新设计。	7.1 考虑周全的工作态度，培养于结构自检项目表的制作过程中。	8.1 严谨的工作态度，培养于 2D 工程图的标注过程中。	9.1 自我纠错能力，培养于良好的绘图习惯中；审核能力，培养于小组互评工作中。

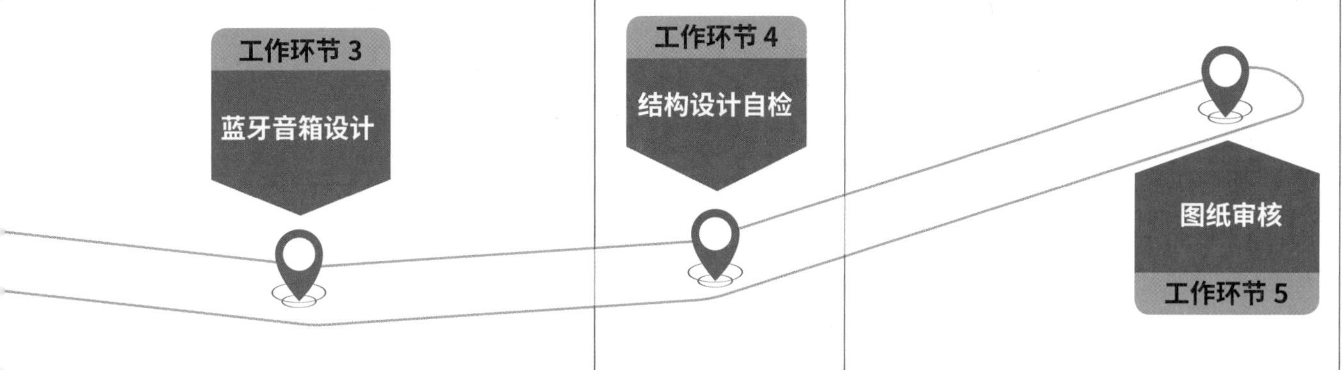

课程 5.《钣金成型类产品结构设计》

学习任务 1：冲压成型钣金类产品结构设计

❶ 接受设计任务，明确任务要求 ❷ 制订工作计划表 ❸ 蓝牙音箱设计 ❹ 结构设计自检 ❺ 图纸审核

	工作子步骤	教师活动	学生活动	评价
接受设计任务、明确任务要求	阅读任务书，明确任务要求。	1. 通过 PPT 展示任务书，用画关键词的方法引导学生阅读工作页中的任务书，让学生明确任务完成时间、资料提交要求。举例划出任务书中的一个关键词，组织学生用荧光笔在任务书中画出其余关键词。 2. 列举查阅资料的方式，指导学生查阅钣金加工实用手册或网络资源，明确铝合金板的特性及应用；组织学生进行海报纸展示。 3. 教师组织学生填写工作页。 4. 组织学生在任务书中签字。	1. 独立阅读工作页中的任务书，明确任务完成时间、资料提交要求，内容包括蓝牙音箱的装配体、喇叭网 3D 及 2D 图、材料成本预算等。每个学生用荧光笔在任务书中画出关键词（铝合金板、喇叭网装配到箱体四边的凹槽中外形按箱体的外形变化、四角用自攻螺丝固定等）。 2. 以小组合作的方式查阅钣金实用手册或网络资源，明确铝合金板的特性及应用；各小组以海报纸的方式讲解铝合金板的特性及应用。 3. 小组各成员完成工作页中引导问题的回答。 4. 通过查阅技术资料或咨询教师，进一步明确任务要求中的专业技术指标，最终在任务书中签字确认。	1. 找关键词的全面性与速度。 2. 资料查阅是否全面，学生展示海报纸是否清晰，学生表达是否完整、清晰。 3. 工作页中引导问题回答是否完整、正确。 4. 任务书是否有签字。
	课时： 2 课时 1. 硬资源：蓝牙音箱等。 2. 软资源：工作页、参考资料《钣金加工实用手册》《现代钣金加工技术》、数字化资源等。 3. 教学设施：投影仪、一体机、白板、荧光笔等。			
制订工作计划表	制订工作计划表。	1. 通过 PPT 展示工作计划的模板，包括工作步骤、工作要求、人员分工、时间安排等要素，分解蓝牙音箱设计的工作计划表。 2. 通过 PPT 讲解企业新产品开发进度计划表，展示工作计划表不合理的案例，指导学生填写各个工作步骤的工作要求、小组人员分工、阶段性工作时间估算。 3. 组织各小组进行展示汇报，对各小组的工作计划表提出修改意见并指导学生填写工作页中的工作计划表。	1. 根据给定的工作计划模板，以小组为单位在海报纸上填写工作步骤，包括蓝牙音箱的拆解、测量音箱箱体的外形尺寸、手绘喇叭网的形状、音箱箱体的建模、设计喇叭网、蓝牙音箱形成装配体、输出 3D 及 2D 图等。 2. 各小组填写每个工作步骤的工作要求；明确小组内人员分工及职责；估算阶段性工作时间及具体日期安排。 3. 参考企业新产品开发进度计划表，各小组展示汇报工作计划表，针对教师及他人的合理意见进行修订后填写在工作页中，养成团队协助精神。	1. 工作步骤是否完整。 2. 工作要求是否合理细致、分工是否明确、时间安排是否合理。 3. 工作计划表文本是否清晰、表达是否流畅、工作页填写是否完整。
	课时： 1 课时 1. 硬资源：蓝牙音箱等。 2. 软资源：工作页、数字化资源等。 3. 教学设施：投影仪、一体机、白板、白板笔、海报纸等。			

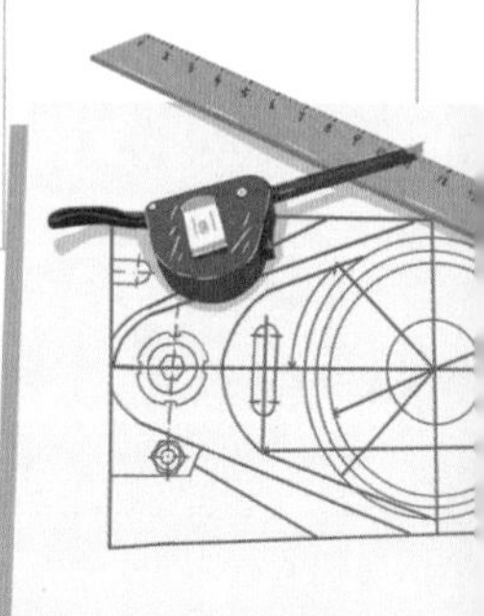

1 接受设计任务，明确任务要求 → 2 制订工作计划表 → 3 蓝牙音箱设计 → 4 结构设计自检 → 5 图纸审核

蓝牙音箱设计

工作子步骤	教师活动	学生活动	评价
1. 拆解蓝牙音箱。	1. 以图片方式展示蓝牙音箱的结构原理示意图，讲解产品主要结构，组织学生阅读产品说明书，并组织学生演示产品的使用方法。 2. 通过PPT讲解拆解方案和拍照要求，指导学生制订拆解方案并审核，组织学生对拆解方案进行展示，组织学生填写工作页。 3. 通过PPT进行拆解前安全教育和工具使用讲解，组织学生拆解蓝牙音箱并做好拍照记录。 4. 案例分析，强调产品拆解的规范性和重要性，培养学生的职业情怀。 5. 通过PPT展示零件清单模板和自攻螺钉规格，引导学生制作零件清单和查询网络资源制订自攻螺钉规格表，组织学生填写工作页。 6. 通过PPT讲解零件的加工方法和钣金冲压工艺以及钣金冲压流程，引导学生制订钣金冲压工艺流程图，组织学生填写工作页。	1. 领取蓝牙音箱样品，以小组为单位阅读产品说明书和查找网络资源，了解蓝牙音箱的结构和功能原理，并进行口述汇报。 2. 以小组为单位制订拆解方案。拆解方案内容包括拆解步骤、拆解工具、人员分工等信息。以海报纸形式展示拆解方案，填写工作页。 3. 领取拆解工具箱以及测绘工具（图纸、游标卡尺、圆角规等），完成蓝牙音箱的拆解；分类摆放拆解的零件，以小组为单位拍照记录拆解步骤。 4. 观看拆解的视频和案例，明白产品拆解的规范性和重要性，养成爱岗敬业的精神。 5. 以小组为单位，根据产品说明书，在A4纸上制订产品零件清单，零件清单包含零件名称、零件数量、零件材料等要素；填写工作页；制订标准自攻螺钉规格表。 6. 以小组为单位，根据零件名称表格，通过查找网络资源，叙述蓝牙音箱的各零件的加工方法和加工工艺，填写在工作页上；以海报纸形式制订钣金冲压工艺流程图。	1. 复述表达是否完整、清晰。 2. 拆解方案是否合理、可行。 3. 零件分类是否准确、记录产品的结构是否完整。 4. 拆解步骤是否正确。 5. 零件清单是否全面、准确；自攻螺钉规格表是否全面。 6. 各零件的加工方法和加工工艺是否正确；钣金冲压工艺是否全面、正确。

课时：3课时

1. 硬资源：蓝牙音箱实物、手机、拆解工具箱等。
2. 软资源：工作页、数字化资源等。
3. 教学设施：投影仪、一体机、白板、白板笔、海报纸等。

课程 5.《钣金成型类产品结构设计》

学习任务 1：冲压成型钣金类产品结构设计

1 接受设计任务，明确任务要求 → 2 制订工作计划表 → 3 蓝牙音箱设计 → 4 结构设计自检 → 5 图纸审核

蓝牙音箱设计

工作子步骤	教师活动	学生活动	评价
2. 手绘音箱外观草图。	1. 通过 PPT 介绍省长杯获奖案例（猫王蓝牙音箱)启发学生创新设计思维。 2. 组织学生查阅网络销量较好的蓝牙音箱，分析结构设计特点。 3. 发放坐标图纸和测量工具，通过 PPT 展示标准的手绘图纸，引导学生手绘喇叭网。 4. 演示操作并指导学生测量和标注图纸，组织学生展示手绘图纸。	1. 独立倾听案例介绍，记录猫王蓝牙音箱作品的设计亮点，并用卡片纸粘贴展示。 2. 小组查找网络销量最好的三款蓝牙音箱，找出卖点，并用卡片纸展示。 3. 以小组为单位，在坐标纸上徒手绘制蓝牙音箱外观草图。 4. 以小组为单位对拆解后的零件进行测量，把测量数据标注在手绘图纸上，绘制完成后进行展示。	1. 查找猫王蓝牙音箱的设计亮点是否正确。 2. 找出的卖点是否合理。 3. 手绘图纸是否完整。 4. 测量的尺寸是否全面、正确
课时： 6 课时 1. 硬资源：拆解后蓝牙音箱零件、测绘工具（图纸、游标卡尺、圆角规等）等。 2. 软资源：工作页、数字化资源等。 3. 教学设施：投影仪、一体机、白板、白板笔、海报纸、坐标纸等。			
3. 三维建模。	1. 教师通过 PPT 讲解国家标准、行业标准，培养学生规则意识。 2. 通过 PPT 讲解并示范操作 CREO 软件钣金模块界面应用，指导学生填写工作页。 3. 示范操作软件建模技巧，巡回指导学生完成零件建模。 4.引导学生通过网络查询铝合金的价格，计算出喇叭网成本，评选出成本最低的两个小组，培养学生价值求技精神。	1. 查阅钣金实用手册或网络资源，遵循钣金设计行业标准设计喇叭网，培养科学精神。 2. 查阅工具书，了解蓝牙音箱钣金设计的方法，填写工作页中的引导问题。 3. 根据手绘外观草图和记录尺寸的图纸进行三维建模，记录建模的关键点和遇到的问题以及解决的方法，最后进行全班展示。 4. 以小组为单位通过查阅网络资源了解铝合金板价格，计算出喇叭网零件的质量,最终估算出喇叭网零件的材料成本，并以卡片纸形式在全班展示。	1. 是否正确查找钣金设计规范文件或者行业标准。 2. 是否正确填写工作页中蓝牙音箱钣金设计方法。 3. 建模是否合理。 4. 铝合金价格查询是否正确，喇叭网成本计算是否正确。
课时： 6 课时 1. 硬资源：拆解后蓝牙音箱零件、电脑等。 2. 软资源：CREO 工具书、工作页、数字化资源、PPT 等。 3. 教学设施：投影仪、一体机、白板、白板笔等。			
4. 形成装配体	1. 通过 PPT 和实物演示，讲解蓝牙音箱的装配工艺和装配顺序，运用卡片纸指导学生制作装配流程图。 2. 电脑演示举例说明两零件的装配关系，引导学生合理添加其他零件的装配关系，组织小组代表展示、评价。 3. 指导学生制作原理示意图并组织学生展示、同学互相评价。	1. 以小组为单位,了解蓝牙音箱的装配工艺，用 A4 纸或卡纸制作蓝牙音箱的装配流程图，把装配注意事项填写在流程图上。 2. 独立完成喇叭网和音箱箱体组装，制作电子表格说明零件之间添加配合关系。 3. 根据装配图，独立完成原理示意图，并全班展示。	1. 装配流程图是否全面、正确，装配注意事项是否填写全面、正确。 2. 各零件装配关系是否正确，电子表格制作是否全面。 3. 原理示意图是否清晰、正确。
课时： 4 课时 1. 硬资源：电脑等。 2. 软资源：CREO 工具书、工作页、数字化资源、PPT 等。 3. 教学设施：投影仪、一体机、白板、白板笔等。			

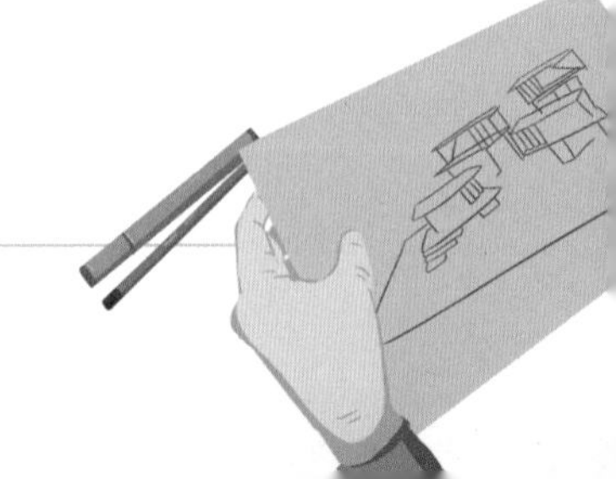

	工作子步骤	教师活动	学生活动	评价
结构设计自检	结构设计自检。	1. 通过案例讲解运动仿真，指导学生完成结构自检表格，组织学生进行展示，小组互相评价。 2. 通过视频讲解动画制作原理，指导学生完成动画制作任务。	1. 以小组为单位对蓝牙音箱进行运动仿真、模组化装配、装配关系、装配干涉预估、配合间隙等，形成一份结构自检表，以电子表格形式进行全班展示，并根据自检问题进行修改。 2. 根据自检完好的装配体，独立制作原理动画视频。	1. 蓝牙音箱装配自检表格是否全面，添加配合关系是否正确。 2. 制作的动画原理视频是否正确。
	课时： 4 课时 1. 硬资源：电脑等。 2. 软资源：工作页、数字化资源等。 3. 教学设施：投影仪、一体机、白板、白板笔、海报纸等。			
图纸审核	1. 出 2D 工程图。	1. 通过 PPT 讲解工程图模板要求，指导学生完成工程图模板制作并展示组织小组互相评价。 2. 引导学生查阅工具书或者钣金实用手册，完成工程图输出。	1. 以小组为单位制作工程图模板（填写标题栏），并以电子文档的形式用电脑展示给全班同学。 2. 独立查阅钣金实用手册，按照钣金工程图标准独立输出 2D 工程图（标注尺寸公差，填写技术要求）。	1. 工程图模板是否全面、规范。（比例、单位名称、零件名称等） 2. 2D 工程图是否规范，是否有尺寸标注、技术要求。
	课时： 4 课时 1. 硬资源：电脑等。 2. 软资源：CREO 工具书、工作页、数字化资源、PPT 等。 3. 教学设施：投影仪、一体机、白板、白板笔、海报纸等。			
	2. 提交图纸教师审核。	1. 根据自检表，组织学生对 3D 图进行相互评价，并用卡纸记录修改意见并展示、评价。（优良中差） 2. 组织学生打印图纸并相互检查，说明检查要求（尺寸标注、形位公差、表面粗糙度、技术要求等）。 3. 根据评审要求，组织学生评选优秀的 3D 工程图和规范的 2D 工程图。	1. 以电子文档的形式用电脑展示 3D 图给全班同学，以同学两两互评的形式对图纸进行点评，并记录修改意见，以卡片纸形式展示在大白板上。 2. 独立打印 2D 图，打印的图纸交互检查，形成的修改意见记录在图纸上并签名确认。 3. 评选出优秀的 3D 图、规范的 2D 工程图各 5 份，2D 图纸以海报纸的形式在全班展示。	1. 3D 图是否正确，是否有修改意见，修改意见是否全面。 2. 2D 图纸视图位置是否正确，尺寸标注是否全面、正确，技术要求是否全面、正确。 3. 3D、2D 图纸是否规范，评价是否公平。
	课时： 6 课时 1. 硬资源：打印机、电脑等。 2. 软资源：工作页、数字化资源等。 3. 教学设施：投影仪、一体机、白板、白板笔、海报纸等。			

学习任务2：折弯成型钣金类产品结构设计

任务描述

学习任务课时：40 课时

任务情境：

深圳某木工加工设备企业，因电器功能升级，现在要对原有配电箱进行改款，企业提供原配电箱实物，现需要根据原配电箱实物进行改款设计；配电箱的长宽高尺寸分别是 800 mm*550 mm*250 mm，重量 5 kg，安装方式为挂装；采用 1.0 mm 厚冷轧板，表面采用烤漆处理，背部要求 4 个直径 5 mm 固定孔，底部要求 4 个直径 25 mm 走线孔，要求防水防尘达到 IP64。配电箱的形状要求简单、实用。要求设计人员首先要对市场上的配电箱的形状、结构以及对应的成本（材料成本、加工成本）进行对比分析，确定配电箱的形状和结构。配电箱的结构设计是一项重要的工作，尤其是整体结构强度、美观和价格的设计会影响新产品市场的销售量。折弯成型钣金类产品结构设计有着严格的行业规范标准，在设计过程中必须遵循国家标准，GB/T26487-2011《壳体钣金成型设备通用技术条件》。我院产业系与该企业有密切的合作关系，该企业的技术人员咨询我们在校生能否帮助他们完成该项工作，教师团队认为，学生在教师指导下完全可以胜任此任务。要求根据企业提供的原配电箱实物进行改款设计，外形简单实用，把设计好的配电箱各零件配合完好，进行结构设计评审，并形成评审报告；希望一周内完成配电箱的设计，提交配电箱的装配体、3D 图、2D 图和材料成本预算（通过查阅网络资源了解冷轧板价格，CREO 软件通过定义材料属性，计算出材料的质量）。提交的 3D 图及 2D 图纸由全班同学评选出最好的设计方案（考虑成本）和设计图纸。

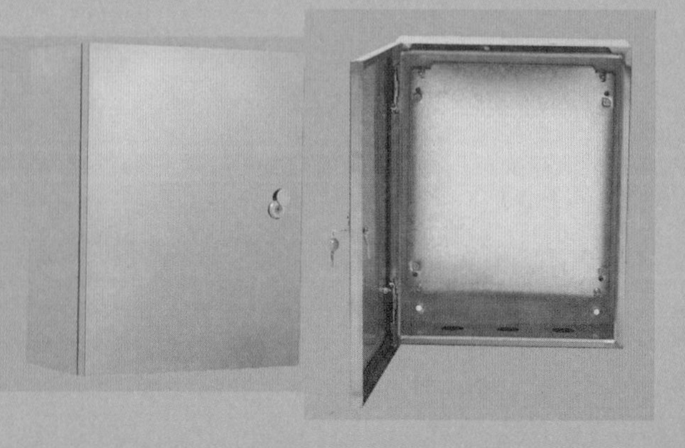

具体要求见下页。

工作流程和标准

工作环节 1

接受设计任务，明确任务要求

阅读任务书，明确任务要求。通过阅读任务书，明确任务完成时间、资料提交要求，内容包括配电箱 3D 图、2D 图和材料成本预算等。用荧光笔画出任务书中的主要技术指标，包括配电箱的长宽高尺寸 800 mm*550 mm*250 mm，重量 5 kg，安装方式为挂装；采用 1.0 mm 厚冷轧板，表面采用烤漆处理，背部要求 4 个直径 5 mm 固定孔，底部要求 4 个直径 25 mm 走线孔，要求防水防尘达到 IP64 等。以小组方式通过查阅钣金实用手册或网络资源，学习冷轧板的特性及应用、五金烤漆的工艺流程和防水防尘等级的分类，并以 PPT 汇报稿的方式汇报冷轧板的特性及应用，以海报纸绘制示意图的方式展示防水防尘等级的分类、五金烤漆的工艺流程，不懂之处可咨询教师进一步明确，最终在任务书中签字确认。

工作成果：签字后的设计任务书。

学习成果：冷轧板的特性及应用汇报稿、防水防尘等级的分类列表、五金烤漆的工艺流程示意图。

知识点和技能点：冷轧板的特性及应用、防水防尘等级的分类、五金烤漆的工艺流程。

职业素养：逻辑思维能力，培养于冷轧板的特性及五金烤漆的工艺流程示意图的绘制过程中；学习能力，培养于查阅钣金实用手册或网络资源的过程中。

工作环节 2

制订工作计划表

2

学生根据配电箱实物，制订工作计划表。学生根据工作计划表模板（工作页），制订工作步骤及工作内容；教师把设计好的工作步骤（包括配电箱的拆解、测量配电箱箱体的外形尺寸、手绘配电箱的形状、配电箱箱体的建模、配电箱形成装配体、输出 3D 图及 2D 图等）以卡片纸的方式分发给各小组，学生以小组为单位填写工作计划表，并以海报纸的形式在班上展示，教师进行审核并点评。

工作成果：工作计划表。

学习成果: 工作计划表。

知识点和技能点：设计配电箱的工作步骤及工作内容。

职业素养：项目统筹能力，培养于对工作计划表中的工作步骤、工作内容、时间安排进行统筹的过程中；表达能力，培养于工作计划表的汇报过程中。

工作环节 3

结构设计

3

在设计过程中执行企业产品开发流程、GB/T19804-2005《焊接结构的一般尺寸公差和行为公差》、GB/T26487-2011《壳体钣金成型设备通用技术条件》、DL/T375-2010《户外配电箱通用技术条件》、装配工艺要求，通过计算机软件（CREO,UG,SolidWorks）进行结构设计。

1. 拆解配电箱

领取配电箱实物，根据产品说明书和实物学习配电箱结构原理，学生以小组为单位对配电箱实物进行拆解，拆解前制订拆解方案，并拍照记录拆解步骤，要求照片清晰、拍照角度能够很好反映零件的装配关系；以小组为单位分类摆放拆解好的零件，用 A0 大白纸绘制产品零件清单，备注标准件规格。根据拆解的产品零件清单学习配电箱各零件的加工工艺，以小组为单位，制订配电箱各零件的加工工艺表和工艺流程图，并进行全班展示；以小组为单位查阅《实用焊接工艺手册》或者网络资源，以卡纸形式展示配电箱的焊接工艺。

2. 手绘配电箱各零件草图

小组成员根据拆解的配电箱实物零件，徒手绘制零件草图，以小组为单位对产品零件进行测量，有配合关系的零件，需要小组相互确定配合的尺寸关系，并把测量数据标注在手绘图纸上。

3. 三维建模

学生独立查阅《实用钣金技术手册》、GB/T26487-2011《壳体钣金成型设备通用技术条件》、DL/T375-2010《户外配电箱通用技术条件》，并根据给定的参数（电箱尺寸要求 800*550*250 mm，采用 1.0 mm 厚冷轧板，门折弯后的总体厚度 15 mm, 采用普通合页，背部要求 4 个直径 5 mm 固定孔，底部要求 4 个直径 25 mm 走线孔，门要安装转舌锁）和测量尺寸，独立应用软件进行零件建模；完成建模后，独立用 CREO 软件计算出配电箱零件的质量（密度乘以体积，注意单位换算）。以小组为单位，通过查阅网络资源了解冷轧板价格，最终估算出配电箱的材料成本，并以卡片纸形式在全班展示，评选出成本最低的两个小组。

4. 形成装配体

根据实物，了解其装配工艺，以小组为单位制作配电箱的装配流程图，把装配注意事项填写在流程图上并进行全班展示；应用 CREO 软件独立完成门、转舌锁、合页和配电箱体组装（配合关系——完全约束）并进行配合间隙检查和干涉检查；最后以小组为单位，制作配电箱爆炸图。

工作成果：1. 配电箱外观草图；
2. 配电箱的三维模型；
3. 装配完成后的 3D 模型。

学习成果：1. 拆解方案、拆解记录照片、产品零件清单、加工工艺表、工艺流程图；
2. 按修改意见修订后的配电箱外观草图、记录零件尺寸的图纸；
3. 3D 零件图建模思路流程图；
4. 配电箱装配流程图、爆炸图。

工作流程和标准

知识点、技能点：1. 拆解工具使用、拆解技巧、拍照要求、产品零件清单内容和分类要求、折弯工艺、焊接工艺。
2. 测量零件的方法、测量工具的使用技巧、图纸的尺寸标注要求。
3. 钣金折弯工艺、钣金折弯的类型、角度折弯、轧折弯、平面折弯、带转接区的卷曲折弯、边折弯、在钣金折弯处添加止裂槽、建模思路、产品分类、CREO 软件折弯命令的应用。
4. 装配工艺、配电箱焊接工艺、CREO 软件装配方法、干涉检查的应用。

职业素养：1. 严谨的工作态度和团队协作精神，培养于配电箱的拆解过程中和产品零件的分类过程中。
2. 团队协作精神和严谨的工作态度培养于测量零件尺寸的过程中。
3. 严谨的设计思维，培养于三维模型的绘制过程中；自我学习能力，培养于查阅《钣金实用手册》和网络资源的过程中。
4. 专业表达能力、发现并解决问题的能力，培养于结构评审的过程中。

工作环节 4

结构设计评审

结构设计完成并进行运动仿真、干涉检查和原理爆炸图后交由教师进行组织评审。在结构设计自检过程中，明确自检的方法和内容是本任务环节的重点，学生以小组为单位对配电箱进行运动仿真、模组化装配、装配关系、装配干涉预估、配合间隙等，形成一份结构自检表。学生根据自检问题进行修改后，交由教师评审，其他小组同学对设展示组的结构设计进行评审，提出评审意见，展示组做好记录，形成评审报告，小组同学根据评审报告修改装配体，修改完好的装配体独立制作展板并进行全班展示。

工作成果：评审表、评审通知单。

学习成果：评审表模板、评审表。

知识点和技能点：运动仿真、装配关系、装配干涉预估、配合间隙的软件应用、评审表内容、评审流程、评审通知单内容及格式、配电箱各零件材料、展板的要求。

职业素养：考虑周全的工作态度，培养于结构自检项目表的制作过程中；实事求是的工作态度，培养于结构设计评审过程中。

思政元素：批判质疑的精神，对设计的配电箱进行评审时敢于提出修改意见，务实求真和创新精神，有利于振兴我国制造业。

工作环节 5

图纸审核

1. 输出 2D 工程图及 BOM 表

以小组为单位查阅钣金实用手册，按照钣金工程图标准（包括产品特殊结构的数量与规格，如抽孔、抽芽、沉孔、断差等，产品技术要求，如表面处理、毛刺面方向、拉丝方向等），独立输出 2D 工程图，并打印出来以海报纸的形式展示给全班同学。以小组为单位制作一份 BOM 表，以海报纸的形式进行全班展示。

2. 提交教师审核

学生完成 3D 图纸、2D 图后，3D 图以电子文档的形式用电脑展示给全班同学，以小组互评形式对图纸进行点评，并记录修改意见，以卡片纸形式展示在大白板上。独立打印 2D 图，打印的图纸交互检查，形成的修改意见记录在图纸上并签名确认，评选出优秀的 3D 图及规范 2D 工程图各 5 份，2D 图纸以海报纸的形式进行全班展示。

工作成果：1. 配电箱的 2D 工程图、BOM 表。
2. 3D 图、2D 图。

学习成果：3D 图修改意见的卡片纸、2D 图修改意见的海报纸。

知识点和技能点：1. 尺寸标注（重要尺寸添加公差要求），填写技术要求，填写标题栏；CREO 软件制作 BOM 表。
2. 以卡片纸的形式展示 3D 图修改意见、2D 图修改意见、配合的正确性、图纸的完整性。

职业素养：1. 严谨的工作态度，培养于 2D 工程图的标注过程中。
2. 自我纠错能力，培养于良好的绘图习惯中；审核能力，培养于小组互评工作中。

课程 5.《钣金成型类产品结构设计》

学习内容

知识点	1.1 任务书的内容； 1.2 冷轧板的特性及应用； 1.3 防水防尘等级的分类； 1.4 五金烤漆的工艺流程。	2.1 设计配电箱的工作内容及工作步骤。	3.1 配电箱的结构原理； 3.2 配电箱拆解方法及技巧； 3.3 配电箱零件清单和加工工艺； 3.4 钣金折弯的类型； 3.5 配电箱焊接工艺。	4.1 配电箱草图要求； 4.2 手绘配电箱各零件图纸的尺寸标注要求。
技能点	1.1 能从任务书中提取关键词； 1.2 能查阅资料明确关键词含义； 1.3 制作冷轧板的分类及应用的海报纸； 1.4 正确填写防水防尘等级表； 1.5 正确填写五金烤漆工艺流程图。	2.1 填写配电箱设计工作计划表。	3.1 能正确拆解配电箱 3.2 能对产品零件进行分类并填写零件加工工艺。	4.1 手绘配电箱各零件草图 4.2 正确标注各零件测量的尺 寸。
工作环节	工作环节 1 接受设计任务，明确任务要求	制订工作计划表 工作环节 2	1. 拆解配电箱	2. 手绘配电箱各零件草图
成果	1.1 工作成果：签字后的任务书； 1.2 学习成果：冷轧板的特性及应用汇报稿、防水防尘等级的分类列表、五金烤漆的工艺流程示意图。	2.1 工作成果：工作计划表； 2.2 学习成果：工作计划表。	3.1 学习成果：拆解记录照片、拆解方案、手绘图纸、折弯工艺流程图、标准件规格表、产品零件分类列表、建模思路图。	4.1 工作成果：配电箱外观草 4.2 学习成果：带修改意见的箱外观草图、记录零件尺图纸。
素养	1.1 逻辑思维能力，培养于冷轧板的特性及五金烤漆的工艺流程示意图的绘制过程中；学习能力，培养于查阅钣金实用手册或网络资源的过程中。	2.1 项目统筹能力，培养于对工作计划表中的工作步骤、工作内容、时间安排进行统筹安排的过程中；表达能力，培养于工作计划表的汇报过程中。	3.1 严谨的工作态度和团队协作精神，培养于配电箱的拆解过程中和产品零件的分类过程中。	4.1 团队协作和严谨工作态度，培养于测量零件尺寸的过程中。

学习任务2：折弯成型钣金类产品结构设计

5.1 配电箱自顶而下的设计方法； 5.2 配电箱建模思路； 5.3 折弯工艺、止裂槽、卷边设计要求、成型设计； 5.4 配电箱设计要求，国家或者行业标准。	6.1 配电箱装配工艺； 6.2 CREO 软件装配方法； 6.3 模组化装配方法； 6.4 原理爆炸图要求。	7.1 评审通知单内容以及格式； 7.2 评审表内容； 7.3 评审流程； 7.4 展板要求。	8.1 折弯零件的工程图标注方法，焊接符号标注； 8.2 BOM 表的内容。	9.1 检查图纸的方法和技巧。
5.1 制作配电箱建模思路图 5.2 能够运用 CREO 软件新建装配体，包括子装配、零件 5.3 能够运用 CREO 软件绘制合页、配电箱主体、门盖。	6.1 填写装配流程图 6.2 能够运用 CREO 软件完成配电箱装配体绘制 6.3 制作原理爆炸图。	7.1 能正确填写评审通知单 7.2 能正确填写评审表 7.3 制作展板。	8.1 能用 CREO 软件输出配电箱箱体 2D 图纸 8.2 能够制作 BOM 表。	9.1 能对图纸进行修改。
工作环节 3 配电箱结构设计		工作环节 4 结构设计评审	工作环节 5 图纸审核	
3. 三维建模	4. 形成装配体		1. 出 2D 工程图	2. 提交图纸教师审核
5.1 工作成果：转舌锁、合页、门、箱体三维模型； 5.2 学习成果：3D 零件图建模思路流程图。	6.1 工作成果：装配完成后的 3D 模型； 6.2 学习成果：蓝牙音箱装配流程图。	7.1 工作成果：评审表、评审通知单； 7.2 学习成果：评审表模板、评审表、展板。	8.1 工作成果：配电箱箱体 2D 工程图； 8.2 学习成果：工程图模板、BOM 表。	9.1 工作成果：3D 图、2D 图； 9.2 学习成果：3D 图修改意见的卡片纸、2D 图修改意见的海报纸。
5.1 严谨的设计思维，培养于三维模型的绘制过程中；自我学习能力，培养于查阅《钣金实用手册》和网络资源的工作过程中。	6.1 严谨细致的工作态度，培养于门、转舌锁、合页和配电箱体的装配过程中。	7.1 考虑周全的工作态度，培养于结构自检项目表的制作过程中；实事求是的工作态度，培养于结构设计评审过程中； 7.2 批判质疑，对设计的配电箱进行评审，敢于提出修改意见，养成严谨的设计思维，有利于振兴我国制造业。	8.1 严谨的工作态度，培养于 2D 工程图的标注过程中。	9.1 自我纠错能力，培养于良好的绘图习惯中；审核能力，培养于小组互评工作中。

课程 5.《钣金成型类产品结构设计》

学习任务 2：折弯成型钣金类产品结构设计

1 接受设计任务，明确任务要求　2 制订工作计划表　3 配电箱结构设计　4 结构设计评审　5 成果审核验收

	工作子步骤	教师活动	学生活动	评价
接受设计任务，明确任务要求	阅读任务书，明确任务要求。	1. 通过 PPT 展示任务书，引导学生阅读工作页中的任务书，让学生明确任务完成时间、资料提交要求。举例画出任务书中的一个关键词，组织学生用荧光笔在任务书中画出其余关键词。 2. 列举查阅资料的方式，指导学生查阅资料明确冷轧板的特性及应用、防水防尘等级的分类、五金烤漆的工艺流程；组织学生进行汇报。 3. 教师组织学生填写工作页。 4. 组织学生在任务书中签字。	1. 独立阅读工作页中的任务书，明确任务完成时间、资料提交要求，内容包括配电箱 3D 图、2D 图和材料成本预算等。每个学生用荧光笔在任务书中画出关键词，如配电箱 3D 图、2D 图、材料成本预算、主要技术指标等。 2. 以小组方式通过查阅钣金实用手册或网络资源进行学习，各小组派代表以 PPT 汇报稿的方式讲解冷轧板的特性及应用，以海报纸绘制示意图的方式展示防水防尘等级的分类、五金烤漆的工艺流程。 3. 小组各成员完成工作页中引导问题的回答。 4. 对任务要求中不明确或不懂的专业技术指标，通过查阅技术资料或咨询教师进一步明确，最终在任务书中签字确认。	1. 找关键词的全面性与速度。 2. 资料查阅是否全面，复述表达是否完整、清晰。 3. 工作页中引导问题回答是否完整、正确。 4. 任务书是否有签字。

课时： 4 课时
1.1. 硬资源：配电箱实物等。
2. 软资源：工作页、参考资料《钣金加工实用手册》《现代钣金加工技术》、数字化资源等。
3. 教学设施：投影仪、一体机、白板、荧光笔、海报纸等。

	工作子步骤	教师活动	学生活动	评价
制订工作计划表	根据配电箱实物，制订工作计划表。	1. 通过 PPT 展示工作计划的模板，包括工作步骤、工作要求、人员分工、时间安排等要素，分解测绘轴类零件的工作步骤。 2. 指导学生填写各个工作步骤的工作要求、小组人员分工、阶段性工作时间估算。 3. 组织各小组进行展示汇报，对各小组的工作计划表提出修改意见并指导学生填写工作页中的工作计划表。	1. 根据给定的工作计划模板，以小组为单位，在卡片纸上填写工作步骤，包括配电箱的拆解、测量配电箱箱体的外形尺寸、手绘配电箱的形状、配电箱箱体的建模配电箱形成装配体、输出 3D 图及 2D 图等。 2. 各小组填写每个工作步骤的工作要求；明确小组内人员分工及职责；估算阶段性工作时间及具体日期安排。 3. 各小组展示汇报工作计划表，针对教师及他人的合理意见进行修订并填写工作页。	1. 工作步骤是否完整。 2. 工作要求是否合理细致、分工是否明确、时间安排是否合理。 3. 工作计划表文本是否清晰、表达是否流畅、工作页填写是否完整。

课时： 1 课时
1. 硬资源：配电箱实物等。
2. 软资源：工作页、数字化资源等。
3. 教学设施：投影仪、一体机、白板、白板笔、卡片纸等。

配电箱结构设计

工作子步骤	教师活动	学生活动	评价
1. 拆解配电箱。	1. 组织学生分四个小组，以小组为单位领取配电箱实体。组织学生拍照记录配电箱的完整外形结构，以视频的方式展示配电箱的结构原理示意图，讲解主要结构。组织学生阅读产品说明书，并组织学生演示配电箱的使用方法。 2. 组织学生以小组合作的方式制订拆解方案，组织学生将拆解方案记录在工作页中并以海报纸形式展示，评价个小组的拆解方案。 3. 通过 PPT 进行拆解前的安全教育和工具使用计解，组织学生领取拆解工具及测绘工具；组织学生拆解配电箱；引导学生将拆解的零件分类摆放并拍照记录。 4. 通过 PPT 展示零件清单模板和标准件规格，引导学生制作零件清单和查询网络资源制订标准件规格表。 5. 通过 PPT 讲解零件的加工方法、钣金折弯工艺以及钣金折弯流程，引导学生制订钣金折弯工艺流程图，组织学生填写工作页。	1. 以小组为单位，领取配电箱实体，通过阅读产品说明书和查找网络资源，了解配电箱的结构和功能原理，通过拍照记录的方式记录产品完整的外形结构，并进行口述汇报，对产品的使用方法进行演示。 2. 以小组为单位，制订拆解方案，拆解方案包括拆解步骤、拆解工具、人员分工等信息。根据配电箱实物的结构特征，分模块进行拆解，重点了解各零件之间的装配关系（分为转舌锁、合页、门、箱体四部分）并将拆解方案记录在工作页中，最后以海报纸形式展示并交由教师审定。 3. 以小组为单位，领取拆解工具箱以及测绘工具（图纸、游标卡尺、圆角规等），完成配电箱的拆解；分类摆放拆解的零件并拍照记录拆解步骤。 4. 以小组为单位，根据产品说明书，制作一份电子版的产品零件分类列表（包含序号、零件名称、零件数量、零件材料等要素），把照片插入到对应的产品零件清单中。查阅网络资源，了解转舌锁、合页规格，根据配电箱体上的转舌锁及合页的类别制作标准件规格表。 5. 以小组为单位，通过查找网络资源、查阅《钣金技术实用手册》，结合配电箱实物，将配电箱各零件的加工方法和加工工艺流程填写在工作页中，并以海报纸形式制订钣金折弯工艺流程图，在全班展示。	1. 复述表达是否完整、清晰。 2. 拆解方案是否合理、可行。 3. 零件分类是否准确、记录产品的结构是否完整。 4. 零件清单是否全面、准确；自攻螺钉规格表是否全面。 5. 各零件的加工方法和加工工艺是否正确；钣金冲压工艺是否全面、正确。
课时：6 课时 1. 硬资源：配电箱实物、手机等。 2. 软资源：工作页、数字化资源等。 3. 教学设施：投影仪、一体机、白板、白板笔、海报纸等。			
2. 手绘配电箱	发放坐标图纸，巡回指导学生对配电箱各零件进行手绘、测量、标注；组织学生对手绘图纸进行展示。	以小组为单位，在坐标纸上徒手绘制零件图，利用测量工具（游标卡尺、卷尺等）对零件的所有几何特征进行测量，并把测量数据标注在手绘图纸上，绘制完成后进行展示。	手绘图纸是否完整，测量的尺寸是否完整、正确。
课时：2 课时 1. 硬资源：测绘工具（图纸、游标卡尺、圆角规等）。 2. 教学设施：坐标图纸、投影仪、一体机、白板、白板笔等。			

学习任务 2：折弯成型钣金类产品结构设计

1 接受设计任务，明确任务要求 → 2 制订工作计划表 → 3 配电箱结构设计 → 4 结构设计评审 → 5 成果审核验收

配电箱结构设计

工作子步骤	教师活动	学生活动	评价
3. 三维建模。	1. 示范操作角度折弯、轧折弯、平面折弯、带转接区的卷曲折弯、边折弯，在钣金折弯处添加止裂槽，指导学生完成图形绘制和填写工作页。 2. 通过PPT分析转舌锁和合页的建模思路，巡回指导学生完成任务并填写工作页。	1. 查阅工具书，了解钣金折弯的类型、角度折弯、轧折弯、平面折弯，填写工作页中的引导问题。 2. 对转舌锁和合页进行建模，将实体零件转换为钣金件，填写工作页中的引导问题。	1. 钣金折弯的类型、角度折弯、轧折弯、平面折弯建模是否正确。 2. 转舌锁、合页建模思路是否正确。
课时： 3 课时 1. 硬资源：拆解后的配电箱零件、电脑等。 2. 软资源：CREO 工具书、工作页、数字化资源、PPT 等。 3. 教学设施：投影仪、一体机、白板、白板笔等。			
3. 三维建模。	1. 通过 PPT 分析门及箱体的建模思路，示范操作钣金带转接区的卷曲折弯、边折弯、在钣金折弯处添加止裂槽建模，巡回指导学生完成任务并填写工作页。 2. 引导学生通过网络查询冷轧板的价格，估算出配电箱的材料成本，评选出成本最低的两个小组。	1. 查阅工具书，了解钣金带转接区的卷曲折弯、边折弯、在钣金折弯处添加止裂槽，对门和箱体进行建模，将实体零件转换为钣金件，并填写工作页中的引导问题。 2. 独立用 CREO 软件计算出配电箱零件的质量(密度乘以体积，注意单位换算)，以小组为单位通过查阅网络资源了解冷轧板价格，最终估算出配电箱的材料成本，并以卡片纸形式进行全班展示。	1. 门及箱体建模思路是否正确。 2. 冷轧板价格查询是否正确，配电箱成本计算是否正确。
课时： 4 课时 1. 硬资源：拆解后的配电箱零件、电脑等。 2. 软资源：CREO 工具书、工作页、数字化资源、PPT 等。 3. 教学设施：投影仪、一体机、白板、白板笔等。			
4. 形成装配体。	1. 通过 PPT 和实物演示，讲解配电箱的装配工艺和装配顺序，运用卡片纸指导学生制作装配流程图。 2. 通过 CREO 软件演示，举例说明两零件之间的相互装配关系，并引导学生合理添加其他零件的装配关系，组织小组派代表展示、评价。 3. 播放爆炸动画制作视频，指导学生制作原理示意图动画并组织学生展示、同学互相评价。 4. 引导学生通过网络资源查阅《实用焊接工艺手册》，指导学生制作焊接工艺卡并进行全班展示。	1. 根据配电箱实物，了解其装配工艺，以小组为单位，制作配电箱的装配流程图，将装配的注意事项填写在流程图上，并以海报纸的形式向全班展示。 2. 用 CREO 软件独立完成门、转舌锁、合页和配电箱箱体的组装（配合关系——完全约束），并检查配合间隙、干涉检查。 3. 根据装配体，独立完成原理示意图动画并全班展示。 4. 以小组为单位查阅《实用焊接工艺手册》或者网络资源，以卡纸形式展示配电箱的焊接工艺。	1. 装配流程图是否全面、正确，装配注意事项是否填写全面、正确。 2. 各零件装配关系是否正确，电子表格制作是否全面。 3. 原理示意图是否清晰、正确。
课时： 4 课时 1. 硬资源：电脑等。 2. 软资源：CREO 工具书、工作页、数字化资源、PPT 等。 3. 教学设施：投影仪、一体机、白板、白板笔等。			

基准课时：40

1 接受设计任务，明确任务要求　2 制订工作计划表　3 配电箱结构设计　4 结构设计评审　5 成果审核验收

结构设计评审

工作子步骤	教师活动	学生活动	评价
结构设计检讨	1. 通过 PPT 讲解评审通知单的格式、内容，自检表的内容，引导小组学生分工合作，完成结构自检表格，组织学生进行展示和小组互相评价。 2. 通过 PPT 介绍企业评审流程和评审表模板，组织学生对设计作品进行评审，提出设计不合理的位置提出修改建议，形成一份评审报告，最终提交评审报告并进行全班展示。 3. 根据评审报告的内容和结果指导学生进行修改装配体。	1. 结构设计完成后，以小组为单位，明确评审流程、评审通知单的要求、自检的方法和内容，主要包括采用的材料、工艺等，对配电箱进行运动仿真、模组化装配、装配关系、装配干涉预估、配合间隙，形成一份结构自检表，以电子表格形式进行全班展示。 2. 根据自检问题进行修改后，交由老师进行评审，其他小组同学对拟展示组的结构设计进行评审，提出评审意见，展示组做好记录，形成评审报告，培养批判质疑精神。 3. 根据修改完好的装配体，独立制作展板并向全班展示。	1. 配电箱装配自检表格是否全面，添加配合关系是否正确。 2. 提出的评审意见是否合理，是否符合零件的生产工艺。 3. 修改后的装配体是否满足生产要求。

课时： 4 课时
1. 硬资源：电脑等。
2. 软资源：工作页、数字化资源等。
3. 教学设施：投影仪、一体机、白板、白板笔、海报纸等。

成果审核验收

工作子步骤	教师活动	学生活动	评价
1. 出 2D 工程图及零件清单。	1. 引导学生查阅工具书或者钣金实用手册，完成 2D 工程图输出。 2. 通过 PPT 展示零件清单模板，引导学生制作产品零件清单并进行展示、评价。	1. 以小组为单位，查阅钣金实用手册，按照钣金工程图标准（包括产品特殊结构的数量与规格,产品技术要求等），独立输出 2D 工程图并打印出来，以海报纸的形式展示给全班同学。 2. 以小组为单位，制作一份产品零件清单,以海报纸的形式向全班展示。	1. 2D 工程图是否规范，是否有尺寸标注、技术要求。 2. 零件清单是否全面、准确。

课时： 6 课时
1. 硬资源：电脑等。
2. 软资源：CREO 工具书、工作页、数字化资源、PPT 等。
3. 教学设施：投影仪、一体机、白板、白板笔、海报纸等。

工作子步骤	教师活动	学生活动	评价
2. 图纸审核验收。	1. 根据自荐表，组织学生对 3D 图进行相互评价，并用卡纸记录修改意见并展示、评价。（优良中差） 2. 组织学生打印图纸，并相互检查，说明检查要求（尺寸标注，形位公差、表面粗糙度、技术要求等）。 3. 根据评审要求，组织学生评选优秀的 3D 图和规范的 2D 工程图。	1. 3D 图以电子文档的形式用电脑展示给全班同学，以小组互评形式对图纸进行点评，记录修改意见并以卡片纸形式展示在大白板上。 2. 独立打印 2D 图，打印的图纸交互检查，形成的修改意见记录在图纸上并签名确认。 3. 评选出优秀的 3D 图、规范 2D 工程图各 5 份，2D 图纸以海报纸的形式在全班展示。	1. 3D 图是否正确，是否有修改意见，修改意见是否全面。 2. 2D 图纸视图位置是否正确，尺寸标注是否全面、正确，技术要求是否全面、正确。 3. 3D、2D 图纸是否规范,评价是否公平。

课时： 6 课时
1. 硬资源：打印机、电脑等。
2. 软资源：工作页、数字化资源等。
3. 教学设施：投影仪、一体机、白板、白板笔、海报纸等。

学习任务3：复合成型钣金类产品结构设计

任务描述

学习任务课时：24 课时

任务情境：

深圳某外贸公司，现接到国外客户的不锈钢纸巾盒订单，需要设计一款不锈钢纸巾盒，主要使用场合是浴室。客户提供外观图片，现根据客户提供的图片进行设计。通过查阅网络资源、钣金实用手册和结合外观图片，确定不锈钢纸巾盒采用 1.0 mm 厚 SUS304 不锈钢板，外形形状为弧形，外形尺寸 125*120*125 mm，背部固定到墙壁的孔距为 65 mm、孔径为 6 mm，盒盖采用转轴连接，转轴端部跟纸巾盒采用焊接固定。中间部分设计一条轴放纸巾，方便纸巾转动，设计盖子方便取放纸巾和防水，固定方式为螺丝打钉及粘胶两用，表面要求镜面处理。不锈钢纸巾盒的形状要求简单、实用。要求设计人员首先要对市场上的不锈钢纸巾盒的形状、结构以及对应的成本（材料成本、加工成本）进行对比分析，确定不锈钢纸巾盒的形状和结构。不锈钢纸巾盒的美观和价格会影响新产品市场的销售量。不锈钢纸巾盒钣金类产品结构设计有着严格的行业规范标准，在设计过程中必须遵循国家标准，执行企业产品开发流程、GB/T19804-2005《焊接结构的一般尺寸公差和行为公差》、GB/T26487-2011《壳体钣金成型设备通用技术条件》、装配工艺要求等。我院产业系与该企业有密切的合作关系，该企业的技术人员咨询我们在校生能否帮助他们完成该项工作，教师团队认为学生在教师指导下完全可以胜任。要求根据企业提供的外观照片图片进行改款设计，外形简单实用，设计好的纸巾盒各零件配合完好；希望一周内完成纸巾盒的设计，提交纸巾盒的装配体、3D 图、2D 图和材料成本预算（通过查阅网络资源了解 SUS304 不锈钢板价格，用 CREO 软件通过定义材料属性计算出材料的质量）。提交的 3D 图纸、2D 图纸经由全班同学，评选出最好的设计方案（考虑成本）和设计图纸。

K8短款亮光纸巾盒参数

名称	不锈钢纸巾盒(短款亮光)
材质	加厚不锈钢
尺寸	12.5X12X12.5cm
孔距	6.5cm
表面处理	镜面处理
适用范围	浴室、阳台等
安装方式	6mm电钻打孔/免打孔

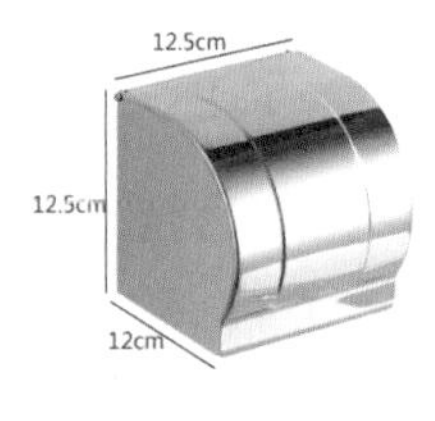

具体要求见下页。

工作流程和标准

工作环节 1

接受设计任务，明确任务要求

阅读任务书，明确任务要求。通过阅读任务书，明确任务完成时间、资料提交要求，内容包括不锈钢纸巾盒采用 1.0 mm 厚 SUS304 不锈钢板，外形形状为弧形，外形尺寸 125 mm*120 mm*125 mm，背部固定到墙壁的孔距为 65 mm、孔径为 6 mm，盒盖采用转轴连接，转轴端部跟纸巾盒采用焊接固定。中间部分设计一条轴放纸巾，方便纸巾转动，设计盖子方便取放纸巾和防水，固定方式为螺丝打钉及粘胶两用，表面要求镜面处理。以小组合作方式通过查阅网络资源进行学习不锈钢分类及特性，并制作海报纸向全班展示 SUS304 不锈钢板的特性及应用，用大白纸绘制图表展示防水等级，以卡纸形式写出表面处理工艺的种类和特点，用大白纸绘制表面处理工艺的流程图并向全班展示。不懂之处可咨询教师进一步明确，最终在任务书中签字确认。

工作成果：签字后的设计任务书。

学习成果：不锈钢分类列表、SUS304 不锈钢板的特性及应用汇报稿、表面镜面处理工艺流程图。

知识点、技能点：不锈钢的分类、牌号、表面处理工艺、SUS304 不锈钢板的特性及应用、防水等级。

职业素养：团队协作能力，培养于 SUS304 不锈钢板的特性及应用汇报稿的绘制过程中；自我学习能力，培养于查找网络资源的过程中。

工作环节 2

制订工作计划表

2

制订工作计划表，学生根据工作计划表（工作页），以小组为单位制订工作步骤及工作内容；工作步骤包括配不锈钢纸巾盒的拆解、测量纸巾盒的外形尺寸、手绘纸巾盒的形状、纸巾盒的建模、纸巾盒形成装配体、输出 3D 图及 2D 图等，填写工作计划表，并以海报纸的形式在班上展示，教师进行审核并点评。

工作成果：工作计划表。

学习成果：工作计划表。

知识点、技能点：设计纸巾盒的工作步骤及工作内容。

职业素养：项目统筹能力，培养于对工作计划表中的工作步骤、工作内容、时间安排进行统筹的过程中；表达能力，培养于工作计划表的汇报过程中。

工作环节 3

纸巾盒结构设计

3

在设计过程中执行企业产品开发流程、GB/T19804-2005《焊接结构的一般尺寸公差和行为公差》、GB/T26487-2011《壳体钣金成型设备通用技术条件》、装配工艺要求，通过计算机软件（CREO,UG,SolidWorks）进行结构设计。

1. 拆解不锈钢纸巾盒

领取不锈钢纸巾盒实物，根据产品说明书和实物学习纸巾盒结构原理，学生以小组为单位对纸巾盒实物进行拆解，以小组为单位把拆解好的零件分类摆放，用大白纸绘制产品零件清单。根据拆解的产品零件清单学习纸巾盒各零件的加工工艺，以小组为单位制订纸巾盒各零件的加工工艺表并向全班展示；小组成员根据拆解的纸巾盒实物零件，徒手绘制零件草图，对产品零件进行测量，并把测量数据标注在手绘图纸上。

2. 三维建模

根据给定的不锈钢纸巾盒外观图片，查阅《实用钣金技术手册》，确定不锈钢纸巾盒的尺寸和外形形状（弧形），不锈钢纸巾盒采用 1.0mm 厚 SUS304 不锈钢板，背部固定到墙壁的孔距为 65 mm、孔径为 6 mm，盒盖采用转轴连接，中间部分设计一条轴放纸巾，转轴端部跟纸巾盒采用焊接固定，表面镜面处理。以小组为单位手绘不锈钢纸巾盒外观草图并标注尺寸，以海报纸形式在全班展示。以 PPT 的形式汇报制订的纸巾盒的钣金加工流程图。根据手绘的纸巾盒外观草图独立应用软件进行建模，以小组为单位，采用海报纸的方法绘制建模思路图，并以电子文档形式全班展示。完成建模后，用 CREO 软件计算出纸巾盒零件的质量（密度乘以体积，注意单位换算），以小组为单位通过查阅网络资源了解 SUS304 的价格，最终估算出不锈钢纸巾盒的材料成本，并以卡片纸形式在全班展示，评选出成本最低的两个小组。

3. 形成装配体

根据纸巾盒结构，了解其装配工艺，以小组为单位制作纸巾盒的装配流程图，把装配注意事项填写在流程图上并向全班展示；应用 CREO 软件独立完成翻盖、主体、转轴装配（配合关系——完全约束）并进行配合间隙检查和干涉检查。以小组为单位查阅《实用焊接工艺手册》或者网络资源，以卡纸形式展示不锈钢的焊接工艺。

工作成果：1. 纸巾盒外观草图。
2. 不锈钢纸巾盒的三维模型。
3. 装配完成后的 3D 模型。

学习成果：1. 产品零件清单、不锈钢纸巾盒零件加工方法和加工工艺表、纸巾盒各零件手绘图纸。
2. 纸巾盒的钣金加工流程图、建模思路图。
3. 不锈钢纸巾盒装配流程图。

知识点、技能点：1. 折弯工艺、焊接工艺、冲压工艺。
2. 钣金冲压、折弯加工工艺、钣金折弯与展平、钣金展开长度 的计算、CREO 软件冲压折弯命令的应用。
3. 装配工艺、CREO 软件装配方法、干涉检查的应用。

职业素养：1. 严谨的工作态度和团队协作精神，培养于产品零件清单的制作过程中，技术创新精神，培养于纸巾盒外观设计中。
2. 严谨的设计思维，培养于钣金展开长度的计算过程中；自我学习能力，培养于查阅《钣金实用手册》和网络资源的过程中。
3. 细致的工作态度，培养于翻盖、主体、转轴的装配过程中。

工作流程和标准

工作环节 4

结构设计自检

完成结构设计并进行运动仿真、干涉检查后交由教师进行评审。在结构设计自检过程中，明确自检的方法和内容是本任务环节的重点，学生以小组为单位对纸巾盒运动仿真、装配关系、装配干涉预估、配合间隙等进行检查，形成一份结构自检表和原理爆炸图。

工作成果：自检合格后的 3D 模型。

知识点、技能点：运动仿真、模组化装配、装配关系、装配干涉预估、配合间隙的软件应用。

学习成果：自检项目表、爆炸图。

职业素养：项目统筹能力，培养于对工作计划表中的工作步骤、工作内容、时间安排进行统筹的过程中；表达能力，培养于工作计划表的汇报过程中。

工作环节 5

图纸审核

1. 出 2D 工程图及制作 BOM 表

以小组为单位查阅钣金实用手册，按照钣金工程图标准（包括标题栏、明细栏、标注尺寸公差，填写技术要求等），独立输出 2D 工程图，以海报纸的形式打印后向全班同学展示。以小组为单位制作一份纸巾盒 BOM 表，以海报纸的形式全班展示。

2. 提交教师审核

学生完成 3D、2D 图纸后，3D 图以电子文档的形式用电脑向全班同学展示，以小组互评形式对图纸进行点评并记录修改意见，以卡片纸形式展示在大白板上。独立打印 2D 图，打印的图纸进行交互检查，形成的修改意见记录在图纸上并签名确认，评选出优秀的 3D 工程图、规范 2D 工程图各 5 份，2D 图纸以海报纸的形式在全班展示。

工作成果：：1. 纸巾盒壳体的 2D 工程图、BOM 表；
2. 3D 图、2D 图。

学习成果：：1.BOM 表模板；
2.3D 图修改意见的卡片纸、2D 图修改意见的海报纸。

知识点、技能点：1. UBOM 表的内容、BOM 表的制作；
2. 卡片纸形式展示 3D 图修改意见、2D 图的修改意见、配合的正确性、图纸的完整性。

职业素养：1. 严谨的工作态度，培养于 2D 工程图的标注过程中，考虑周全的工作态度，培养于 BOM 表的制作过程中；
2. 自我纠错能力培养于良好的绘图习惯养成中；审核能力，培养于小组互评工作中。

课程 5.《钣金成型类产品结构设计》

学习内容

知识点	1.1 任务书的内容； 1.2 不锈钢的分类、牌号； 1.3 SUS304 不锈钢板的特性及应用； 1.4 表面处理工艺的种类及方法； 1.5 防水等级。	2.1 设计纸巾盒的工作内容及工作步骤。	3.1 纸巾盒结构原理； 3.2 纸巾盒各零件的加工工艺； 3.3 焊接工艺； 3.4 纸巾盒外观草图要求。	4.1 纸巾盒设计方法； 4.2 纸巾盒卷边、切边设计方法； 4.3 纸巾盒防水设计方法； 4.4 纸巾盒设计要求，国家或者行业标准； 4.5 钣金折弯与展平方法； 4.6 钣金展开长度的计算方法； 4.7 纸巾盒的加工顺序、方法。
技能点	1.1 能从任务书中提取关键词； 1.2 能查阅资料明确关键词含义； 1.3 制作不锈钢的分类及应用海报纸； 1.4 制作表面处理工艺流程图； 1.5 制作防水等级海报纸。	2.1 填写纸巾盒设计工作计划表。	3.1 能正确拆解纸巾盒； 3.2 能对产品零件进行分类并填写各零件的加工工艺； 3.3 手绘纸巾盒外观草图； 3.4 正确标注各零件测量的尺寸。	4.1 绘制纸巾盒建模思路图； 4.2 能够运用 CREO 软件绘制防水设计； 4.3 能够运用 CREO 软件绘制纸巾盒； 4.4 能够运用 CREO 软件对纸巾盒进行展平和展开计算； 4.5 制作纸巾盒的加工流程图。
工作环节	工作环节 1 接受设计任务，明确任务要求	制订工作计划表 工作环节 2	1. 拆解纸巾盒	2. 三维建模
成果	1.1 工作成果：签字后的任务书； 1.2 学习成果：不锈钢分类列表、SUS304 不锈钢板的特性及应用汇报稿、表面镜面处理工艺流程图。	2.1 工作成果：不锈钢纸巾盒的设计工作计划表； 2.2 学习成果：不锈钢纸巾盒的设计工作计划表。	3.1 工作成果：纸巾盒的外观草图； 3.2 学习成果：不锈钢零件分类列表、不锈钢纸巾盒零件加工方法和加工工艺表、纸巾盒各零件手绘图纸。	4.1 工作成果：不锈钢纸巾盒的三维模型； 4.2 学习成果：纸巾盒的钣金加工流程图、建模思路图。
素养	1.1 团队协作能力，培养于 SUS304 不锈钢板的特性及应用汇报稿的绘制过程中；自我学习能力，培养于查找网络资源的过程中。	2.1 项目统筹能力，培养于对工作计划表中的工作步骤、工作内容、时间安排进行统筹安排的过程中；表达能力，培养于工作计划表的汇报过程中。	3.1 严谨的工作态度和团队协作精神，培养于产品零件清单的制作过程中；技术创新精神，培养于纸巾盒外观设计过程中。	4.1 严谨的设计思维，培养于钣金展开长度的计算过程中；自我学习能力，培养于查阅《钣金实用手册》和网络资源的工作过程中。

.1 纸巾盒装配方法； .2 纸巾盒装配工艺。	6.1 自检表的内容； 6.2 防水设计要求； 6.3 纸巾盒爆炸图要求。	7.1 纸巾盒工程图要求，镜面处理标注方法； 7.2 BOM 表的内容。	8.1 检查图纸的方法和技巧。
.1 填写装配流程图； .2 能够运用 CREO 软件正确装配蓝牙音箱。	6.1 能够对模型进行自检； 6.2. 能对模型进行修改； 6.3 纸巾盒满足防水设计要求； 6.4 制作纸巾盒爆炸图。	7.1 能用 CREO 软件输出纸巾盒 2D 图纸； 7.2 能够制作 BOM 表。	8.1 能对图纸进行修改。
工作环节 3 纸巾盒设计	工作环节 4 结构设计自检		图纸审核 工作环节 5
3. 形成装配体		1. 出 2D 工程图	2. 提交图纸教师审核
.1 工作成果：装配完成后的 3D 模型； .2 学习成果：纸巾盒装配流程图。	6.1 工作成果：自检合格后的 3D 模型； 6.2 学习成果：自检项目表、原理爆炸图。	7.1 工作成果：纸巾盒壳体的 2D 工程图、BOM 表； 7.2 学习成果：BOM 表模板。	8.1 工作成果：3D、2D 图； 8.2 学习成果：3D 图修改意见的卡片纸、2D 图修改意见的海报纸。
.1 严谨细致的工作态度，培养于翻盖、主体、转轴的装配过程中。	6.1 考虑周全的工作态度，培养于结构自检项目表的制作过程中。	7.1 严谨的工作态度，培养于 2D 工程图的标注过程中；考虑周全的工作态度，培养于 BOM 表的制作过程中。	8.1 自我纠错能力，培养于良好的绘图习惯中养成过程；审核能力，培养于小组互评工作中。

课程 5.《钣金成型类产品结构设计》

学习任务 3：复合成型钣金类产品结构设计

1 接受任务，明确任务要求 → 2 制订工作计划表 → 3 不锈钢纸巾盒结构设计 → 4 结构设计自检 → 5 图纸审核

接受任务，明确任务要求

工作子步骤	教师活动	学生活动	评价
阅读任务书，明确任务要求。	1. 通过 PPT 展示任务书，用划关键词的方法引导学生阅读工作页中的任务书,让学生明确任务完成时间、资料提交要求。举例划出任务书中的一个关键词，组织学生用荧光笔在任务书中画出其余关键词。 2. 列举查阅资料的方式，指导学生查阅钣金加工实用手册或网络资源，明确不锈钢的分类、牌号以及 SUS304 不锈钢板的特性及应用；组织学生用海报纸展示不锈钢分类列表、不锈钢 304 钢板的特性汇报稿。 3. 通过视频分享电镀厂排污造成的环境污染，PPT 讲解不锈钢表面处理工艺，指导学生以卡纸方式在白板上展示。 4. 教师组织学生填写工作页。 5. 组织学生在任务书中签字。	1. 独立阅读工作页中的任务书，明确任务完成时间、资料提交要求，内容包括不锈钢纸巾盒采用 1.0 mm 厚 SUS304 不锈钢板，外形形状为弧形，外形尺寸 125 mm*120 mm*125 mm，背部固定到墙壁的孔距 65 mm、孔径 6 mm，盒盖采用转轴连接，转轴端部跟纸巾盒采用焊接固定。中间部分设计一条轴放纸巾，方便纸巾转动，设计盖子方便取放纸巾，表面镜面处理，固定方式为螺丝打钉及粘胶两用。 2. 以小组合作方式通过查阅钣金实用手册或网络资源进行学习，并以海报纸方式展示汇报不锈钢分类、SUS304 不锈钢板的特性及应用。 3. 以小组合作方式通过查找网络资源了解不锈钢镜面处理工艺，并以卡纸形式向全班展示。 4. 小组各成员完成工作页中引导问题的回答。 5. 对任务要求中不明确或不懂的专业技术指标，通过查阅技术资料或咨询教师进一步明确，最终在任务书中签字确认。	1. 找关键词的全面性与速度。 2. 资料查阅是否全面，学生展示不锈钢分类列表是否全面、清晰，不锈钢 304 钢板的特性汇报稿是否全面、美观，防水等级分类表是否完整，学生表达是否完整、清晰。 3. 不锈钢表面处理工艺是否完整、正确。 4. 工作页中引导问题回答是否完整、正确。 5. 任务书是否有签字。

课时：4 课时

1. 硬资源：不锈钢纸巾盒等。
2. 软资源：工作页、参考资料《钣金加工实用手册》《现代钣金加工技术》、数字化资源等。
3. 教学设施：投影仪、一体机、白板、荧光笔等。

1 接受任务，明确任务要求 → 2 制订工作计划表 → 3 不锈钢纸巾盒结构设计 → 4 结构设计自检 → 5 图纸审核

	工作子步骤	教师活动	学生活动	评价
制订工作计划表	制订工作计划表	1. 通过PPT展示工作计划的模板，包括工作步骤、工作要求、人员分工、时间安排等要素，分解不锈钢纸巾盒设计的工作计划表。 2. 指导学生填写各个工作步骤的工作要求、小组人员分工、阶段性工作时间估算。 3. 组织各小组进行展示汇报，对各小组的工作计划表提出修改意见并指导学生填写工作页中的工作计划表。	1. 以小组为单位在海报纸上填写工作步骤，包括配不锈钢纸巾盒的拆解、测量纸巾盒的外形尺寸、手绘纸巾盒的形状、纸巾盒的建模、纸巾盒形成装配体、输出3D图及2D图等。 2. 小组填写每个工作步骤的工作要求；明确小组内人员分工及职责；估算阶段性工作时间及具体日期安排。 3. 各小组展示汇报工作计划表，针对教师及他人的合理意见进行修订并填写工作页。	1. 工作步骤是否完整。 2. 工作要求是否合理细致、分工是否明确、时间安排是否合理。 3. 工作计划表文本是否清晰、表达是否流畅、工作页填写是否完整。
	课时： 1 课时 1. 硬资源：不锈钢纸巾盒等。 2. 软资源：工作页、数字化资源等。 3. 教学设施：投影仪、一体机、白板、白板笔、海报纸等。			
不锈钢纸巾盒结构设计	1. 拆解不锈钢纸巾盒。	1. 以图片的方式展示不锈钢纸巾盒的结构原理示意图，讲解产品主要结构，组织学生阅读产品说明书，组织学生演示产品的使用方法。 2. 通过PPT进行拆解前安全教育和工具使用讲解，组织学生填写工作页。 3. 通过PPT讲解零件的加工方法和钣金加工工艺，引导学生制订钣金加工工艺流程图，组织学生填写工作页。 4. 发放坐标图纸和测量工具，引导学生手绘纸巾盒外观草图，指导学生测量并标注图纸，组织学生展示手绘图纸。	1. 领取不锈钢纸巾盒样品，以小组为单位阅读产品说明书和查找网络资源，了解不锈钢纸巾盒的结构以及作用，并进行口述汇报。 2. 领取拆解工具箱以及测绘工具（图纸、游标卡尺、圆角规等），以小组为单位，根据产品说明书完成不锈钢纸巾盒的拆解并分类；填写工作页。 3. 以小组为单位，根据零件名称表格，通过查找网络资源，叙述纸巾盒各零件的加工方法和加工工艺并填写在工作页上，以海报纸形式制订钣金加工工艺流程图，并进行全班展示、评价。 4. 以小组为单位，在坐标纸上徒手绘制不锈钢纸巾盒的几何特征，并把测量数据标注在手绘图纸上，绘制完成后进行展示。	1. 复述表达是否完整、清晰。 2. 零件分类是否全面、准确。 3. 各零件的加工方法和加工工艺是否正确；不锈钢纸巾盒钣金加工工艺是否正确。 4. 手绘图纸是否完整，测量的尺寸是否完整、正确。
	课时： 3 课时 1. 硬资源：不锈钢纸巾盒实物、手机、测绘工具（图纸、游标卡尺、圆角规等）。 2. 软资源：工作页、数字化资源等。 3. 教学设施：投影仪、一体机、白板、白板笔、海报纸、坐标纸等。			

学习任务 3：复合成型钣金类产品结构设计

1 接受任务，明确任务要求　2 制订工作计划表　3 不锈钢纸巾盒结构设计　4 结构设计自检　5 图纸审核

不锈钢纸巾盒结构设计

工作子步骤	教师活动	学生活动	评价
2. 三维建模	1. 通过 PPT 讲解并操作示范钣金折弯回去的一般操作过程，指导学生填写工作页。 2. 示范操作钣金的平整形态和转换特征，指导学生完成图形绘制和填写工作页。 3. 通过 PPT 讲解钣金展开长度的计算，巡回指导学生完成任务和填写工作页。 4. 通过观察实物，讲解事物特征，引导学生确定建模思路。 5. 引导学生通过网络查询不锈钢 304 的价格，计算出纸巾盒成本，评选出成本最低的两个小组。	1. 查阅工具书，了解钣金折弯回去的一般操作过程，并填写工作页中的引导问题。 2. 查阅工具书，了解钣金的平整形态和转换特征，并填写工作页中的引导问题。 3. 查阅工具书，了解钣金展开长度的计算公式，用折弯表计算钣金展开长度，并填写工作页中的引导问题。 4. 根据不锈钢纸巾盒零件，以小组合作方式确定各零件建模思路和方法，制订建模思路图，并填写工作页。 5. 以小组为单位通过查阅网络资源了解 SUS304 的价格，计算出不锈钢纸巾盒零件的质量，最终估算出不锈钢纸巾盒的材料成本，并以卡片纸形式在全班展示。	1. 钣金折弯回去的一般操作过程填写是否正确。 2. 工作页的填写是否正确，钣金的平整形态和转换特征绘制是否正确。 3. 钣金展开长度的计算是否正确，图形绘制方法是否正确。 4. 建模思路是否正确。 5. 不锈钢 304 价格查询是否正确，纸巾盒成本计算是否正确。
课时： 6 课时 1. 硬资源：拆解后蓝不锈钢纸巾盒零件、电脑等。 2. 软资源：CREO 工具书、工作页、数字化资源、PPT 等。 3. 教学设施：投影仪、一体机、白板、白板笔等。			
3. 形成装配体	1. 通过 PPT 和实物演示，讲解不锈钢纸巾盒的装配工艺和装配顺序，运用卡片纸指导学生制作装配流程图。 2. 电脑演示举例说明两零件的装配关系，引导学生合理添加其他零件的装配关系并组织小组代表展示、评价。 3. 播放爆炸动画制作视频，指导学生制作原理示意图动画并组织学生展示、同学互相评价。 4. 指导学生通过查阅《实用焊接工艺手册》或者网络资源，制作焊接工艺卡并展示。	1. 以小组为单位，根据不锈钢纸巾盒实物，了解其装配工艺，用 A4 纸或卡纸制作纸巾盒的装配流程图，并把装配注意事项填写在流程图上。 2. 独立完成不锈钢纸巾盒组装，制作电子表格说明零件之间添加配合关系。 3. 根据装配体，独立完成原理示意图动画并向全班展示。 4. 以小组为单位查阅《实用焊接工艺手册》或者网络资源，以卡纸形式展示不锈钢的焊接工艺。	1. 装配流程图是否全面、正确，装配注意事项是否填写全面、正确。 2. 各零件装配关系是否正确，电子表格制作是否全面。 3. 原理示意图是否清晰、正确。
课时： 2 课时 1. 硬资源：不锈钢纸巾盒、电脑等。 2. 软资源：CREO 工具书、工作页、数字化资源、PPT 等。 3. 教学设施：投影仪、一体机、白板、白板笔等。			

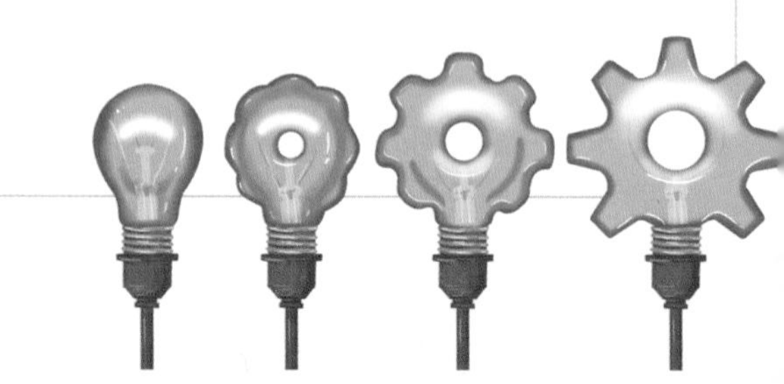

基准课时：24

1 接受任务，明确任务要求 → 2 制订工作计划表 → 3 不锈钢纸巾盒结构设计 → 4 结构设计自检 → 5 图纸审核

结构设计自检

工作子步骤	教师活动	学生活动	评价
结构设计自检	1. 通过案例讲解运动仿真，指导学生完成结构自检表格，组织学生进行展示和小组互相评价。 2. 通过视频讲解动画制作原理，指导学生完成爆炸图制作任务。	1. 以小组为单位对不锈钢纸巾盒进行运动仿真、模组化装配、装配关系、装配干涉预估、配合间隙等，形成一份结构自检表，以电子表格形式全班展示，并根据自检问题进行修改。 2. 根据自检完好的装配体，独立制作爆炸图。	1. 不锈钢纸巾盒装配自检表格是否全面，添加配合关系是否正确。 2. 制作动画原理视频是否正确。

课时： 2 课时
1. 硬资源：电脑等。
2. 软资源：工作页、数字化资源等。
3. 教学设施：投影仪、一体机、白板、白板笔、海报纸等。

图纸审核

工作子步骤	教师活动	学生活动	评价
1. 出 2D 工程图	1. 通过 PPT 讲解零件清单要求，指导学生完成 BOM 表制作并进行展示，组织小组互相评价。 2. 引导学生查阅工具书或者钣金实用手册，完成工程图输出。	1. 以小组为单位制作不锈钢纸巾盒产品零件清单，并以电子文档的形式用电脑展示给全班同学。 2. 独立查阅钣金实用手册或工具书，按照钣金工程图标准，独立输出不锈钢壳体 2D 工程图（标注尺寸公差，填写技术要求）。	1. BOM 表是否全面、规范。（零件名称、材料、数量等） 2. 2D 工程图是否规范，是否有尺寸标注、技术要求。

课时： 2 课时
1. 硬资源：电脑等。
2. 软资源：CREO 工具书、工作页、数字化资源、PPT 等。
3. 教学设施：投影仪、一体机、白板、白板笔、海报纸等。

工作子步骤	教师活动	学生活动	评价
2. 提交图纸教师审核	1. 根据自检表，组织学生对 3D 图进行相互评价，用卡纸记录修改意见并展示、评价。（优良中差） 2. 组织学生打印图纸并相互检查，说明检查要求（尺寸标注，形位公差、表面粗糙度、技术要求等）。 3. 根据评审要求，组织学生评选优秀的 3D 图和规范的 2D 工程图。	1. 3D 图以电子文档的形式用电脑展示给全班同学，以两两同学互评形式对图纸进行点评，记录修改意见，并以卡片纸形式展示在大白板上。 2. 独立打印 2D 图，对打印的图纸进行交互检查，形成的修改意见记录在图纸上并签名确认。 3. 评选出优秀的 3D 图、规范 2D 工程图各 5 份，2D 图纸以海报纸的形式在全班展示。	1. 3D 图是否正确，是否有修改意见，修改意见是否全面。 2. 2D 图纸视图位置是否正确，尺寸标注是否全面、正确，技术要求是否全面、正确。 3. 3D、2D 图纸是否规范，评价是否公平。

课时： 4 课时
1. 硬资源：打印机、电脑等。
2. 软资源：工作页、数字化资源等。
3. 教学设施：投影仪、一体机、白板、白板笔、海报纸等。

课程 5.《钣金成型类产品结构设计》

考核标准

任务名称：

设计一款不锈钢饭盒，学生根据任务情境中的要求，草绘设计方案，并按照企业工作流程和规范，在规定时间内完成不锈钢饭盒设计任务；分析市场需求和产品定位，以使设计的饭盒时尚新颖、吸引消费者，设计的作品能够参考钣金工艺规范，满足生产要求；形成加工和安装图纸，以便送加工部门生产；设计的零件图以及装配图要严格参照钣金设计的规范标准。

情境描述：

某企业现需开发一款新型不锈钢饭盒，根据客户提供的外观图片进行设计，形成加工和安装图纸，以便送加工部门生产，设计的零件图以及装配图要严格参照钣金设计的规范标准。

任务要求：

根据上述任务要求制订一份尽可能详细的能完成此次任务的工作方案，并完成锈钢饭盒的设计、形成加工与安装图纸，保证图纸的正确性及准确性，能投入加工生产。

参考资料：

完成上述任务时，你可能使用专业教材、网络资源、《机械设计手册》《壳体钣金成型设备通用技术条件》《钣金实用手册》《计算机安全操作规程》、机房管理条例等参考资料。

评价方式：

由任课教师、专业组长、企业代表组成考评小组共同实施考核评价，取所有考核人员评分的平均分为学生考核成绩。（期末考核采用笔试、实操等多种类型考核内容的，还须说明分数占比或分值计算方式。）

评价标准：

采用理论试题考试和实操测试两部分，其中理论测试占 30%，实操测试占 70%。

《钣金成型类产品结构设计》期末考核
实操测试评分表（总分 70 分）

班级:____________ 姓名:____________ 成绩:____________

序号	项目	内容	配分	评分标准	扣分
一	阅读设计任务书	1. 任务关键词查找是否准确	3	关键词找不全酌情扣 2～3 分	
		2. 产品结构表述是否清晰	3	产品结构原理表述是否清晰，不清扣 2～3 分	
二	制订设计计划	1. 产品设计时间分配是否合理	3	时间分配是否合理，酌情扣 1～2 分	
		2. 设计流程是否清晰	3	设计流程是否完整，不完整酌情扣 1～3 分	
三	结构设计	1. 外观模型重建是否与产品外观一致	5	重建模型是否改变外观，有稍微变化酌情扣 1～2 分，全变了不得分	
		2. 基本框架建立是否完整，零件装配关系、位置是否正确	5	结构设计是否体现参数化关系，关系混乱酌情扣 2～3 分	
		3. 钣金设计是否合理，结构件的位置与空间是否正确	6	产品分件的思路是否正确，是否影响产品的外观效果，不合理扣 4～6 分	
		4. 结构设计参数取值是否合理	4	结构件的参数是否符合钣金零件制造工艺，有错扣 2～4 分	
		5. 设计是否具有创新性，示意图表达是否正确	8	产品是否考虑到创新、人性化、人体工程学等，体现创新意识得 6～8 分	
		6. 产品模型有无干涉，装配间隙是否合理	6	装配是否考虑干涉，有干涉酌情扣 2～3 分	
四	结构评审	1. 展示装配关系是否完整、清晰	4	展示过程不熟练，展示不清晰。酌情扣 1～2 分	
		2. 评审记录是否全面、中肯	4	评审过程是否有作记录，无记录扣 1～3 分	
		3. 零件清单内容是否齐全	4	漏零件一个扣 2 分	
		4. 零件是否能装配成功，并实现功能	4	能装配，但不能实现功能扣 1～2 分	
五	结构设计提案	1. 评审报告内容是否完整	4	每漏一项扣 1 分，扣完此项配分为止	
		2. 数据文件是否齐备	4	有错漏一项酌情扣 1～2 分，扣完为止	
	合计		70		

课程 6.《塑料成型类产品结构设计》

学习任务 1

吹塑成型类产品结构设计

（40）课时

学习任务 2

挤出成型类产品结构设计

（20）课时

课程目标

学习完本课程后，学生应当能够胜任塑料成型类产品结构设计的任务，包括：吹塑成型类产品结构设计、挤出成型类产品结构设计、简单注塑成型类产品设计、复杂注塑成型类产品结构设计。在产品开发过程中严格执行企业安全生产制度和“8S”管理规定，养成在设计过程中吃苦耐劳、爱岗敬业的工作态度和良好的职业认同感；设计理念符合保护环境、节约能源、绿色健康的标准、为了产品功能的实现和生产的顺利进行，需要学生根据产品的设计要求和产品零件的工艺要求通过工程软件（Pro/E,UG,SolidWorks 等）来设计产品的结构，并严格按照设计说明、设计规范进行整体建模、拆分单个零件、零件结构设计、零件结构设计、模拟装配、干涉检查，最终交付数据。养成在设计过程中严谨、细致的职业素养。具体目标为：

1. 通过阅读任务书，明确外观设计和结构设计要求，通过查阅设计说明书对产品的材质、外观形式、结构形式等内容进行分析，有不明的问题通过查阅技术资料或咨询教师进一步明确，最终在任务书上签字确认。
2. 能够根据产品的特点结合外观建模安排、通用件建模安排、拆分零件安排、内部评估安排等编制设计计划。
3. 能够建立外观模型或根据提供的外观模型参照功能要求、材质说明进行模型重建，并能根据相关生产工艺对产品进行分件面的设计。
4. 能通过阅读结构原理图、说明书，分析了解产品包含的装配位置关系，对产品进行分件，确定产品的基本框架结构；并能演示和复述产品的装配关系。
5. 能够根据框架模型进行外观、通用件的验证分析，并进行结构更新，在验证过程中能够针对产品的具体结构位置进行展示和反馈。
6. 能够针对不同类型的产品按照塑胶的设计标准、相关设计规范进行细化设计。在设计过程中理解材料特性、具体结构的设计取值、典型结构的设计是结构细化的重要内容；要求学生能够针对设计要点进行示意图的表达。
7. 能够对已完成的产品结构进行设计自检，排除可能出现的干涉、生产工艺不合理、装配不合理并进行模拟验证。
8. 能够独立根据设计要求及行业规范对他人的设计产品进行有效地评审并给出合理的指导意见。
9. 能够以设计团队成员的身份对产品进行内部地评审和交流，充分采用多种地形式向他人呈现设计理念和内容，认真记录他人的意见和建议并进行

课时：200

学习任务 3
简单注塑成型类产品结构设计
（60）课时

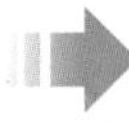

学习任务 4
复杂注塑成型类产品结构设计
（80）课时

结构更新。

10. 能够根据评审通过后的结构进行手板模型制作，制作过程中主要是训练学生的 3D 打印软件应用能力、规范操作打印机的能力及打印完成后的模型处理能力。

11. 能够在多方人员的评审会中根据手板的制作情况对产品进行装配方式、装配顺序、出模方式等设计意图的表达及设计理念的描述。

12. 能够根据客户需求进行产品的外观及结构的创新设计，并对产品进行高效的展示。

13. 能够对产品进行有效的知识产权保护。

14. 能够对不同类型的产品经过分析后进行外观或结构设计创新，形成新的产品系列等。

15. 能够了解当前不同产品的生产新技术或手段。

课程 6.《塑料成型类产品结构设计》

学习任务 1

吹塑成型类产品结构设计

（40）课时

学习任务 2

挤出成型类产品结构设计

（20）课时

课程内容

对照本课程目标，学生应当掌握以下知识、技能及职业素养：

一、吹塑成型类产品结构设计

1. 吹塑模的基础知识；
2. 矿泉水瓶行业标准；
3. 管料选型；
4. 编写矿泉水瓶的设计计划；
5. 管料的选用；
6. 容量的计算与检验；
7. 强度的检验；
8. 装配工艺；
9. 脱模工艺；
10. 材料特性；
11. 工艺检查；
12. GB13114 — 1994《食品容器及包装材料用聚对苯二甲酸乙二醇酯树脂卫生标准》；
13. Creo3.0 计算机绘制矿泉水瓶；
14. 中国文化概念的介绍；
15. 产品知识产权概念的介绍。

二、挤出成型类产品结构设计

1. 结构设计展示（装配方式）；
2. 挤出成型工艺；
3. 设计计划书拟定；
4. 周期表拟定；
5. 装配工艺；
6. 材料特性；
7. 有限元应力分析；
8. 工程力学；
9. 材料力学；
10. 专业知识点审核判断能力；
11.《GB10798-89》 热塑性塑料管材通用壁厚表；
12.《GB11793.1-89》 PVC 塑料窗建筑物理性能分级；
13.《GB11793.2-89》 PVC 塑料窗力学性能、耐候性技术条件测试；
14. 零件清单的制作；
15. Creo3.0 计算机绘制塑钢门窗型材；
16. 结构设计展示（装配方式）；
17. 产品的升级路径和方法；
18. 新设备、新技术的使用。

三、简单注塑成型类产品设计

1. 外观设计说明书；
2. 通用件的类型；
3. USB 电动小风扇的结构；
4. 结构设计的流程；
5. 外观曲面建模方法；
6. 产品的拔模角度；
7. 分件面的设计；
8. 装配关系（前壳与后壳的连接、按键与前壳的连接）；

课时：100

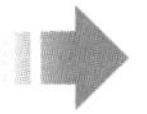

学习任务 3

简单注塑成型类产品结构设计

（60）课时

学习任务 4

复杂注塑成型类产品结构设计

（80）课时

9. 模具工艺（壁厚、拔模）；

10. 注塑工艺（缩水、翘曲）；

11. 参数化设计；

12. 外观验证；

13. 塑胶材料特性；

14. 按键设计；

15. 螺柱的内外径的取值；

16. 孔的设计；

17. 壁厚的取值；

18. 拔模斜度的取值；

19. 加强筋的设计；

20. 卡扣的设计取值；

21. 干涉检查；

22. 壁厚检查；

23.USB 电动小风扇设计标准；

24. 塑料注塑模标准；

25.3D 打印的操作方法；

26. 软件的使用（支撑的选择原则、层高、间距）；

27. 后处理的方法；

28. 方案展示的方法；

29.Creo3.0 计算机绘制便携式风扇；

30. 审美风格的培养。

四、复杂注塑成型类产品结构设计

1. 鼠标的结构；

2. 装配关系（上盖与下盖的螺纹连接、按键与上盖的卡扣连接、滚轮与中柱的连接、电池盖的卡扣连接）；

3. 外观验证（鼠标电路板、电池、滚轮等结构件的位置与空间）；

4. 人机工程；

5. 上盖、下盖、按键、中柱、侧盖、电池盖设计标准；

6. 塑胶零件设计标准；

7.Creo3.0 计算机绘制鼠标；

8. 快速建模的技巧；

9. 油泥材料的使用；

10. 泥塑工具的使用；

11. 3D 扫描仪的使用；

12. 产品的渲染及动画制作。

学习任务 1：吹塑成型类产品结构设计

任务描述

学习任务课时：40 课时

任务情境：

某饮用水厂要开发新产品，目前已经解决了水的问题并且开发了一款对健康十分有益的矿泉水，现需要设计一款符合这个矿泉水特性的瓶子用于包装水，以便让其在市场获得更多的消费者购买。我院产业系与该产业群有密切的合作关系，该企业也正想集思广益为该产品设计一个符合其特性的瓶子，由于企业已经选定了该瓶子的多个外观草图概念方案，需要我们完成各个外观草图概念方案的详细模型，以及根据瓶子类产品外观即结构的特性进行进一步落地性设计，便询问我们在校生能否帮助他们完成该瓶子的设计，教师团队认为大家在教师的指导下，学习一些知识点、技能点，应用学院现有的教学设备完全可以胜任。企业给我们提供了被选定的几个外观概念方案、企业吹塑产品的设计标准、管料选型标准以及瓶口规格标准等相关设计标准资料，希望我们在一周内完成各个外观概念方案的建模工作以及工艺分析，学生的成果由专业教师审核签字，提交企业进行终审。优秀作品展示在学业成果展中。具体要求如下：根据外观概念图设计一款容量为 350 mL，厚度 0.4 mm，的矿泉水瓶，要求该款产品具有防滑、密封性好、时尚等功能以及外观要求，根据提供的材质说明、结构特征、功能特点、外观模型、产品效果图，进行带有特殊造型、环状拉纹、条纹加强筋、空心瓶盖密封等设计。

具体要求见下页。

工作流程和标准

工作环节 1

明确任务要求

1. 阅读设计任务书，通过划关键词和口头复述以明确任务要求；包括材质说明、规格材质，外观形式，结构设计要求包括环状拉纹、防滑胶套、圆角、容量计算（体积）等设计要求。以小组为单位制作一份任务确认书，列明需要做的任务。
2. 学习关于吹塑模的基础知识及工作原理等。将个人新学习到的工作原理绘制成原理图，配说明文字，制作原理示意图，每小组制作一张。
3. 学习矿泉水瓶设计的行业标准、管料选型、标准规范、材料基础。将各种标准规范记录于个人笔记本内。
4. 学习矿泉水瓶管料选型（口径标准号、螺纹标准号、管料、克数、壁厚）。以小组为单位制作选型流程工序图，要明确具体根据什么选型，将选定标准的应用等内容加入选型工序图中。

学习成果：学生学习总结、任务确定书、原理示意图、个人笔记、选型工序图。

知识点、技能点：吹塑模的基础知识、工作原理、生产原理、矿泉水瓶行业标准、管料选型（口径标准号、螺纹标准号、管料、克数、壁厚）、标准规范、材料基础、缠绕命令的使用。

职业素养：复述能力、明确方向能力、学习能力、认知能力、理解能力、专业态度。

工作环节 2

制订设计计划

1. 根据项目特点及要求学习新的设计知识点。可将工作环节分为：管料选型（口径标准号、螺纹标准号、管料、克数、壁厚）、瓶身设计与花纹（加强筋）设计、瓶盖设计。
2. 明确小组内成员分工以及职责。编写分工职责说明书，明确各人的工作内容与职责。
3. 估算阶段性工作时间及具体日期安排。
4. 制订工作计划：

(1) 管料的选用（包含口径号、螺纹号、克数）、外观瓶身设计、容量计算（体积）、瓶帽设计，完成后进行初次小组评审。

(2) 进行环状拉纹、防滑胶套、圆角等瓶身外观特征（注意：此类瓶身的设计“外观即是结构”）细节建模，同时需要考虑此类细节特征的工艺问题以及解决方法，之后进行小组评审。

(3) 参照矿泉水瓶帽的设计标准进行结构设计（或者采用标准瓶帽）；评估采用单片盖还是双片盖; 内部评审后的修改; 之后进行小组评审。

(4) 全面评审矿泉水瓶的吹塑工艺、脱模工艺等生产工艺，评估融接痕位置，根据教师指导做出生产工艺表、BOM 等生产工艺准备。最终由教师与企业设计负责人对各个小组的设计成果进行最终评审。

5. 最终由教师或企业设计人员进行审定，作相应点评与修改，并且确定细节工作环节内容、人员分工、工作要求、时间安排等。

学习成果：设计计划书、分工职责说明书。

知识点、技能点：编写矿泉水瓶的设计计划、人员分配。

职业素养：团队合作能力、人员分配能力、项目统筹能力。

工作流程和标准

工作环节 3

实施计划

3

按照 GB13114 — 1994《食品容器及包装材料用聚对苯二甲酸乙二醇酯树脂卫生标准》、行业标准，通过计算机软件（Pro/E,UG,SolidWorks）进行 3D 建模、及基本形状、外观曲面、结构细化的设计，做一系列的工艺评审。

1.3D 建模 - 瓶身 - 瓶盖（外观面）。结构设计工作正式开始之前，先根据该矿泉水瓶的大小要求进行管料的选用（包含：口径号、螺纹号、克数）

组员通过计算机软件（Pro/E,UG,SolidWorks 等），以外观模型为参照进行 3D 建模，建模完成后需要检验瓶身的预留容量以及瓶口高度的尺寸规格。

2. 瓶身外观设计（即结构设计）。组员通过计算机软件（Pro/E,UG,SolidWorks 等），以外观模型为参照，进行瓶身花纹、环状拉纹、防滑胶套、圆角的细化建模，建模完成后需要进行如下检验：

- 瓶身容量检验，容量不适合则更改模型大小或是花纹特征大小。
- 根据受力要求进行瓶身检验，如果因为花纹太细而起不到加强结构的作用，则调整花纹比例。
- 模具的合理性检查（倒扣、环状拉纹、壁厚、拔模角等），利用软件进行脱模分析。

经市场部调研，为了推出一款造型独特、突出包装特征元素概念的饮用水产品，现设计一款外观带有中国龙图案的瓶子。老师介绍龙图腾的历史文化背景，让同学们深入了解和运用中国的传统文化。

3. 瓶盖设计 - 装配结构。根据产品的瓶身特点以及选型后的管料（包含瓶口细节形状与尺寸、螺纹规格）进行瓶盖结构设计；然后进行装配，形成整款产品的装配结构；瓶口结构设计需要考虑密封性能、采用单片盖还是双片盖等。

学习成果：1. 拆解步骤的记录、各零件之间的装配关系。
2. 瓶身的细节 3D、具体的容量分析报告、强度分析报告、脱模工艺报告。
3. 瓶盖结构模型、螺纹配合特征、瓶身与瓶盖的装配体。

知识点、技能点：1. 管料的选用、建模思路。
2. 容量的计算与检验、强度的检验、基本吹塑工艺、从上至下的设计思维、缠绕命令的使用。
3. 装配工艺、吹塑工艺、脱模工艺、材料特性、从上至下的设计思维。

职业素养：从上至下的设计思维、严谨的工作态度。

工作环节 4

团队组内检查

结构设计完成后进行干涉检查、模具的合理性检查（倒扣、环状拉纹、壁厚、螺纹、拔模角等）；螺纹配合检查、瓶盖密封性检查等；之后交由教师做初步外部审核，最后交由企业专业设计团队进行全面的审核以及点评。

学习成果：完整的设计模型、生产工艺表、BOM、组内评审报告。

知识点、技能点：设计检查、工艺检查。

职业素养：严谨的工作态度、检查能力、总结能力、学习能力、设计报告能力。

工作环节 5

点评、审核设计成果

完成小组内评审之后，将设计成果以及组内评审结果提交给教师，并交由企业专业团队与教师进行全面评审，后开评审结果会议，全面点评各个小组的设计成果（点评修改细节、提出修改方案）以及对设计成果进行成果分析。结束后各组修改各自的设计方案以及相关工艺报告，直到教师或者企业设计人员审核签字通过。

评价外观设计是否有亮点，是否传递出文化的元素概念。

学习成果：企业评审结果、点评报告、修改方案。

知识点、技能点：GB13114－1994《食品容器及包装材料用聚对苯二甲酸乙二醇酯树脂卫生标准》、工艺知识、生产知识。

职业素养：学习能力、理解能力、解决问题能力。

思政元素评价点：中国元素的运用是否正确，内容的介绍是否正面有效。

课程 6.《塑料成型类产品结构设计》

学习内容

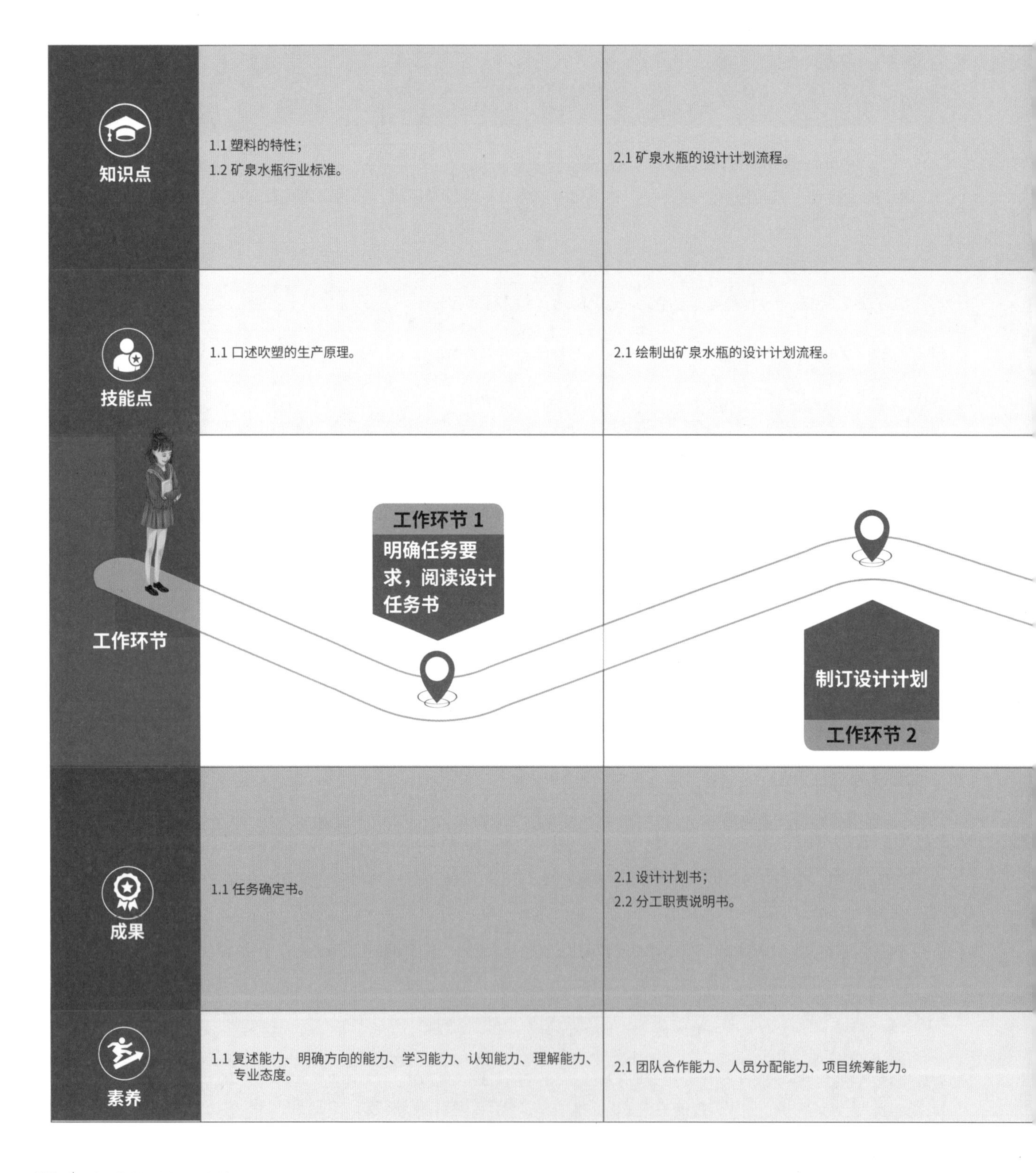

知识点	1.1 塑料的特性； 1.2 矿泉水瓶行业标准。	2.1 矿泉水瓶的设计计划流程。
技能点	1.1 口述吹塑的生产原理。	2.1 绘制出矿泉水瓶的设计计划流程。
工作环节	工作环节 1 明确任务要求，阅读设计任务书	制订设计计划 工作环节 2
成果	1.1 任务确定书。	2.1 设计计划书； 2.2 分工职责说明书。
素养	1.1 复述能力、明确方向的能力、学习能力、认知能力、理解能力、专业态度。	2.1 团队合作能力、人员分配能力、项目统筹能力。

学习任务 1：吹塑成型类产品结构设计

3.1 瓶口螺纹参数； 3.2. 矿泉水瓶行业设计标准； 3.3 中国风元素理念介绍； 3.4 装配工艺； 3.5 脱模工艺； 3.6 材料特性； 3.7 建模思路； 3.8 缠绕命令。	4.1 BOM 表的基本内容； 4.2 设计检查； 4.3 工艺检查。	5.1 GB13114 — 1994《食品容器及包装材料用聚对苯二甲酸乙二醇酯树脂卫生标准》； 5.2 吹塑生产工艺知识。
3.1 容量的计算与检验 3.2. 强度的检验 3.3 瓶盖螺纹结构设计 3.4 从上至下的设计思维。	4.1 干涉检查方式 4.2BOM 表的制作 4.3 评审报告的制作。	5.1 外部评审报告的制作 5.2 食品容器的卫生标准。
工作环节 3 实施计划	工作环节 4 团队组内检查	点评、审核设计成果 工作环节 5
3.1 外观 3D 模型； 3.2 瓶身的细节 3D； 3.3 容量分析报告； 3.1 强度分析报告； 3.4 脱模工艺报告； 3.5 瓶盖设计 - 装配结构； 3.6 瓶盖结构模型； 3.7 螺纹配合特征； 3.8 瓶身与瓶盖的装配体。	4.1 矿泉水瓶装配模型； 4.2 BOM 表； 4.3 组内评审报告； 4.4 生产工艺表。	5.1 点评报告； 5.2 修改方案。
3.1 设计一款表面外观带有中国龙图案的瓶子，介绍龙图腾的历史文化背景，深入了解和运用中国的传统文化。	4.1 严谨的工作态度、检查能力、总结能力、学习能力、设计报告能力。	5.1 中国元素的运用是否正确，内容的介绍是否正面有效。

课程 6.《塑料成型类产品结构设计》

学习任务 1：吹塑成型类产品结构设计

接受设计任务、明确任务要求

工作子步骤	教师活动	学生活动	评价
阅读设计任务书	1. 通过 PPT 展示任务书，引导学生阅读工作页中的任务书，组织学生把任务书中关于设计要求的关键词写在纸条上并展示在白板上。 2. 播放吹塑工艺视频，指导学生完成工作原理图的制作。 3. 列举查阅资料的方式，指导学生通过查阅资料明确矿泉水瓶设计标准。 4. 组织学生填写工作页并在任务书中签字。	1. 独立阅读工作页中的设计任务书，明确任务完成时间，资料提交要求；划出关于矿泉水瓶设计要求的相关内容并回答引导问题。 2. 以小组为单位观看视频、查阅资料，明确吹塑的生产原理并制作出工作原理图。 3. 通过互联网查阅 PET 材料的特性。 4. 以小组为单位查阅资料，了解矿泉水瓶设计的行业标准；对任务中不明确或不懂的专业技术指标，通过查阅技术资料或咨询老师进行确认，最后在任务书中签字确认。	1. 关键词查找是否正确。 2. 工作原理图是否正确。 3. 工作页作答是否正确。 4. 任务书是否签字确认。

课时： 6 课时

1. 硬资源：矿泉水瓶等。
2. 软资源：工作页、塑料成型工艺与模具设计、数字化资源、设计任务书等。
3. 教学设施：投影仪、一体机、白板、海报纸、卡片纸等。

制订设计计划

工作子步骤	教师活动	学生活动	评价
制订工作计划表	1. 通过 PPT 展示工作计划的模板，包括工作步骤、工作要求、人员分工、时间安排等要素，分解矿泉水瓶的设计步骤。 2. 讲解企业新产品开发进度计划表的填写要求及注意事项，指导学生填写各个工作步骤的工作要求、小组人员分工、阶段性工作时间估算，提升学生团队协作、人际交往以及语言表达等综合能力。 3. 组织各小组进行展示汇报，对各小组的工作计划表提出修改意见，指导学生填写工作页中的工作计划表。	1. 参考企业新产品开发进度计划表，以小组为单位在海报纸上填写设计流程，包括管料选型的方法、瓶身设计、瓶盖设计等。 2. 各小组填写每个工作步骤的工作要求；明确小组内人员分工及职责；估算阶段性工作时间及具体日期安排，养成团队协作精神。 3. 各小组展示汇报工作计划表，针对教师及他人的合理意见进行修订并填写工作页。	1. 工作步骤是否完整。 2. 工作要求是否合理细致、分工是否明确、时间安排是否合理。 3. 工作计划表文本是否清晰、表达是否流畅、工作页填写是否完整。

课时： 1 课时

1. 硬资源：矿泉水瓶等。
2. 软资源：工作页、塑料成型工艺与模具设计、数字化资源、设计任务书等。
3. 教学设施：投影仪、一体机、白板、海报纸、卡片纸等。

基准课时：40

结构设计

工作子步骤	教师活动	学生活动	评价
1. 3D 建模-瓶身-瓶盖（外观面）	1. 通过 PPT 展示口径的选择原则、螺纹规格的确定方法、克数计算方法、绿色设计理念。 2. 指导学生完成工作内容的填写。 3. 通过软件演示瓶身、瓶盖的设计过程，并巡回指引学生完成模型的设计。	1. 独立查阅管料口径、螺纹号、克数等相关资料，参考绿色设计理念，选用可回收原料，导入外观模型为参照进行 3D 建模，完成模型后进行容量及高度的尺寸检验。 2. 独立完成工作页引导问题的填写。 3. 根据老师演示的设计过程，结合外观模型，独立完成瓶身、瓶盖的建模。	1. 模型的容量及瓶口尺寸是否正确。
课时： 4 课时 1. 硬资源：矿泉水瓶等。 2. 软资源：工作页、矿泉水瓶行业设计标准、外观模型等。 3. 教学设施：多媒体、图形工作站等。			
2. 瓶身外观设计（即结构设计）	1. 运用 PPT 资源结合软件讲解花纹、圆角的设计过程，组织学生完成工作页的填写。 2. 运用 PPT 资源介绍中国风设计原素的概念。	1. 独立查阅矿泉水瓶行业设计标准，确定花纹分布的形式、圆角的设计标准，填写工作页内容。 2. 独立根据演示过程完成花纹的设计。 3. 查阅相关容器产品的中国风原素理念，并完成工作页的填写。	1. 设计容量是否达标。
课时： 6 课时 1. 硬资源：矿泉水瓶等。 2. 软资源：工作页、矿泉水瓶行业设计标准、外观模型等。 3. 教学设施：多媒体、图形工作站等。			
3. 瓶身外观设计（即结构设计-1）	1. 操作演示矿泉水瓶容量在软件上的检验方法、脱模角度分析的操作方法。 2. 演示缠绕命令的使用。	1. 独自完成细节设计后，制作容量、强度及脱模报告分析表。 2. 以小组为单位完成中国龙图案在瓶身上的缠绕实操运用并展示评价。	1. 模型细节设计是否符合外观要求，瓶身是否符合强度要求。 2. 命令使用是否正确。
课时： 6 课时			

课程 6.《塑料成型类产品结构设计》

学习任务 1：吹塑成型类产品结构设计

	工作子步骤	教师活动	学生活动	评价
结构设计	4. 瓶盖设计 - 装配结构	1. 组织学生分组完成工作页的填写。 2. 运用软件演示瓶盖的结构及瓶盖与瓶身的装配设计。 3. 介绍螺纹的设计标准及环保保护概念。	1. 以小组为单位查阅资料，确定瓶口尺寸和螺纹的形式，并完成工作页引导问题。 2. 根据设计要求参考演示操作过程，独立完成瓶盖结构的设计并形成瓶身与瓶盖的装配体。 3. 参考瓶盖的国际设计标准，完成瓶身与瓶盖的螺纹装配设计。 4. 根据环保概念设计易懂、简洁的环保标志。	1. 瓶盖结构设计是否正确。 2. 瓶盖与瓶身是否正确装配。
	课时： 6 课时 1. 硬资源：矿泉水瓶等。 2. 软资源：工作页、矿泉水瓶行业设计标准、外观模型等。 3. 教学设施：多媒体、图形工作站等。			
团队组内检查	团队组内检查	1. 以 PPT 介绍零件装配之间干涉检查的过程。 2. 介绍 BOM 表所包含的内容，演示 BOM 表导出的方法。 3. 介绍生产工艺表的内容，并演示生产工艺表的制作方法。 4. 组织学生进行内部评审，确定修改项目，并确定数据提交要求。	1. 独立运用软件的干涉检查功能，检查模型结构的干涉情况，如发现干涉则进行模型修改。 2. 以小组为单位，根据模型的装配情况制作 BOM 材料清单表。 3. 结合 BOM 表制订生产工艺表。 4. 以小组为单位，结合设计要求与教师进行内部评审，形成评审报告，修改模型并整理提交数据。	1. 模型是否存在干涉。 2.BOM 信息是否完整。 3. 生产工艺表信息是否完整。 4. 评审反馈是否及时、正确。
	课时： 10 课时 1. 硬资源：矿泉水瓶等。 2. 软资源：数据模型、工作页、矿泉水瓶行业设计标准、外观模型、BOM 表、生产工艺表、内部评审报告等。 3. 教学设施：多媒体、图形工作站、白板等。			

结构设计

工作子步骤	教师活动	学生活动	评价
点评、审核设计成果	1. 组织学生和企业专家对学生完成的模型进行全面评审，完成评审后反馈信息给学生进行数据修改并保存数据和上传。 2. 组织学生完成评审意见的填写。 3. 组织学生进行文化元素收集并开展评价工作。	1. 以小组为单位通过多媒体平台展示模型数据，记录评审意见，会后进行模型数据的修改，并提交最终数据。 2. 完成工作页的填写。 3. 以小组为单位收集关于产品文化元素的评价点。	1. 评审报告内容是否完整。 2. 提交的数据是否完整。 3. 外观元素是否有体现，是否正确。

课时：4 课时

1. 硬资源：矿泉水瓶等。
2. 软资源：数据模型、工作页、矿泉水瓶行业设计标准、外观模型、BOM 表、生产工艺表、内部评审报告等。
3. 教学设施：多媒体、图形工作站、白板等。

学习任务2：挤出成型类产品结构设计

任务描述

学习任务课时：**20** 课时

任务情境：

某装修厂要更新换代新产品 - 窗帘导轨，公司专业人员首先要对现有产品的结构、外观、性能、市场等做综合评估，并且得出该产品被市场淘汰的主要原因，以便针对这个原因进行该产品的更新设计，在外观上得到新的设计，正好由于市场上出现了一种新的高分子材料可以代替铝作为窗帘的导轨，所以也需要在材料上实现创新，以实现更好的用户体验以及成本控制。另外，由于材料的变更，导轨的结构也需要相应变更。窗帘导轨的设计是一项关键工作，该项工作的失误将导致产品在使用时不尽人意，甚至影响新产品在市场中的竞争力。由于我院产业系与该产业群有密切的合作关系，企业也愿意以这个导轨的设计为课程测试来考验我们的学生是否具备创新设计研发能力。教师团队经过讨论认为，学生在教师指导下学习一些相关内容，根据企业的相关技术文件、设计准则应用学院现有的图形工作站等设计设备与软件，可以胜任塑料导轨的设计。企业给我们提供了该导轨的前代产品、设计准则、高分子材料属性、行业设计标准、设计需求等相关资料，希望我们的学生能在一周内完成该导轨的设计，并且得出工艺分析报告与工艺说明书。得出的设计结果由企业与教师共同进行点评与审核，优秀的作品将展示在学业成果展中并得到来自企业的权威点评。

具体要求见下页。

工作流程和标准

工作环节 1

获取信息：接受设计任务，明确任务要求

1. 阅读企业的设计需求书，明确外观设计要求（包括材质说明、外观形式）、结构设计要求（包括稳固、能承受一定的力等），不明之处请教教师，根据限定的外观面与内部导轨的截面形状分析挤出模具的合理性。通过划关键词与复述工作任务明确任务要求，以小组为单位制作任务明确书，把每一条需求点都记录在任务明确书中。
2. 对任务要求中不明确或不懂的专业技术指标，通过查阅技术资料或咨询专家进一步明确。
3. 学习加工此类产品的挤出成型工艺。以小组为单位制作挤出成型工艺的工艺示意图与工艺流程图，这两张图中都需要加上文字说明。
4. 学习初代产品的导轨设计原理以及结构原理、挤出截面、材料信息，每组派代表讲述初代产品的设计重点、学习点、优点、缺点，输出初代产品对比报告。

学习成果：任务明确书、工艺示意图、工艺流程图、产品对比报告。

知识点、技能点：挤出成型工艺。

职业素养：复述能力、理解能力、总结能力、学习能力、学习成果表现能力。

工作环节 2

制订计划：制订设计方案

1. 分析该导轨的工作环境、工作需求、设计需求。
2. 明确小组内人员分工以及职责。编写分工职责说明书。
3. 拟定设计计划和周期表并获得审定。工作计划内容包括工作环节内容、人员分工、工作要求、时间安排等要素。

学习成果：分工职责说明书、设计计划书、周期表。

知识点、技能点：设计计划书拟定、周期表拟定。

职业素养：自我管理能力、团队管理能力、合作能力、时效管理、项目统筹能力。

工作环节 3

审核设计计划表

3

教师对窗帘导轨所有零件的设计要点和项目进度计划进行审阅，开会讨论提出修改意见并签字确认定稿。

工作环节 4

实施计划：结构设计

学生需参考《GB10798-89》热塑性塑料管材通用壁厚表、《GB11793.1-89》PVC 塑料窗建筑物理性能分级、《GB11793.2-89》PVC 塑料窗力学性能、耐候性技术条件、导轨滑动要求，运用计算机软件（Pro/E,UG,SolidWorks）完成 3D 建模、产品基本导轨形状的建立、加强筋结构细化的设计。

1. 导轨建模 。结构设计工作正式开始，学生运用计算机软件（Pro/E,UG,SolidWorks 等），以外观需求、受力要求、《GB11793.2-89》PVC 塑料窗导轨力学性能、《GB10798-89》热塑性塑料管材通用壁厚表进行导轨形状的建模。
2. 结构细化。根据产品的受力要求、材料标准、壁厚标准、挤出成型工艺等，进行结构细节（筋板、加强筋等）设计，做挤出成型工艺说明。
3. 受力分析。完成后的导轨需要进行受力分析，以此来检验截面能否符合受力要求，不行则重新设计加强筋。每一次的受力分析以及优化方案都记录在分析报告中。

学习成果：1. 导轨的 3D 建模；
2. 导轨模型、工艺说明书；
3. 分析后的 3D 模型数据、分析报告。

知识点、技能点：1. 挤出成型类零件设计知识点、挤出成型原理；
2. 装配工艺、挤出成型工艺、材料特性；
3. 有限元应力分析、工程力学、材料力学。

职业素养：严谨的工作态度。

工作流程和标准

工作环节 5

团队组内检查

1. 各个小组进行相互检查与讨论，之后做进一步的修改更正。检查设计模型是否合理、设计报告是否无错、分析报告是否准确、工艺是否可行。
2. 经过互相审核后，提交教师最终审定，并且附上组内审核后的修改记录表。

学习成果：组内检查报告、修改记录。

知识点、技能点：知识点、技能点审核判断能力。

职业素养：正确的技术资料运用能力、严谨的工作态度。

工作环节 6

点评、审核设计结果

完成小组内评审之后，将设计成果、修改记录以及组内评审结果提交给教师，并交由企业的专业团队与教师进行全面评审，之后开评审结果会议，全面点评各个小组的设计成果（点评修改细节、提出修改方案）并对设计成果进行成果分析。各组结合评审意见修改各自的设计方案以及相关工艺报告，直到教师或者企业设计人员审核签字通过。

学习成果：企业评审结果、点评报告、修改方案。

知识点、技能点：遵守《GB10798-89》热塑性塑料管材通用壁厚表、《GB11793.1-89》PVC 塑料窗建筑物理性能分级、《GB11793.2-89》PVC 塑料窗力学性能、耐候性技术条件等进行设计。结构设计展示（装配方式）、零件清单的制作。

职业素养：学习能力、理解能力、解决问题能力。

学习任务 2：挤出成型类产品结构设计

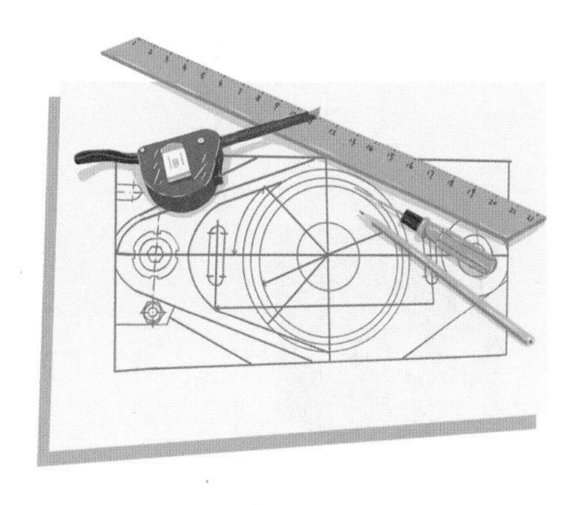

课程 6.《塑料成型类产品结构设计》

学习内容

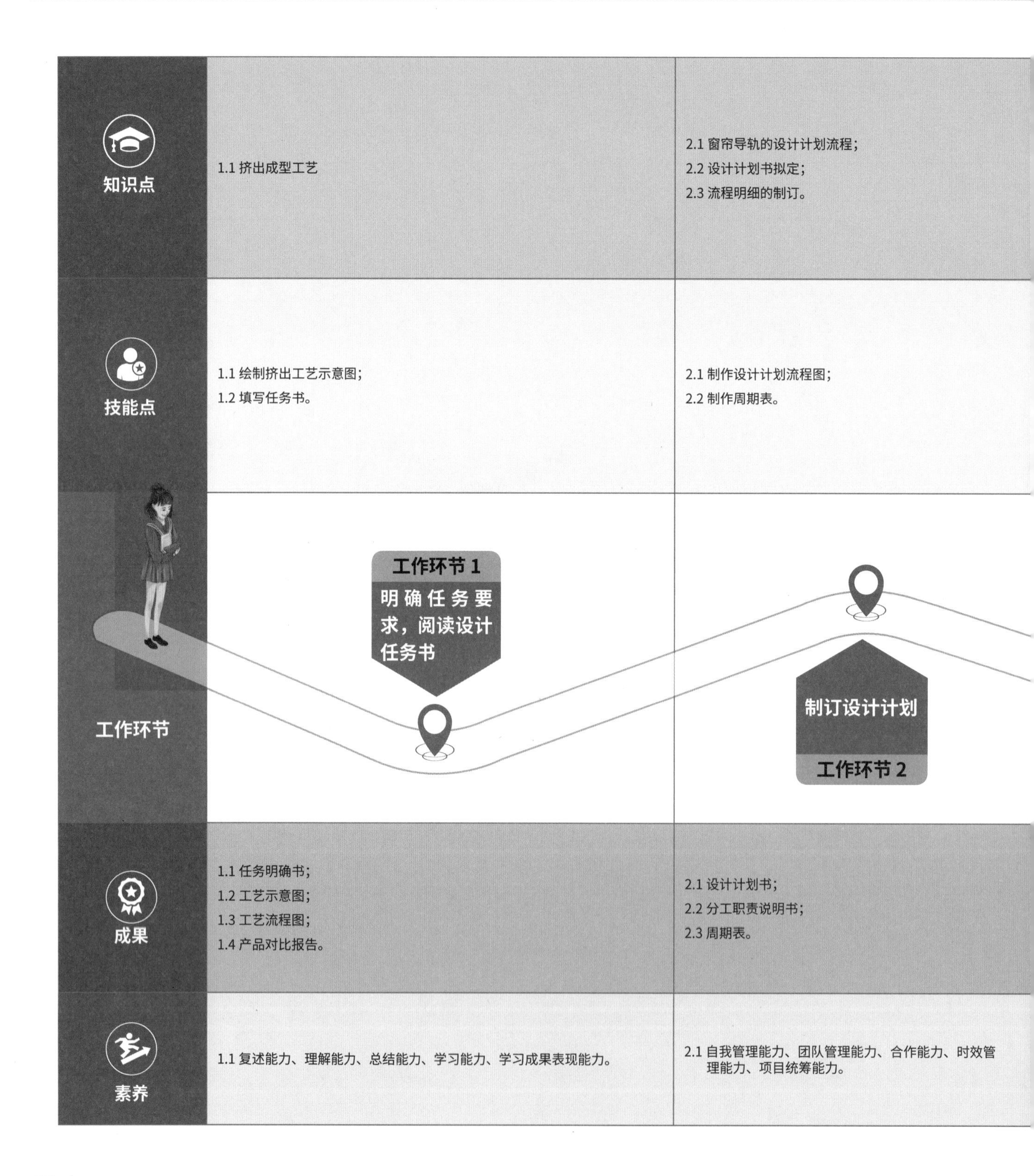

知识点	1.1 挤出成型工艺	2.1 窗帘导轨的设计计划流程； 2.2 设计计划书拟定； 2.3 流程明细的制订。
技能点	1.1 绘制挤出工艺示意图； 1.2 填写任务书。	2.1 制作设计计划流程图； 2.2 制作周期表。
工作环节	工作环节 1 明确任务要求，阅读设计任务书	制订设计计划 工作环节 2
成果	1.1 任务明确书； 1.2 工艺示意图； 1.3 工艺流程图； 1.4 产品对比报告。	2.1 设计计划书； 2.2 分工职责说明书； 2.3 周期表。
素养	1.1 复述能力、理解能力、总结能力、学习能力、学习成果表现能力。	2.1 自我管理能力、团队管理能力、合作能力、时效管理能力、项目统筹能力。

学习任务 2：挤出成型类产品结构设计

挤出成型原理； 挤出成型类零件设计知识点； 材料力学； 材料特性； 有限元应力分析； 材料力学； 工程力学。	4.1 生产工艺的拟定； 4.2 评审工艺的制订。	5.1 评审细则内容的制订。
有限元分析应用操作； 筋板设计的软件应用。	4.1 制作 BOM 表； 4.2 制作评审报告。	5.1 评审报告的制作。
工作环节 3 实施计划	工作环节 4 团队组内检查	点评、审核设计成果 工作环节 5
导轨的 3D 建模； 导轨模型； 工艺说明书； 分析后的 3D 模型数据； 分析报告。	4.1 BOM 表； 4.2 组内评审报告； 4.3 生产工艺表。	5.1 点评报告； 5.2 修改方案。
严谨的工作态度。	4.1 正确的技术资料运用能力。	5.1 学习能力、理解能力、解决问题的能力。

教学活动

课程 6.《塑料成型类产品结构设计》

学习任务 2：挤出成型类产品结构设计

接受设计任务、明确任务要求

工作子步骤	教师活动	学生活动	评价
阅读设计任务书	1. 通过 PPT 展示任务书，引导学生阅读工作页中的任务书，组织学生把任务书中关于设计要求的关键词写在纸条上并展示在白板上。 2. 播放挤出生产工艺视频，指导学生完成工艺示意图及工艺流程图的制作。 3. 组织学生分析初代产品的结构原理、截面形状及材料，指导学生制作产品对比报告。 4. 组织学生填写工作页并在任务书中签字。	1. 独立阅读工作页中的设计任务书，明确任务完成时间，资料提交要求；划出关于窗帘导轨设计要求的相关内容并回答引导问题。 2. 观看视频，以小组为单位查阅资料，明确挤出成型的生产原理并制作出工艺示意图。 3. 以小组为单位分析初代产品的设计原理、截面形状、材料等内容，制作产品对比报告。 4. 对任务中不明确或不懂的专业技术指标，通过查阅技术资料或咨询老师进行确认，最后在任务书中签字确认。	1. 关键词查找是否正确。 2. 工艺示意图表达是否正确。 3. 工艺流程图表达是否正确。 4. 产品对比报告是否全面。 5. 工作页作答是否正确。 6. 任务书是否签字确认。

课时： 2 课时

1. 硬资源：窗帘导轨等。
2. 软资源：工作页、挤出成型工艺、数字化资源、设计任务书等。
3. 教学设施：投影仪、一体机、白板、海报纸、卡片纸等。

制订设计计划

工作子步骤	教师活动	学生活动	评价
制订工作计划表	1. 通过 PPT 展示工作计划的模板，包括工作步骤、工作要求、人员分工、时间安排等要素，分解窗帘导轨的设计步骤。 2. 讲解企业新产品开发进度计划表的填写要求及注意事项，指导学生填写各个工作步骤的工作要求、小组人员分工、阶段性工作时间估算，提升学生团队协作、人际交往以及语言表达等综合能力。 3. 组织各小组进行展示汇报，对各小组的工作计划表提出修改意见并指导学生填写工作页中的工作计划表。	1. 参考企业新产品开发进度计划表，以小组为单位在海报纸上填写设计流程，包括工作环节内容、人员分工、工作时间、时间安排等。 2. 各小组填写每个工作步骤的工作要求，明确小组内人员分工及职责，估算阶段性工作时间及具体日期安排，养成团队协助精神。 3. 各小组展示汇报工作计划表，针对教师及他人的合理意见进行修订后并填写工作页。	1. 工作步骤是否完整。 2. 工作要求是否合理细致、分工是否明确、时间安排是否合理。 3. 工作计划表文本是否清晰、表达是否流畅、工作页填写是否完整。

课时： 2 课时

1. 硬资源：窗帘导轨等。
2. 软资源：工作页、数字化资源、设计任务书等。
3. 教学设施：投影仪、一体机、白板、海报纸、卡片纸等。

结构设计

工作子步骤	教师活动	学生活动	评价
1. 导轨建模	1. 通过 PPT 展示导轨设计的外观要求及内部结构要求。 2. 指导学生完成工作内容的填写。 3. 通过软件演示窗帘导轨的设计过程，巡回指引学生完成模型基本形状的设计。 4. 介绍中式风格的理念。	1. 独立查阅 PVC 塑料窗力学性能规范文件、热塑性塑料管材壁厚表，依据受力要求，导入外观模型作为参照进行导轨形状的建模。 2. 独立完成工作页引导问题的填写。 3. 查找传统中式风格设计概念，并完成外观面的设计。	1. 模型的壁厚是否正确。 2. 导轨形状是否正确。

课时： 6 课时

1. 硬资源：窗帘导轨等。
2. 软资源：工作页、PVC 塑料窗力学性能规范文件、热塑性塑料管材壁厚表等。
3. 教学设施：多媒体、图形工作站等。

	工作子步骤	教师活动	学生活动	评价
结构设计	2. 结构细化	1. 运用 PPT 资源并结合软件讲解筋板、加强筋的设计过程，组织学生完成工作页的填写。 2. 操作演示窗帘导轨在软件上的壁厚标注方法。	1. 独立查阅建筑外门窗气密、水密、抗风压性能分级及检测标准，确定筋板、加强筋的设计标准，填写工作页内容。 2. 独立根据演示过程完成结构的设计。 3. 独自完成细节设计后制作强度及脱模报告分析表。	1. 筋板是否达标。 2. 模型细节设计是否符合外观要求。
	课时： 1 课时 1. 硬资源：窗帘导轨等。 2. 软资源：工作页、《建筑外门窗气密、水密、抗风压性能分级及检测标准》、外观模型等。 3. 教学设施：多媒体、图形工作站等。			
	3. 受力分析	1. 组织学生分组完成工作页的填写。 2. 组织学生运用软件进行有限元的分析操作，巡回指导学生进行模拟受力分析。	1. 以小组为单位查阅资料，确定模型的有限元分析要求，完成工作页引导问题。 2. 独立根据设计要求并参考演示操作过程完成模型的有限元分析报告。 3. 以小组为单位依据产品的使用要求进行工程力学模拟分析。	1. 分析数据是否齐全、有效。
	课时： 6 课时 1. 硬资源：窗帘导轨等。 2. 软资源：工作页、《GB/T 9158-2015 建筑门窗力学性能检测方法》、外观模型等。 3. 教学设施：多媒体、图形工作站等。			
团队组内检查	团队组内检查	1. 介绍 BOM 表所包含的内容，演示 BOM 表导出的方法。 2. 介绍生产工艺表的内容，演示生产工艺表的制作方法。 3. 组织学生进行内部评审，确定修改项目，并确定数据提交要求。	1. 以小组为单位根据模型的情况制作 BOM 材料清单表。 2. 结合 BOM 表制订生产工艺表。 3. 以小组为单位，结合设计要求与教师进行内部评审，形成评审报告，结合评审意见修改模型并整理提交数据。	1.BOM 信息是否完整。 2. 生产工艺表信息是否完整。 3. 评审反馈是否及时、正确。
	课时： 2 课时 1. 硬资源：窗帘导轨等。 2. 软资源：数据模型、工作页、《建筑外门窗气密、水密、抗风压性能分级及检测标准》《GB/T 9158-2015 建筑门窗力学性能检测方法》外观模型、BOM 表、生产工艺表、内部评审报告等。 3. 教学设施：多媒体、图形工作站、白板等。			
点评、审核设计成果	点评、审核设计成果	1. 组织学生和企业专家对学生完成的模型进行全面评审，完成评审后反馈信息给学生进行数据修改并保存数据和上传。 2. 组织学生完成评审意见的填写。	1. 以小组为单位通过多媒体平台展示模型数据，记录评审意见，会后进行模型数据的修改并提交最终数据。 2. 完成工作页的填写。	1. 评审报告内容是否完整。 2. 提交的数据是否完整。
	课时： 1 课时 1. 硬资源：窗帘导轨等。 2. 软资源：数据模型、工作页、《建筑外门窗气密、水密、抗风压性能分级及检测标准》《GB/T 9158-2015 建筑门窗力学性能检测方法》、外观模型、BOM 表、生产工艺表、内部评审报告等。 3. 教学设施：多媒体、图形工作站、白板等。			

学习任务3：简单注塑成型类产品结构设计

任务描述

学习任务课时：60 课时

任务情境：

某电器厂通过市场调查发现 USB 电动小风扇市场巨大，因此准备设计一款外观时尚、便携的 USB 电动小风扇，现需利用已有的电路板、1225 型风扇（标准件）、USB 接口（标准件）进行外观建模及结构设计。我院结构设计组评估确认我院有能力和有资源能完成该产品结构设计工作，经协商最终由工业设计教师接受该设计任务并安排学生进行结构设计。该款风扇要求具有薄膜按键、可调风速等功能，根据提供的材质说明、结构特征、功能特点、外观模型、产品效果图，来进行出风格栅、前后壳（柔风、噪音小）的结构设计，第 7 天进行结构设计评审。

具体要求见下页。

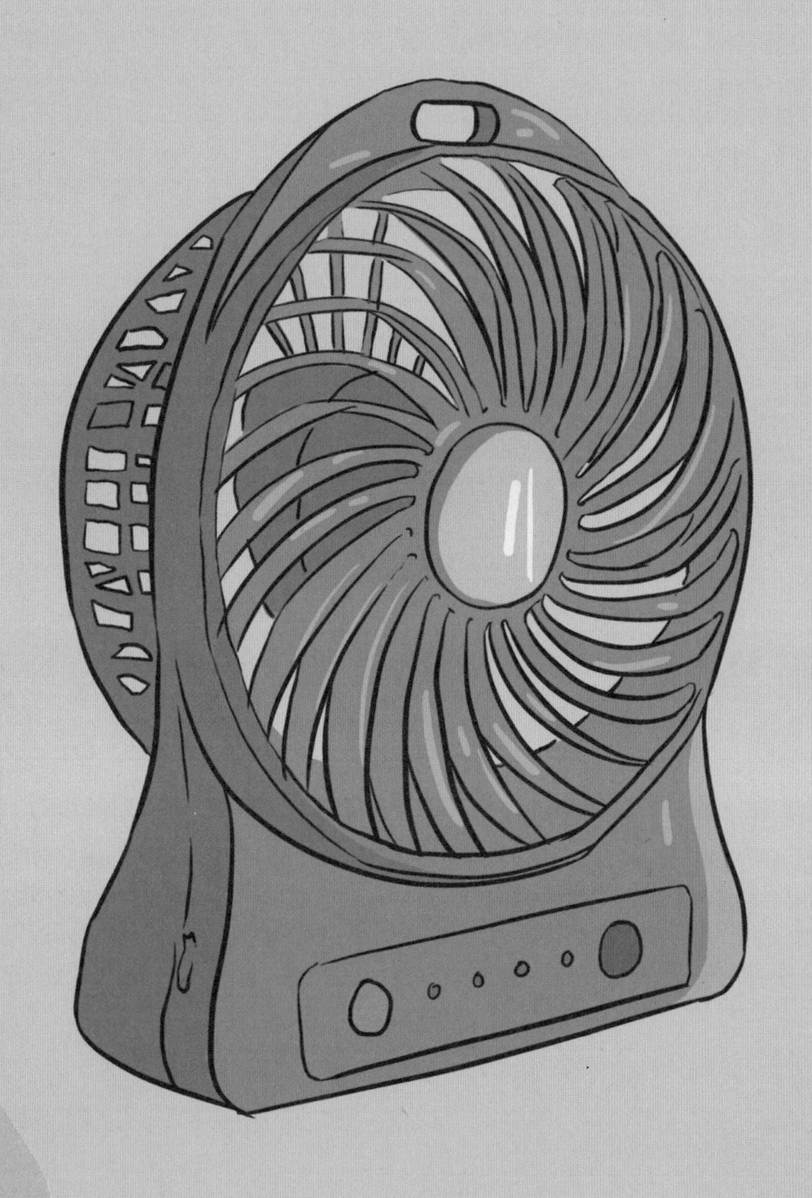

工作流程和标准

工作环节 1

获取信息，明确任务

1. 明确设计任务。学生接收到设计任务书后，阅读任务书的外观设计说明、结构设计要求、设计周期、通用件要求、设计周期要求、标准件要求等，初步分析外观模型的合理性、模具的合理性。在此过程中，明确 USB 电动小风扇的结构及其工作原理是明确该项任务要求的重点，因此要求学生独立阅读 USB 电动小风扇的说明书等资料，画出 USB 电动小风扇的结构示意图并向师生展示说明; 如有问题，要及时和老师沟通，并在任务书中签字确认。
2. 大熊猫是和平、吉祥的象征，2020 年恰逢国际熊猫节 27 周年，为了纪念拯救大熊猫的重大节日，市场部在调查不同年龄消费者需求的基础上，确定设计一款具有卡通熊猫外形的充电小风扇产品，以提高人们对大熊猫的保护意识。

工作 / 学习成果：：1. 学生签字确认的任务书。
2 .USB 电动小风扇的结构示意图。

知识点、技能点：外观设计说明书、通用件的类型、USB 电动小风扇的结构。

职业素养：严谨的态度，培养于认真阅读设计说明书的过程中；专业的沟通能力，培养于认识 USB 电动小风扇工作原理的过程中。

思政元素：审美情趣观，培养于卡通熊猫造型的外观设计过程中。

工作环节 2

制订工作计划并做出决策

根据外观模型和客户现有的通用零件情况，制订计划书，计划包括明确外观建模时间安排、通用件建模时间安排、拆分零件时间安排、内部评估安排等。在设计计划的过程中，明确结构设计的流程是该任务的重点内容。要求学生先观看一个产品设计案例的视频，然后挑选一位小组成员口述结构设计的流程; 在设计过程中注意记录相关内容形成工作日志。老师对设计计划书进行审阅，形成修改意见，学生根据修改意见调整设计计划。

工作 / 学习成果：设计计划书、老师签字的设计计划书、工作日志。

知识点、技能点：结构设计的流程。

职业素养：项目统筹能力，培养于计划书的编写过程中；自我管理能力，培养于工作日志的编写过程中；团队合作意识，培养于设计计划书的修订与优化过程中。

工作环节 3

结构设计

3

结构工程师按照塑料注塑模标准《GB4169-4170》《JB/T 11703-2013》空气调节器风扇用无刷直流电动机行业标准、装配工艺要求，使用计算机软件（Pro/E,UG,SolidWorks）进行外观模型重建、产品基本框架结构构建、外观验证、结构细化、结构自检、干涉检查的设计。

1. 外观模型重建。学生以导入的外观模型（老师提供）提供的功能要求、材质说明等为参照，通过计算机软件（Pro/E,UG,SolidWorks）进行带有外形拔模的外观模型重建，以此模型作为骨架模型为后续的结构细化做准备，此思维为自顶向下的设计思维。外观建模的重点是确保 USB 电动小风扇的重建模型与导入模型一致及确定零件的分件面。要求学生通过分析设计说明书，复述 USB 电动小风扇的设计特点，各小组进行记录汇总并展示。

2. 确定基本框架结构。根据产品的结构特点分出薄膜按键、前壳、后壳、前格栅、后格栅、风扇（标准件）等部件，把通用零件模型或标准件装配到总装图中，形成产品的基本框架。确定基本框架结构的重点是明确框架模型的装配位置及关系、材料工艺、模具工艺、表面处理，要求学生通过阅读 USB 电动小风扇的结构原理图、说明书，复述 USB 电动小风扇包含的装配位置及关系，老师加载零件模型或标准件进行相关装配关系的构件设计的演示，学生参照方法进行框架模型的设计。

3. 外观验证。根据设计好的基本框架与外观模型进行产品外观、通用件等的沟通。经外观设计组确认后进行产品结构更新。在外观验证过程中，重点内容是确保 USB 电动小风扇的重建模型与导入模型一致，确定零件的分件面的合理性；具体验证内容包括薄膜按键、前壳、后壳、前格栅、后格栅、风扇（标准件）等结构件的位置与空间，要求学生找出与原图模型不同的地方，并以 PPT 的形式进行展示说明，老师进行评价和汇总，学生参考老师的评价意见进行结构更新。

4. 结构细化。根据塑胶零件的设计标准、结构设计规范，进行零件之间的连接方式包括螺纹连接、卡扣连接等，拔模斜度、加强筋、螺柱、壁厚等设计，设计需注意符合模具制造及产品加工工艺、装配顺序要求。在进行结构细化设计的过程中，明确塑胶材料特性、设计间隙的取值等是重点内容，学生要通过查找结构设计规范中的止位、卡扣、螺柱等资料，画出设计要点的示意图并进行说明。老师对结构细化的过程进行演示，学生仿照结构细化的过程完成初步的 3D 模型设计。老师按照设计明细表的内容对设计完成后的模型进行评价。

5. 结构设计自检。结构设计完成后进行干涉检查、模具的合理性检查（拔模、筋位、壁厚、缩水等），之后交由老师进行评审。在结构设计自检过程中，明确自检的方法和内容是本任务环节的重点，要求学生以小组为单位对 USB 电动小风扇模型进行装配间隙的干涉预估、壁厚检查等，形成一份结构自检表。经老师评价后进行干涉检查的演示；学生依照自检的方法完成模型的结构自检。

工作流程和标准

工作 / 学习成果：1. USB 电动小风扇外观模型、工作日志；
2. 框架模型、工作日志；
3. 外观验证后的 3D 模型、工作日志；
4. 初步设计完成的 3D 模型、工作日志；
5.1 自检合格后的 3D 模型、工作日志；
5.2 自检项目表。

知识点、技能点：1. 外观曲面建模方法、产品的拔模角度、分件面的设计；
2. 装配关系（前壳与后壳的连接、按键与前壳的连接）、模具工艺（壁厚、拔模）、注塑工艺（缩水、翘曲）参数化设计；
3. 外观验证，USB 电动小风扇薄膜按键、前壳、后壳、前格栅、后格栅、风扇（标准件）等结构件的位置与空间；
4. 塑胶材料特性、按键设计、螺柱内外径的取值、孔的设计、壁厚的取值、拔模斜度的取值、加强筋的设计、卡扣的设计取值；
5. 干涉检查、壁厚检查。

职业素养：1. 专门知识的形成，培养于分件面概念的理解和设计应用中；自顶向下的设计思维，培养于外观建模过程中。
2. 自顶向下的设计思维，培养于基本框架结构的设计过程中。
3. 结构美感，培养于外观修改的过程中；明确与解决问题的能力，培养于与老师交换意见的过程中。
4. 创新能力，耐心、细致的工作态度，培养于结构细化过程中。
5. 考虑周全的工作态度，培养于结构自检的过程中；自顶向下的设计思维，培养于结构自检的过程中。

工作环节 5

结构设计提案

5

1. 制订工作计划并做出决策。根据外观模型和客户现有的通用零件情况，制订设计计划书。计划包括明确外观建模时间安排、通用件建模时间安排、拆分零件时间安排、内部评估安排等。在设计计划的过程中，明确结构设计的流程是该任务的重点内容；要求学生通过观看一个产品设计案例的视频，然后挑选一位小组成员口述结构设计的流程；在设计过程中记录相关内容形成工作日志。老师对设计计划书进行审阅，形成修改意见，学生根据修改意见调整设计计划。

工作 / 学习成果：设计计划书、老师签字的设计计划书、工作日志。

知识点、技能点：结构设计的流程。

职业素养：项目统筹能力，培养于计划书的编写过程中；自我管理能力，培养于工作日志的编写过程中；团队合作意识，培养于设计计划书的修订与优化过程中。

工作环节 4

结构设计评审

1. 基本框架结构评审。整款产品的基本框架结构形成后，学生根据设计要求及行业规范进行评审，形成修改意见，由学生进行修改继而结构优化。在基本框架评审过程中，明确框架模型的装配关系、空间关系等设计是否符合行业设计标准是重点内容。要求学生以小组为单位，对 USB 电动小风扇框架模型进行装配关系、空间关系等统计，形成框架结构评审项目表。小组依照设计规范进行相互评审后提交意见给老师并点评。
2. 初步设计方案评审。初步设计完成后，设计团队一起进行内部评审，会后根据会议记录逐条落实。在初步设计方案评审过程中，明确塑料注塑模标准为重点内容，要求学生以小组为单位展示方案，各组之间进行相互比对和现场评价，老师参照行业设计标准对模型设计中装配不合理、取值不合理等地方进行点评，学生记录组与组之间的设计差异和优缺点，形成设计改进意见并落实。
3. 制作手板模型。初步评审完成后，根据修改完成的模型打印 3D 手板并进行结构验证。在此环节过程中，掌握 3D 打印的操作方法是重点的学习内容。要求以小组为单位，通过网络查找现场型号的 3D 打印设备的相关内容，形成设备简介并展示内容（包括分类及打印原理）；然后学生根据产品列出需要打印的各个零件清单并展示，老师进行点评，确认无误后传输到打印机进行打印，打印完毕进行必要的后处理；待零件处理完成后进行装配并反馈意见进行设计优化。

工作成果：：1. 学生签字确认的任务书；
2. 内部评审后的记录；
3. 3D 打印的模型。

学习成果：：1. 评审项目表；
2. 现场评价意见；
3. 设备简介、零件清单表。

知识点、技能点：1.USB 电动小风扇薄膜按键、前壳、后壳、前格栅、后格栅、风扇（标准件）设计标准；
2. 塑料注塑模标准；
3. 3D 打印的操作方法、软件的使用（支撑的选择原则、层高、间距）、后处理的方法。

职业素养：1. 交换信息的能力，培养于基本框架评审的过程中；
2. 专业表达能力、发现并解决问题的能力，培养于结构评审的过程中。

课程 6.《塑料成型类产品结构设计》

学习内容

	工作环节 1	工作环节 2
知识点	1.1 通用件的类型； 1.2 外观设计说明书； 1.3 USB 电动小风扇的结构； 1.4 审美理念。	2.1 结构设计的流程。
技能点	1.1 拆解 USB 电动小风扇； 1.2 通用件、标准件的分类； 1.3 制作卡通风扇产品外观图。	2.1 制作设计计划书。
工作环节	工作环节 1 明确任务要求，阅读设计任务书	制订设计计划 工作环节 2
成果	1.1 USB 电动小风扇的结构示意图； 1.2 学生签字确认的任务书。	2.1 设计计划书； 2.1 老师签字的设计计划书； 2.1 工作日志。
素养	1.1 审美情趣观，培养于卡通熊猫造型的外观设计过程中。	2.1 项目统筹能力，培养于计划书的编写过程中； 2.2 自我管理能力，培养于工作日志的编写过程中； 2.3 团队合作意识，培养于设计计划书的修订与优化过程中。

学习任务 3：简单注塑成型类产品结构设计

3.1 参数化设计； 3.2 注塑工艺； 3.3 模具工艺； 3.4 装配关系； 3.5 结构件的位置与空间关系。 3.6 外观验证的方法； 3.7 塑胶材料特性； 3.8 壁厚检查； 3.9 干涉检查。	4.1 薄膜按键、前壳、后壳、前格栅、后格栅、风扇设计标准； 4.2 塑料注塑模标准； 4.3 3D 打印软件参数设置； 4.4 打印件的后处理方法介绍。	5.1 结构评审表内容的分类； 5.2 方案展示（爆炸图、3D 总装图、二维图）。
3.1 外观曲面建模方法； 3.2 产品的拔模角度； 3.3 分件面的设计； 3.4 壁厚的取值； 3.5 拔模斜度的取值。 3.6 加强筋的设计； 3.7 卡扣的设计取值； 3.8 按键设计； 3.9 螺柱内外径的取值； 3.10 孔的设计。	4.1 3D 打印的操作方法； 4.2 3D 打印软件的使用； 4.3 塑件的后处理操作方法； 4.4 模型的装配技巧。	5.1 制作结构评审表； 5.2 制作零件清单表； 5.3 设计总装效果图、爆炸图、二维零件图。
工作环节 3 实施计划	工作环节 4 团队组内检查	点评、审核设计成果 工作环节 5
3.1 USB 电动小风扇外观模型； 3.2 框架模型； 3.3 工作日志； 3.4 验证外观的 PPT； 3.5 外观验证后的 3D 模型。 3.6 结构设计要点示意图； 3.7 初步设计完成的 3D 模型； 3.8 自检合格后的 3D 模型； 3.9 自检项目表。	4.1 评审项目表； 4.2 基本框架评审意见； 4.3 内部评审后的记录； 4.4 现场评价意见。 4.5 3D 打印的模型； 4.6 零件清单表； 4.7 设备简介。	5.1 结构设计评审表； 5.2 完成的设计方案（3D 模型、二维图）、产品零件清单。
3.1 专门知识的形成，培养于分件面概念的理解和设计应用中；自顶向下的设计思维，培养于外观建模过程中； 3.2. 结构美感，培养于外观修改的过程中； 3.3. 创新能力及耐心、细致的工作态度培养于结构细化过程中。	4.1 交换信息的能力，培养于基本框架评审的过程中； 4.2 专业表达能力、发现并解决问题的能力，培养于结构评审的过程中。	5.1 设计卡通造型的表现手法是否准确，与产品的功能需求是否融为一体，体现在对外观造型的评审过程中。

课程 6.《塑料成型类产品结构设计》

学习任务 3：简单注塑成型类产品结构设计

1 获取信息，明确任务　2 制订设计计划　3 结构设计　4 结构设计评审　5 结构设计提案

获取信息，明确任务

工作子步骤	教师活动	学生活动	评价
阅读设计任务书	1. 通过 PPT 展示任务书，引导学生阅读工作页中的任务书，组织学生把任务书中关于设计要求的关键词写在纸条上并展示在白板上。 2. 引导学生阅读产品说明书和设计手册，完成 USB 电动小风扇的结构示意图。 3. 组织学生分拆产品实物，找出 USB 小风扇包含的通用件和标准件，并进行分类展示。 4. 通过 PPT 介绍卡通类产品外观设计要求。	1. 独立阅读工作页中的设计任务书，明确任务完成时间、资料提交要求；划出关于 USB 电动小风扇设计要求的相关内容并回答引导问题。 2. 以小组为单位查阅产品说明书及相关设计手册，制作出 USB 电动小风扇的结构示意图。 3. 以小组为单位查阅互联网或资料，找出通用件和标准件的区别，完成工作页上的引导问题的填写。 4. 围绕国际熊猫节，以小组为单位出一份以熊猫为主题的卡通风扇产品的外观图。	1. 关键词查找是否正确。 2. 示意图表达是否正确。 3. 通用件与标准件的分类是否正确。 4. 工作页的引导问题回答是否正确。 5. 审美标准是否符合大众的审美观。

课时： 2 课时

1. 硬资源：USB 电动小风扇等。
2. 软资源：工作页、产品说明书、数字化资源、设计任务书等。
3. 教学设施：投影仪、一体机、白板、海报纸、卡片纸等。

制订设计计划

工作子步骤	教师活动	学生活动	评价
制订工作计划并做出决策	1. 通过 PPT 展示工作计划的模板，包括工作步骤、工作要求、人员分工、时间安排等要素，分解 USB 小风扇的设计步骤。 2. 讲解企业新产品开发进度计划表的填写要求及注意事项，指导学生填写各个工作步骤的工作要求、小组人员分工、阶段性工作时间估算等内容，提升学生团队协作、人际交往以及语言表达等综合能力。 3. 组织各小组进行展示汇报，对各小组的工作计划表提出修改意见，指导学生填写工作页中的工作计划表。	1. 参考企业新产品开发进度计划表，以小组为单位在海报纸上填写设计流程，包括外观建模时间安排、通用件建模时间安排、拆分零件时间安排、内部评估安排等。 2. 各小组根据产品设计案例视频的内容总结填写每个工作步骤的工作要求；明确小组内人员分工及职责；估算阶段性工作时间及具体日期安排；养成团队协助精神。 3. 各小组汇报工作计划表，针对教师及他人的合理意见进行修订并填写工作页。	1. 工作步骤是否完整。 2. 工作要求是否合理细致、分工是否明确、时间安排是否合理。 3. 工作计划表文本是否清晰、表达是否流畅、工作页填写是否完整。 4. 汇报内容是否准确、表达是否清晰。

课时： 2 课时

1. 硬资源：USB 电动小风扇等。
2. 软资源：工作页、数字化资源、设计计划书等。
3. 教学设施：投影仪、一体机、白板、海报纸、卡片纸等。

基准课时：60

1 获取信息，明确任务　2 制订设计计划　3 结构设计　4 结构设计评审　5 结构设计提案

工作子步骤	教师活动	学生活动	评价
1. 外观模型重建	1. 通过 PPT 展示 USB 电动小风扇的外观要求及内部结构要求，指出产品分件面的概念、拔模的要求等。 2. 指导学生完成工作内容的填写。 3. 通过软件演示外观模型的重建步骤和方法，巡回指导学生完成外观模型的重建。	1. 独立查阅塑料注塑模标准、空气调节器风扇用无刷直流电动机行业标准，导入外观模型并以此为参照进行带有外形拔模的外观模型重建。 2. 各小组根据产品外观模型特点，进行分件面的设计。 3. 独立根据产品的功能需求、外观要求等结构特点进行分件设计，并进行口述汇报。 4. 独立完成工作页引导问题的填写。	1. 外形拔模角是否正确，件面设计是否正确。 2. 外观模型是否与要求一致。 3. 汇报内容是否准确。 4. 工作页的填写是否及时、正确。
课时： 6 课时 1. 硬资源：USB 电动小风扇等。 2. 软资源：外观模型（文档）、工作页、塑料注塑模标准等。 3. 教学设施：多媒体、图形工作站等。			
2. 确定基本框架结构	1. 运用 PPT 资源并结合软件示范通用零件模型或标准件的装配关系，组织学生完成产品框架模型的建模，引导学生完成工作页的填写。 2. 讲解产品的壁厚设计要求、前壳与后壳的连接要求，引导学生完成工作页引导问题的填写，巡回指导学生完成设计。	1. 独立查阅 USB 电动小风扇的结构原理图、说明书等，将通用零件模型或标准件装配到总装图中，形成产品的基本框架。根据装配的位置及关系、材料工艺、模具工艺、表面处理等要求填写工作页的引导问题。 2. 独立完成产品的壁厚设计。 3. 独立根据演示过程完成前后壳的连接设计。	1. 通用件或标准件的装配位置是否正确。 2. 壁厚设计是否合理。 3. 参数化设计是否有体现。
课时： 5 课时 1. 硬资源：USB 电动小风扇等。 2. 软资源：通用零件或标准零件（文档）、工作页、塑料注塑模标准等。 3. 教学设施：多媒体、图形工作站等。			

学习任务 3：简单注塑成型类产品结构设计

结构设计

工作子步骤	教师活动	学生活动	评价
3. 外观验证	1. 组织学生分组进行外观验证，引导学生填写好工作页。 2. 对外观验证过程中出现的问题进行总结，并引导学生进行结构更新。	1. 以小组为单位，通过模型对比找出框架模型与外观模形的不同之处，制作 PPT 进行记录并汇报。 2. 以小组为单位查阅资料，确定结构件之间的位置与空间尺寸，找出设计的区别，制作 PPT 进行记录并汇报，完成工作页引导问题。 3. 根据外观验证后的建议，独立完成模型的结构更新。	1. 框架模型与外观模型是否一致。 2. 零件的分件面是否合理。 3. 结构件的位置与空间是否正确。
课时：6 课时 1. 硬资源：USB 电动小风扇等。 2. 软资源：工作页、基本框架模型、外观模型、塑料注塑模标准等。 3. 教学设施：多媒体、图形工作站、白板等。			
4. 结构细化 -1	1. 组织学生学习设计规范。 2. 组织学生填写工作页。	1. 以小组为单位根据设计规范绘制止口、卡扣、螺柱、按键、孔等结构位置的设计示意图并展示。 2. 根据老师提出的引导问题独立查阅资料完成工作页的填写。	1. 结构细化的参数设置是否合理。 2. 设计是否有创新意识，示意图表达是否正确。
课时：9 课时 1. 硬资源：USB 电动小风扇等。 2. 软资源：工作页、基本框架模型、外观模型、塑料注塑模标准、结构设计规范等。 3. 教学设施：多媒体、图形工作站、白板等。			
4. 结构细化 -2	1. 根据产品的特点进行部分结构细化的演示。 2. 介绍相关结构的设计取值。	1. 根据查阅到的参数，结合操作方法，独立运用软件进行产品的结构细化。 2. 查阅相关标准，了解各个取值的要求和方法。	1. 工作页内容填写是否正确。
课时：7 课时 1. 硬资源：USB 电动小风扇等。 2. 软资源：工作页、基本框架模型、外观模型、塑料注塑模标准、结构设计规范等。 3. 教学设施：多媒体、图形工作站、白板等。			

1 获取信息，明确任务 → 2 制订设计计划 → 3 结构设计 → 4 结构设计评审 → 5 结构设计提案

阶段	工作子步骤	教师活动	学生活动	评价
结构设计	5. 结构设计自检	1. 操作软件，示范干涉检查的方法和步骤，引导学生完成自检项目表的填写。	1. 根据产品设计规范要求，独立进行结构的设计干涉检查并填写自检项目表。 2. 根据结构设计要求，独立完成模型装配间隙干涉预估和壁厚检查。	1. 产品模型是否有干涉。 2. 装配间隙是否合理，壁厚是否合理。 3. 自检表内容填写是否正确。
	课时： 4 课时 1. 硬资源：USB 电动小风扇等。 2. 软资源：工作页、结构细化后的模型、塑料注塑模标准、结构设计规范等。 3. 教学设施：多媒体、图形工作站、白板等。			
结构设计评审	1. 基本框架结构评审	1. 组织学生进行基本框架评审，解释评审项目内容。 2. 根据模型的特点演示装配、空间关系。 3. 引导学生完成工作页内容的填写。	1. 以小组为单位，结合行业规范进行基本框架结构评审并提出修改意见，记录意见后进行结构优化。 2. 以小组为单位，根据老师演示的相关装配关系、空间关系等模型特点，制作评审项目表。 3. 填写工作页。	1. 评审内容是否完整。 2. 评审意见是否正确。 3. 工作页填写是否正确。
	课时： 4 课时 1. 硬资源：USB 电动小风扇等。 2. 软资源：工作页、基本框架模型、外观模型、塑料注塑模标准、结构设计规范等。 3. 教学设施：多媒体、图形工作站、白板等。			
	2. 初步设计方案评审	1. 组织学生进行现场评价并对模型中出现的不合理设计进行记录并点评。	1. 以小组为单位，根据塑料的行业设计规范，对其他小组的设计模型进行评审提议并做好记录。 2. 以小组长为代表，对模型进行现场评价展示。	1. 模型的评审展示是否全面、具体。 2. 表达是否准确。
	课时： 4 课时 1. 硬资源：USB 电动小风扇等。 2. 软资源：工作页、初步完成的产品 模型、塑料注塑模标准、结构设计规范等。 3. 教学设施：多媒体、图形工作站、白板等。			
结构设计提案	内部提案	1. 组织学生和企业专家对学生完成的模型进行全面评审，完成评审后反馈信息给学生进行数据修改并保存数据和上传。 2. 组织学生完成评审意见的填写。 3. 组织学生总结产品外观优点。	1. 以小组为单位通过多媒体平台展示模型数据，记录评审意见，会后进行模型数据的修改并提交最终数据。 2. 以小组为单位完成 3D 模型的输出、二维图的输出、产品零件清单的制作。 3. 完成工作页的填写。 4. 以小组为单位进行外观审美评价。	1. 评审报告内容是否完整。 2. 提交的数据是否完整。 3. 外观与产品功能是否协调，功能是否实现。
	课时： 4 课时 1. 软资源：模型数据（3D 模型、二维图、产品零件清单）、工作页、行业设计标准、外观模型、内部评审报告等。 2. 教学设施：多媒体、图形工作站、白板等。			

学习任务4：复杂注塑成型类产品结构设计

任务描述

学习任务课时：80 课时

任务情境：

某电脑配件厂有一份新型的鼠标设计订单，产品的外观设计已由外观设计公司完成，现需要进行结构设计。我院与该厂长期保持合作关系，经我院结构设计组评估确认能够完成该设计任务，工业设计教师接受该设计任务并安排学生进行结构设计。该款产品设计完成后要求具有无声按钮、符合人体工程学、耐摔、无线通信等特点，根据提供的材质说明、结构特征、功能特点、外观模型、产品效果图，按照国家及行业的相关规范来进行机械连接（静连接）、弹性上操连接、上壳体加强筋、底壳加强筋、空心支柱（凸台）等功能的结构设计，15 天后交付产品数据进行第一次评审。

具体要求见下页。

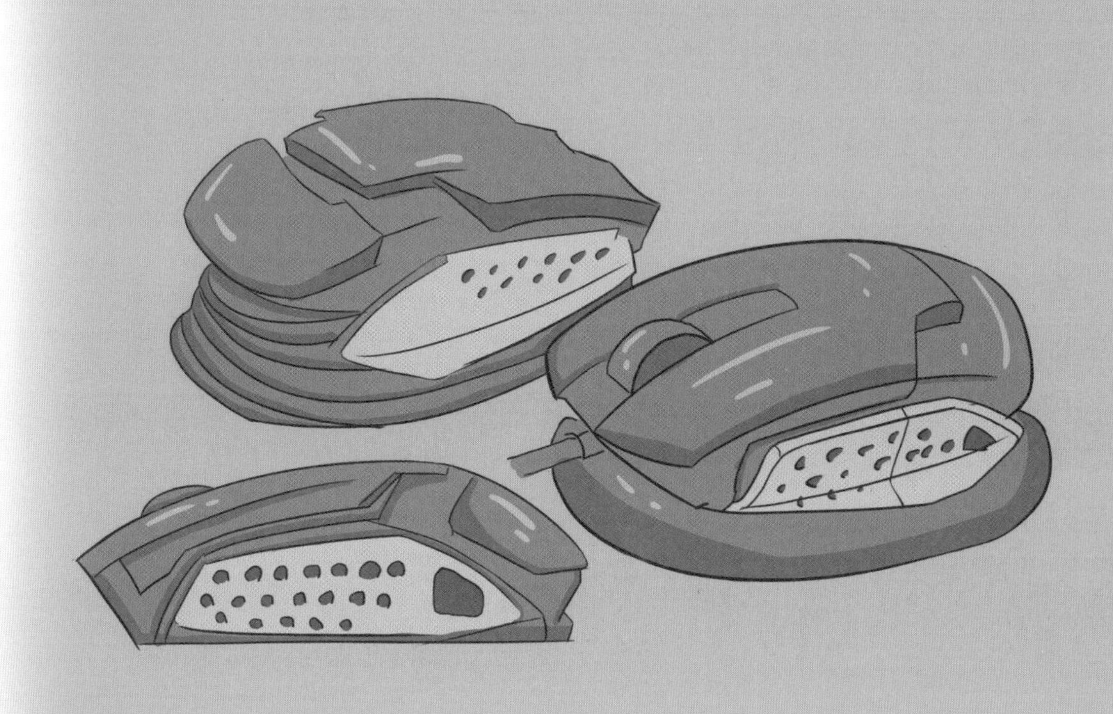

工作流程和标准

工作环节 1

获取信息，明确任务

1. 明确设计任务。学生接收到设计任务书后，阅读任务书的外观设计说明，考虑结构设计要求，包括:控制方式、材质说明、外观形式，了解光电鼠标的工作原理。结构设计要求包括假止口（美工线）距离 0.3 ～ 1 mm、螺丝孔、支撑脚、按键设计、弹性设计、电池槽设计（下盖部分）、接收器卡槽、光学透镜组件卡槽、电路板固定、设计周期、通用件要求等，初步分析外观模型的合理性、模具的合理性。在此过程中，明确鼠标的结构及其工作原理是明确该项任务要求的重点，因此要求学生独立阅读鼠标的相关资料，画出鼠标的结构示意图并向师生展示说明；如有问题，要及时和教师沟通，并在任务书中签字确认。
2. 查找关于鼠标人体工程学的相关资源，找出鼠标设计有关人体工程设计要素。

工作成果：学生签字确认的任务书。

学习成果：鼠标的结构示意图。

知识点、技能点：外观设计说明书、通用件的类型、鼠标的结构、人体工程学的概念。

职业素养: 严谨的态度，培养于认真阅读设计说明书的过程中; 专业的沟通能力，培养于认识 USB 电动小风扇工作原理的过程中。

工作环节 2

制订工作计划并做出决策

根据外观模型和客户现有的通用零件情况，制订设计计划书，计划包括明确外观建模时间安排、通用件建模时间安排、拆分零件时间安排、内部评估安排等。在设计计划的过程中，明确结构设计的流程是该任务的重点内容，因此要求学生通过观看一个产品设计案例的视频，然后由小组成员口述结构设计的流程；在设计过程中注意记录相关内容并形成工作日志。教师对设计计划书进行审阅，形成修改意见，学生根据修改意见调整设计计划。

工作 / 学习成果：设计计划书、教师签字的设计计划书、工作日志。

知识点、技能点：结构设计的流程。

职业素养：项目统筹能力，培养于计划书的编写过程中；自我管理能力，培养于工作日志的编写过程中；团队合作意识，培养于设计计划书的修订与优化过程中。

工作环节 3

结构设计

3

结构工程师按照塑料注塑模标准《GB4169-4170》、消费电子产品（鼠标）设计标准、装配工艺要求，通过计算机软件（Pro/E,UG,SolidWorks）进行外观模型重建、建立产品基本框架结构、外观验证、结构细化、结构自检、干涉检查。

1. 外观模型重建。学生以导入的外观模型（教师提供）提供的功能要求、材质说明等为参照，通过计算机软件（Pro/E,UG,SolidWorks）进行带有外形拔模的外观模型重建，以此骨架模型为后续的结构细化做准备，此思维为自顶向下的设计思维。在外观建模的过程中，任务的重点是确保鼠标的重建模型与导入模型一致以及确定零件的分件面，要求学生通过分析设计说明书，复述鼠标的设计特点，各小组进行记录汇总并展示。
2. 根据手掌数据进行油泥模型的制作，使得外观模型更加符合人体工程学。
3. 采用 3D 扫描仪进行油泥外观的数据采集。
4. 确定基本框架结构。根据产品的结构特点分出上盖、下盖、按键、中柱、侧盖、电池盖等部件，把通用零件模型或标准件装配到总装图中形成产品的基本框架。在确定基本框架结构的过程中，任务的重点是明确框架模型的装配位置及关系、模具工艺、材料工艺、注塑工艺、表面处理，要求学生通过阅读鼠标的结构原理图、说明书，了解鼠标包含的装配位置及关系，复述鼠标基本框架模型所包含的零件及其位置关系。教师点评后学生进行框架模型的设计。
5. 外观验证。根据设计好的基本框架与设计组进行产品外观、电路板、通用件等的沟通。经外观设计组确认后进行产品结构更新。在外观验证过程中，重点内容是明确鼠标的重建模型与导入模型一致，及确定零件的分件面的合理性；具体验证的位置包括：鼠标电路板、电池、滚轮等结构件的位置与空间。要求学生通过对此找出与原图模型不同的地方，并以 PPT 的形式进行展示说明，教师进行评价汇总后学生继而进行结构更新。
6. 结构细化。根据塑胶零件的设计标准、结构设计规范，进行零件之间的连接方式、拔模斜度、加强筋、螺柱、壁厚等设计，连接方式包括螺纹连接、卡扣连接等，在设计过程中需符合模具制造及产品加工工艺、人机工程（舒适度）及装配顺序要求。在进行结构细化设计的过程中，明确塑胶材料特性、设计间隙的取值等是重点内容，要求学生通过查找结构设计规范中的止位、卡扣、螺钉柱资料，画出设计要点的示意图并进行说明，教师对其评价后学生进行结构细化完成初步的 3D 模型设计。

5. 结构设计自检。结构设计完成并进行干涉检查、模具的合理性检查（拔模、筋位、壁厚、缩水等）后交由教师进行评审。在结构设计自检过程中，明确自检的方法和内容是本任务环节的重点，要求学生以小组为单位对鼠标模型的装配关系、运动关系、装配间隙、壁厚检查等项目进行统计，形成一份结构自检表。经教师评价和补充后，学生完成模型的结构自检。

课程 6.《塑料成型类产品结构设计》

工作流程和标准

工作 / 学习成果：1. 鼠标外观模型、工作日志；
2. 框架模型、工作日志；
3. 外观验证后的 3D 模型、工作日志；
4. 初步设计完成的 3D 模型、工作日志；
5. 自检合格后的 3D 模型、工作日志。

知识点、技能点：1. 外观曲面建模方法、分件面的设计、泥塑工具的使用、3D 扫描仪的使用；
2. 装配关系（上盖与下盖的螺纹连接、按键与上盖的卡扣连接、滚轮与中柱的连接、电池盖的卡扣连接）、模具工艺（壁厚、拔模）、注塑工艺（缩水、翘曲）参数化设计；
3. 外观验证、鼠标电路板、电池、滚轮等结构件的位置与空间；
4. 塑胶材料特性、按键设计、螺柱的内外径的取值、孔的设计、壁厚的取值、拔模斜度的取值、加强筋的设计、卡扣的设计取值、人机工程；
5. 干涉检查、壁厚检查。

思政元素：崇尚实践和精益求精的精神，体现在使用油泥进行外观模型制作的过程中；专业技术应用，体现在使用 3D 扫描仪进行数据采集的过程中。

职业素养：1. 专门知识的形成，培养于分件面概念的理解和设计应用中，自顶向下的设计思维，培养于外观建模过程中。
2. 交换信息、促进合作的能力，培养于展示及汇总信息的过程中；自顶向下的设计思维，培养于基本框架结构的设计过程中。
3. 结构美感，培养于外观修改的过程中，明确与解决问题的能力，培养于与教师交换意见的过程中。
4. 创新能力，耐心、细致的工作态度，培养于结构细化过程中。
5. 考虑周全的工作态度，培养于结构自检的过程中；自顶向下的设计思维，培养于结构自检的过程中。

工作环节 5

结构设计提案

5

1. 内部提案。对内部评审发现的问题修改完毕后，由教师、学生及电脑配件厂的相关人员对方案进行全面的评审，形成修改意见；修改后交付数据及产品零件清单给电脑配件厂进行结构手板制作并做相关测试后，反馈方案存在的问题，经学生修改完善后提交方案的最终数据。评审过程中，学生要向评审人员明确表达产品结构设计意图，要求学生以小组为单位通过方案展示的形式表达装配方式、装配顺序、出模方式等设计意图，企业人员、教师及其他组员进行评审，形成评审意见并落实改进；小组内部记录相关内容形成结构设计评审表，待结构手板完成并做相关测试后，根据存在的问题做好记录并及时修改。
2. 完成鼠标模型与手掌贴合度的数据比对。

工作成果：完成的设计方案（3D 模型、二维图）、产品零件清单。

学习成果：结构设计评审表、工作日志。

知识点、技能点：方案展示的方法、人机工程。

职业素养：专业表达能力、信息交换能力、自我提升能力，培养于结构设计提案的过程。

学习任务 4：复杂注塑成型类产品结构设计

工作环节 4

结构设计评审

1. 基本框架结构评审。整款产品的基本框架结构形成后，教师根据设计要求及行业规范进行评审，形成修改意见，由学生进行修改继而结构优化。在基本框架评审过程中，重点是明确框架模型的装配关系、空间关系等设计是否符合行业设计标准。要求学生以小组为单位，对鼠标框架模型的装配关系、空间关系等进行统计，形成框架结构评审项目表，小组依照设计规范进行相互评审后提交意见给教师并点评。
2. 初步设计方案评审。初步设计完成后和设计团队一起进行内部评审，会后根据会议记录逐条落实。在初步设计方案评审过程中，重点是明确塑胶零件的设计标准、鼠标设计标准，要求学生以小组为单位进行方案展示，组与组之间进行方案比对和现场评价，教师参照行业设计标准对模型设计的装配不合理、取值不合理等地方进行点评，学生记录组与组之间的设计差异和优缺点，形成设计改进意见并落实。
3. 制作手板模型。初步评审完成后，根据修改完成的模型打印 3D 手板模型并进行结构验证。在此环节过程中，掌握 3D 打印的操作方法是重点的学习内容。要求以小组为单位对零件进行分类，整理形成各个零件清单并展示，教师进行点评，确认无误后传输到打印机进行打印，打印完毕进行必要的后处理；待零件处理完成后进行装配并反馈意见进行打印优化或设计优化。

工作成果：1. 基本框架评审意见、工作日志；
2. 内部评审后的记录；
3. 3D 打印的模型。

学习成果：1. 评审项目表；
2. 现场评价意见；
3. 零件清单表。

知识点、技能点：1. 上盖、下盖、按键、中柱、侧盖、电池盖设计标准；
2. 塑胶零件设计标准；
3. 3D 打印设备的使用、软件的使用（支撑的选择原则、层高、间距）、后处理的方法。

职业素养：1. 交换信息的能力，培养于基本框架评审的过程中；
2. 专业表达能力、发现并解决问题的能力，培养于结构评审的过程中。

课程 6.《塑料成型类产品结构设计》

学习内容

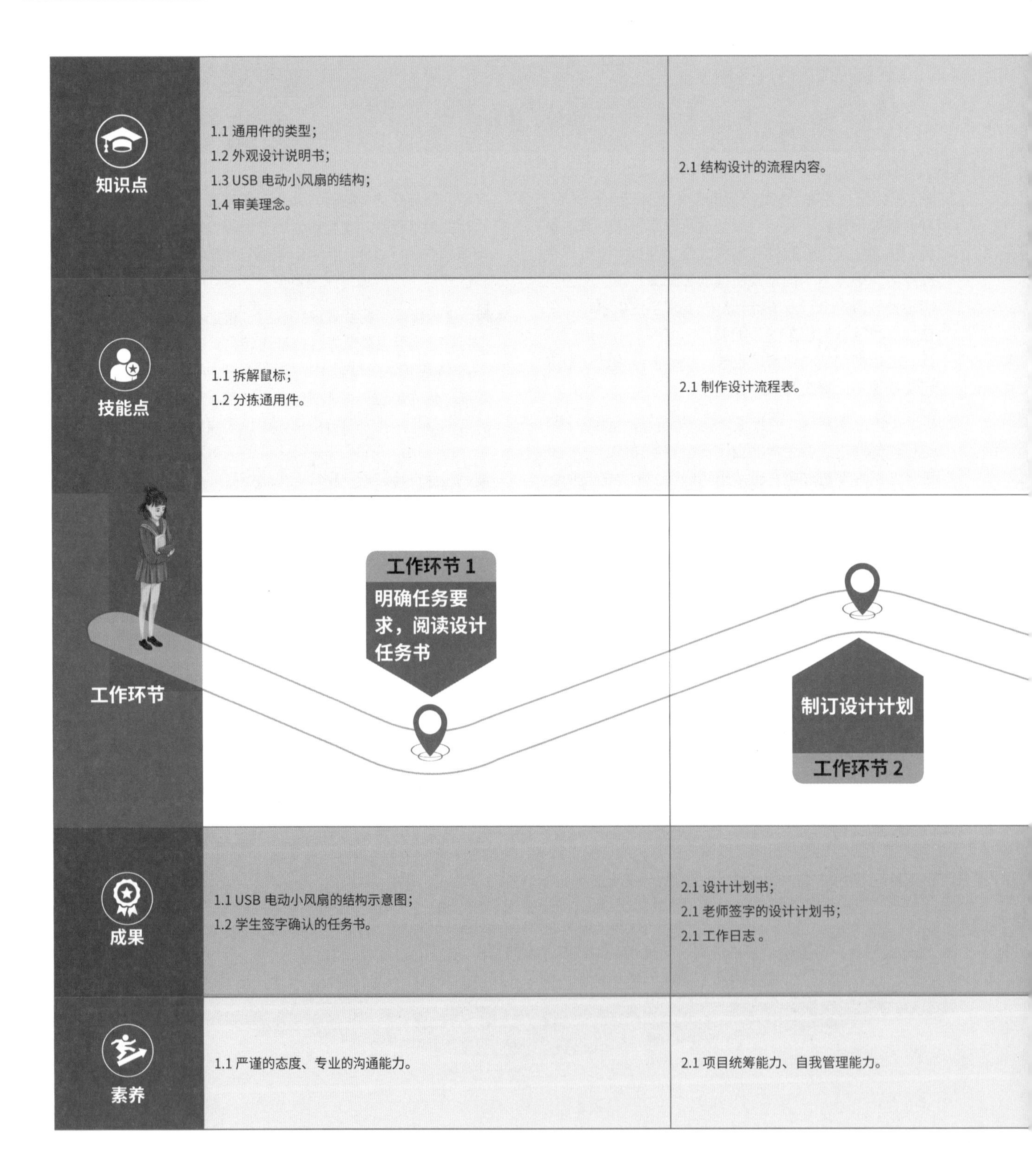

知识点	1.1 通用件的类型； 1.2 外观设计说明书； 1.3 USB 电动小风扇的结构； 1.4 审美理念。	2.1 结构设计的流程内容。
技能点	1.1 拆解鼠标； 1.2 分拣通用件。	2.1 制作设计流程表。
工作环节	工作环节 1 明确任务要求，阅读设计任务书	制订设计计划 工作环节 2
成果	1.1 USB 电动小风扇的结构示意图； 1.2 学生签字确认的任务书。	2.1 设计计划书； 2.1 老师签字的设计计划书； 2.1 工作日志 。
素养	1.1 严谨的态度、专业的沟通能力。	2.1 项目统筹能力、自我管理能力。

学习任务 4：复杂注塑成型类产品结构设计

3.1 鼠标电路板、电池、滚轮等结构件的位置与空间； 3.2 鼠标外观验证的要求； 3.3 鼠标零件模具工艺； 3.4 鼠标装配关系； 3.5 外观曲面建模方法； 3.6 分件面的设计。 3.7 3D 模型数据采集； 3.8 鼠标油泥模型的制作方法。	4.1 上盖、下盖、按键、中柱、侧盖、电池盖设计标准 4.2 塑料注塑模标准。	5.1 方案展示的方法 5.2 人机工程。
3.1 鼠标的干涉检查方法 3.2 按键设计 3.3 螺柱内外径的取值 3.4 外观验证的方法 3.5 孔的设计 3.6 壁厚的取值 3.7 拔模斜度的取值。 3.8 加强筋的设计； 3.9 卡扣的设计取值； 3.10 泥塑工具的使用； 3.11 3D 扫描仪的使用方法； 3.12 分件面的设计； 3.13 外观曲面建模方法。	4.1 鼠标模型 3D 打印的操作方法 4.2 3D 打印 软件的参数设置 4.3 鼠标模型后处理的方法 4.4 鼠标模型零件的装配方法。	5.1 制作结构评审表。
工作环节 3 实施计划	工作环节 4 团队组内检查	点评、审核设计成果 工作环节 5
3.1 USB 电动小风扇外观模型； 3.2 框架模型； 3.3 工作日志； 3.4 验证外观的 PPT； 3.5 外观验证后的 3D 模型； 3.6 结构设计要点示意图； 3.7 初步设计完成的 3D 模型； 3.8 自检合格后的 3D 模型； 3.9 自检项目表。	4.1 评审项目表； 4.2 基本框架评审意见； 4.3 内部评审后的记录； 4.4 现场评价意见； 4.5 3D 打印的模型； 4.6 零件清单表； 4.7 设备简介。	5.1 结构设计评审表 5.2 完成的设计方案（3D 模型、二维图）、产品零件清单。
3.1 崇尚实践、技术运用（油泥外观模型制作、3D 扫描数据采集）。	4.1 崇尚实践，进行鼠标油泥模型的制作； 4.2 专业技术运用，对鼠标油泥模型数据采集。	5.1 专业表达能力、信息交换能力、自我提升能力。

教学活动

课程 6.《塑料成型类产品结构设计》

学习任务 4：复杂注塑成型类产品结构设计

	工作子步骤	教师活动	学生活动	评价
获取信息，明确任务	阅读设计任务书	1. 通过 PPT 展示任务书，引导学生阅读工作页中的任务书，组织学生把任务书中关于设计要求的关键词写在纸条上并展示在白板上。 2. 引导学生阅读产品说明书和设计手册，完成鼠标的结构示意图。 3. 组织学生分拆产品实物，找出鼠标包含的通用件和标准件并进行分类展示。 4. 组织学生填写工作页并在任务书中签字。 5. 通过PPT介绍人体工程学的概念。	1. 独立阅读工作页中的设计任务书，明确任务完成时间、资料提交要求；划出关于鼠标设计要求的相关内容并回答引导问题。 2. 以小组为单位查阅产品说明书及相关设计手册，并制作出鼠标的结构示意图。 3. 以小组为单位查阅互联网或资料，找出通用件和标准件的区别，完成工作业上的引导问题的填写。 4. 对任务中不明确或不懂的专业技术指标，通过查阅技术资料或咨询老师进行确认，最后在任务书中签字确认。 5. 查找关于鼠标人体工程学的相关资源。	1. 关键词查找是否正确。 2. 示意图表达是否正确。 3. 通用件与标准件的分类是否正确。 4. 工作页的引导问题回答是否正确。 5. 任务书是否签字确认。
	课时： 4 课时 1. 硬资源：鼠标软资源：工作页、产品说明书、数字化资源、设计任务书等。 2. 教学设施：投影仪、一体机、白板、海报纸、卡片纸等。			
制订设计计划	制订工作计划并做出决策	1. 通过 PPT 展示工作计划的模板，包括工作步骤、工作要求、人员分工、时间安排等要素，分解鼠标的设计步骤。 2. 讲解企业新产品开发进度计划表的填写要求及注意事项，指导学生填写各个工作步骤的工作要求、小组人员分工、阶段性工作时间估算等内容，提升学生团队协作、人际交往以及语言表达等综合能力。 3. 组织各小组进行展示汇报，对各小组的工作计划表提出修改意见，指导学生填写工作页中的工作计划表。	1. 参考企业新产品开发进度计划表，以小组为单位在海报纸上填写设计流程，包括外观建模时间安排、通用件建模时间安排、拆分零件时间安排、内部评估安排等。 2. 各小组根据产品设计案例视频的内容，总结填写每个工作步骤的工作要求；明确小组内人员分工及职责；估算阶段性工作时间及具体日期安排，养成团队协助精神。 3. 各小组汇报工作计划表，针对教师及他人的合理意见进行修订并填写工作页。	1. 工作步骤是否完整。 2. 工作要求是否合理细致、分工是否明确、时间安排是否合理。 3. 工作计划表文本是否清晰、表达是否流畅、工作页填写是否完整。 4. 汇报内容是否准确、表达是否清晰。
	课时： 1 课时 1. 硬资源：鼠标等。 2. 软资源：工作页、数字化资源、设计计划书等。 3. 教学设施：投影仪、一体机、白板、海报纸、卡片纸等。			

结构设计

工作子步骤	教师活动	学生活动	评价
1. 外观模型重建	1. 通过 PPT 介绍泥塑工具的使用方法。 2. 示范 3D 扫描仪的操作使用要领，介绍扫描仪的使用方法。 3. 通过 PPT 展示鼠标的外观要求及内部结构要求，指出产品分件面的概念，拔模的要求等。 4. 指导学生完成工作内容的填写。 5. 通过软件演示外观模型的重建步骤和方法，巡回指导学生完成外观模型的重建。	1. 以小组为单位运用油泥材料、泥塑工具，根据手掌与油泥的贴合度进行模型的制作，培养崇尚实践和精益求精的工匠精神。 2. 以小组为单位，运用三维扫描仪对鼠标油泥模型进行数据采集，培养专业技术运用的能力。 3. 独立查阅塑料注塑模标准、消费电子产品（鼠标）设计标准，以导入的外观模型为参照进行带有外形拔模的外观模型重建。 4. 各小组根据产品外观模型特点，进行分件面设计。 5. 独立根据产品的功能需求、外观要求及结构特点进行分件设计，并进行口述汇报。 6. 独立完成工作页引导问题的填写。	1. 泥塑工具的使用是否合理、规范。 2. 3D 扫描仪的使用是否正确。 3. 外形拔模角是否正确。 4. 分件面的设计是否正确。 5. 外观模型与要求是否一致。 6. 汇报内容是否准确。 7. 工作页的填写是否及时、正确。
课时： 4 课时 1. 硬资源：鼠标、油泥、泥塑工具、3D 扫描仪等。 2. 软资源：外观模型（文档）、工作页、塑料注塑模标准等。 3. 教学设施：多媒体、图形工作站等。			
2. 确定基本框架结构	1. 运用 PPT 资源并结合软件示范通用零件模型或标准件的装配关系，组织学生完成产品框架模型的建模，引导学生完成 工作页的填写。 2. 讲解产品的上盖与下盖的螺纹连接、按键与上盖的卡扣连接、滚轮与中柱的连接、电池盖的卡扣连接，引导学生完成工作页引导问题的填写，巡回指导学生完成设计。	1. 独立查阅鼠标的结构原理图、说明书等，将通用零件模型或标准件装配到总装图中，形成产品的基本框架。根据装配的位置及关系、材料工艺、模具工艺、表面处理等要求填写工作页的引导问题。 2. 独立完成产品的壁厚设计。 3. 独立根据演示过程完成上盖、下盖、按键、中柱、侧盖、电池盖等部件的分件设计。	1. 通用件或标准件的装配位置是否正确。 2. 壁厚设计是否合理。 3. 装配关系是否合理。 4. 参数化设计是否有体现。
课时： 4 课时 1. 硬资源：鼠标等。 2. 软资源：通用零件或标准零件（文档）、工作页、塑料注塑模标准等。 3. 教学设施：多媒体、图形工作站等。			
3. 外观验证	1. 组织学生分组进行外观验证，引导学生填写好工作页。 2. 对外观验证过程中出现的问题进行总结，引导学生进行结构更新。	1. 以小组为单位通过模型对比找出框架模型与外观模形的不同之处，制作 PPT 进行记录并汇报。 2. 以小组为单位查阅资料，确定结构件之间的位置与空间尺寸，找出设计的区别，制作 PPT 进行记录并汇报，完成工作页引导问题。 3. 根据外观验证后的建议，独立完成模型的结构更新。	1. 框架模型与外观模型是否一致。 2. 零件的分件面是否合理。 3. 结构件的位置与空间是否正确。
课时： 3 课时 1. 硬资源：鼠标等。 2. 软资源：工作页、基本框架模型、外观模型、塑料注塑模标准等。 3. 教学设施：多媒体、图形工作站、白板等。			

学习任务 4：复杂注塑成型类产品结构设计

1 获取信息，明确任务 → 2 制订设计计划 → 3 结构设计 → 4 结构设计评审 → 5 结构设计提案

	工作子步骤	教师活动	学生活动	评价
结构设计	4. 结构细化	1. 组织学生学习零件结构设计规范并进行展示。 2. 组织学生填写工作页。 3. 根据产品的特点进行部分结构细化设计的演示。 4. 介绍相关结构的设计取值。	1. 以小组为单位根据设计规范绘制零件之间的连接方式、拔模斜度、加强筋、螺柱、壁厚等结构位置示意图并展示。 2. 根据老师提出的引导问题，独立查阅资料完成工作页的填写。 3. 根据设计规范的要求独立查阅止位、卡扣、螺钉柱等位置的参数并操作软件进行模型的结构细化。 4. 查阅相关标准，了解各个取值的要求和方法。	1. 结构细化的参数设置是否合理。 2. 设计是否有创新意识。 3. 示意图表达是否正确。 4. 工作页内容填写是否正确。
	课时： 12 课时 1. 硬资源：鼠标等。 2. 软资源：工作页、外观验证后的 3D 模型、塑料注塑模标准、结构设计规范、人机工程设计规范、材料与加工工艺等。 3. 教学设施：多媒体、图形工作站、白板等。			
	5. 结构设计自检	1. 操作软件，示范干涉检查的方法和步骤，引导学生完成自检项目表的填写。	1. 根据产品设计规范要求，以小组为单位进行结构的设计干涉检查、模具的合理性检查，并制订自检项目表（项目涉及装配关系、运动关系、装配间隙、壁厚等）。 2. 根据结构设计要求，独立完对模型装配间隙干涉预估和壁厚检查等项目，最后提交自检 3D 模型。	1. 产品模型有无干涉。 2. 装配间隙是否合理，壁厚是否合理、运动关系是否合理。 3. 是否符合模具生产要求。 4. 自检内容填写是否完整。
	课时： 2 课时 1. 硬资源：鼠标等。 2. 软资源：工作页、结构细化后的模型、塑料注塑模标准、结构设计规范等。 3. 教学设施：多媒体、图形工作站、白板、海报纸、卡片纸等。			
结构设计评	1. 基本框架结构评审	1. 组织学生进行基本框架评审，解释评审项目内容和要求。 2. 根据模型的特点演示装配、空间关系等设计要求。 3. 引导学生完成工作页引导问题的填写。	1. 以小组为单位，根据老师演示的相关装配关系、空间关系等模型特点制作评审项目表。 2. 以小组为单位，结合行业规范进行基本框架结构评审并提出修改意见，记录意见后进行结构优化。	1. 评审内容是否完整。 2. 评审意见是否正确。
	课时： 2 课时 1. 硬资源：鼠标等。 2. 软资源：工作页、基本框架模型、外观模型、塑料注塑模标准、结构设计规范等。 3. 教学设施：多媒体、图形工作站、白板等。			

	工作子步骤	教师活动	学生活动	评价
结构设计评审	2. 初步设计方案评审	1. 组织学生进行现场评价，对模型中出现的不合理设计进行记录并点评。	1. 以小组为单位，根据塑料行业的设计规范对其他小组的设计模型进行评审提议，并做好记录。 2. 以小组长为代表对模型进行现场评价展示。	1. 模型的评审展示是否全面、具体。 2. 表达是否准确。
	课时： 1 课时 1. 硬资源：鼠标等。 2. 软资源：工作页、初步完成的产品 模型、塑料注塑模标准、结构设计规范等。 3. 教学设施：多媒体、图形工作站、白板、海报纸、卡片纸等。			
	3. 制作手板模型	1. 组织学生进行打印清单的制作并点评。 2. 组织学生进行 3D 打印设备的初始化调试并完成模型的 3D 打印。 3. 组织学生进行模型的后处理并完成产品模型的装配。	1. 以小组为单位，根据产品模型的结构特点制作一份零件打印清单并提交给老师审核。 2. 以小组为单位操作打印设备，完成模型的打印。 3. 以小组为单位对打印后的模型进行后处理并完成装配。 4. 以小组为单位对装配后的产品模型进行结构问题反馈。	1. 打印清单整理是否齐整。 2. 打印模型的支撑、层高、间距设置是否合理。 3. 设备的上料、调平、参数设置是否合理。 4. 模型是否顺利完成装配并能实现功能。
	课时： 4 课时 1. 硬资源：3D 打印设备、ABS 料带、铲刀、手套、粘胶带、固体胶、沙纸等。 2. 软资源：打印清单、3D 打印模型、打印设置说明书等。 3. 教学设施：多媒体、图形工作站、白板等。			
结构设计提案	内部提案	1. 组织学生和企业专家对学生完成的模型进行全面评审，完成评审后反馈信息给学生进行数据修改并保存数据和上传。 2. 组织学生完成评审意见的填写。 3. 组织学生讲解 3D 打印模型的人机工程验证方法。	1. 以小组为单位通过多媒体平台展示模型数据，记录评审意见，会后进行模型数据的修改并提交最终数据。 2. 以小组为单位完成 3D 模型的输出、二维图的输出产品零件清单的制作。 3. 完成工作页引导问题的填写。 4. 独立完成鼠标模型与手掌贴合度的数据比对。	1. 评审报告内容是否完整。 2. 提交的数据是否完整。 3. 手板模型是否符合用户手部数据。
	课时： 2 课时 1. 硬资源：鼠标手板模型等。 2. 软资源：模型数据（3D 模型、二维图、产品零件清单）、工作页、行业设计标准、外观模型、内部评审报告等。 3. 教学设施：多媒体、图形工作站、白板等。			

课程 6.《塑料成型类产品结构设计》

考核标准

智能摇控器的设计

情境描述：

某企业现需开发一款智能摇控器外壳投放市场，要求该产品外观颜色鲜艳，具有一定的视角冲击力，实用、耐摔、通用性强等。现提供一份设计说明书和一张产品图片，要求利用现有的相关设备进行产品结构设计，设计的产品需要符合国家或相关行业的产品标准。

任务要求：

根据上述任务要求制订一份尽可能详细的能完成此次任务的工作方案，通过查阅相关标准或规定独立完成产品的结构设计，保证完成的产品设计能够通过评审要求，并跟进手板制作最后交付客户数据。

参考资料：

完成上述任务时，你可能使用专业教材、网络资源、《机械设计手册》《机械制图国家标准》《AutoCAD国家标准》《计算机安全操作规程》、机房管理条例等参考资料。

评价方式：

由任课教师、专业组长、企业代表组成考评小组共同实施考核评价，取所有考核人员评分的平均分作为学生的考核成绩。（有笔试、实操等多种类型考核内容的，还须说明分数占比或分值计算方式。）

评价标准

序号	项目	内容	配分	评分标准	扣分
一	阅读设计任务书	1. 任务关键词查找是否准确、全面	3	关键词查找不全酌情扣 2～3 分	
		2. 产品结构表述是否清晰	3	产品结构原理表述，不清扣 2～3 分	
二	制订设计计划	1. 产品设计时间分配是否合理	3	时间分配不合理酌情扣 1～2 分	
		2. 设计流程是否清晰、完善	3	设计流程，不完整酌情扣 1～3 分	
三	结构设计	1. 外观模型重建是否与产品外观一致	5	重建模型外观有稍微变化酌情扣 1～2 分，全变了不得分	
		2. 基本框架建立是否完整，零件装配关系、位置是否正确	5	结构设计是否体现参数化关系，关系混乱酌情扣 1～2 分	
		3. 分件面的设计是否合理，结构件的位置与空间是否正确	5	产品分件的思路是否正确，是否影响产品的外观效果，不合理扣 4～5 分	
		4. 结构设计参数取值是否合理	5	结构件的参数是否符合塑料制品的模具制造工艺，有错扣 4～5 分	
		5. 设计是否具有创新性，示意图表达是否正确	5	产品是否考虑到创新、人性化、人体工程学等，体现创新意识得 6～8 分	
		6. 产品模型有无干涉，装配间隙是否合理	5	装配是否考虑干涉，有干涉酌情扣 2～3 分	
四	结构评审	1. 展示装配关系是否完整、清晰	4	展示过程不熟练、展示不清晰，酌情扣 1～2 分	
		2. 评审记录是否全面、中肯	4	评审过程是否有作记录，无记录扣 1～3 分	
		3. 3D 打印参数设置是否正确	4	参数设置有错，酌情扣 3～4 分	
		4. 零件清单内容是否齐全	4	漏零件一个扣 2 分	
		5. 零件是否能装配成功，并实现功能	4	能装配但不能实现功能扣 1～2 分；不能装配，全扣	
五	结构设计提案	1. 评审报告内容是否完整	4	每漏一项扣 1 分，扣完此项配分为止	
		2. 数据文件是否齐备	4	有错漏一项酌情扣 1～2 分，扣完为止	
	合计		70		

课程 7.《技术文件编制》

学习任务 1
物料清单编制
（20）课时

学习任务 1
模具清单编制
（20）课时

课程目标

学习完本课程后，学生应当能够胜任技术文件编制的任务，包括：物料清单编制、模具清单编制、工程图编制、作业指导书编制等，并能严格按照国家制图标准以及 AutoCAD 绘图规范制作整机爆炸图、机加工零件工程图、钣金件工程图、塑胶件零件工程图等，养成在测绘过程中严谨、细致的职业素养。具体目标为：

1. 通过阅读任务书，明确任务完成时间、资料提交要求；根据企业提供的产品文件资料以及技术文件模板，明确技术文件的作用以及技术文件中的各组成要素。

2. 能够明确编制各项技术文件需要提前准备的资料，包括企业各技术文件的模板文件以及产品的 3D 图等；能够制订编制技术文件的工作计划表并进行展示汇报。

3. 明确物料编码的申请流程并能够对工程图纸进行编号。

4. 能够识读产品工程图纸，能够确定产品的材料、表面处理方式等。

5. 能够熟练使用标准件库并正确调用标准件。

6. 能够确定物料清单中各要素的确定方法。

7. 熟知模具基础知识并明确模具清单中各要素的确定方法。

8. 根据产品装配方式能够在装配环境中将整机模型分解成各零部件，并将其导入工程图环境中制作出整机爆炸图。

9. 能够根据零件结构特点选择合适的视图表达方式并标注尺寸绘制出机加工零件的工程图、钣金件的工程图、塑胶件零件工程图。

10. 能够熟练使用拆解工具拆装样机，记录产品的组装顺序，制作出产品装配流程示意图。

11. 能够熟练使用办公软件编制出各种技术文件，能通过查阅资料或者请教教师明确技术文件中涉及的专业知识点。

12. 能够对编制出的技术文件进行自我检查以及修订，具备保密意识，不外传技术文件。

课时：100

学习任务 3

工程图编制

（40）课时

学习任务 4

作业指导书编制

（20）课时

课程内容

本课程的主要学习内容包括：

一、物料清单编制

1. 物料清单的作用及意义；
2. 物料清单各要素的含义；
3. 企业物料清单模板文件；
4. 企业物料编码的申请流程；
5. 工程图纸编号调用技巧；
6. 办公软件 Word 操作技能；
7. 工程图的识读；
8. 标准件的调用；
9. 材料选用；
10. 工艺确定；
11. 颜色确定；
12. 表面处理方式的选择。

二、模具清单编制

1. 模具清单的作用及意义
2. 模具清单各要素的含义；
3. 模具加工基础知识；
4. 工程图编号调用技巧；
5. 办公软件 Excel 技能；
6. 产品表面处理的方式；
7. 工件合模的要求（颜色、材料、结构尺寸）；
8. 型腔等模具机构数量的确定；
9. 模具材料。

三、工程图编制

1. 工程图的作用及意义；
2.Creo 绘图软件应用；
3. 从整机中拆解零件模型；
4. 识别零件材料以及成型方式；
5. 产品各零件装配关系；
6. 爆炸工程图的制作（明细栏、零件序号、尺寸标注、形位公差的确定等）；
7. 机加工零件工程图的绘制；
8. 钣金件的工程图绘制；
9. 塑胶件的结构特点；
10. 塑胶件零件工程图的绘制。
11. 保密协议的重要性。

四、作业指导书编制

1. 作业指导书的作用及意义；
2. 作业指导书各要素的含义；
3. 编制作业指导书的流程；
4. 拆解步骤的记录；
5. 各零件之间的装配关系；
6. 各工位的组件装配工艺；
7. 电动螺丝刀的正确使用；
8. 作业指导书封面的正确填写；
9. 插入新页面；
10. 流程图的绘制技巧；
11. 工位排序；
12. 产品装配要求；
13. 产品生产工艺要求；
14. 工序（步）内容要求及注意事项的编写。

学习任务 1：物料清单编制

任务描述

学习任务课时：20 课时

任务情境：

某企业研发部的蓝牙音箱产品开发工作已经完成，所有物料已确认无误，准备进行小批量试产，需要制作物料清单。物料清单是产品设计开发过程中非常重要的指导性文件，用于指导物料采购以及生产加工，物料清单中包含的要素很多，且各企业都有其内部的物料清单模板，若物料清单信息有误，则会导致采购回来的物料或者加工出来的物料无法满足产品设计要求，这不仅会延误工期而且会增加产品开发成本。该企业与我院工业设计专业关系良好，得知我系学生临近毕业实习，有意吸收我系专业学生进行毕业实习，想提前摸查一下学生的能力，便询问我系专业老师我们的学生现在是否能完成他们公司刚开发完的蓝牙音箱的物料清单编制工作，教师团队认为我校学生通过学习物料清单的相关知识，在老师的指导下可以提交蓝牙音箱的物料清单给企业进行审核。现企业提供蓝牙音箱的 3D 图纸、工程图纸、企业内部物料清单的模板文件等，要求我们在一周内完成完整的物料清单信息，包括物料编码、物料名称、物料规格型号、材料、工程图纸编号、物料用量、损耗率、供应商、交货周期等。完成的物料清单由教师审核签字，并举办企业评审会，企业为作品优秀的学生提供面试机会。

具体要求见下页。

工作流程和标准

工作环节 1

明确任务，获取物料清单相关信息

企业对于此项任务的基本需求：企业提供蓝牙音箱的 3D 图纸、工程图纸、企业内部物料清单的模板文件、供应商资料等，要求我们的学生在一周内完成完整的物料清单信息。

1. 阅读任务书，接受物料清单编制任务。通过划关键词和口头复述工作任务以明确任务要求。
2. 查阅资料或通过适当渠道，明确并陈述物料清单的含义、作用及重要性，并将物料清单中的关键要素写在卡纸上，随机抽取学生讲述卡纸中的关键要素的含义。对于任务要求中不明确或不懂的专业技术指标，通过查询企业给予的相关资料进行确认。

学习成果：物料清单各要素卡纸。

知识点、技能点：物料清单的作用及意义。

职业素养：复述书面内容的能力及语言表达能力，培养于口头复述工作任务的过程中；资料搜集能力，培养于查阅资料的过程中。

工作环节 3

编制物料清单

3

编制物料清单时，要完全按照企业提供的蓝牙音箱的 3D 图纸、工程图纸、企业内部物料清单的模板文件等文件进行工作，以免造成不必要的规格性不符合。

根据设计产品时制订的零件要求，在物料清单列表中一项一项录入零件名、物料编码、材料、工艺、颜色、表面处理、规格、用量等，期间涉及该专业的多项知识点，不明之处请查阅企业相关资料或者请教教师。

学习成果：物料清单初稿。

知识点、技能点：办公软件和绘图软件应用、工程图的识读、标准件的调用、材料选用、工艺确定、颜色确定、表面处理方式的选择。

职业素养：严谨细致的工作态度、求知欲望。

工作环节 2

创建物料清单模板文件

1. 分析该任务的详细需求，团队一起评估此项任务需求的相关资料，若缺少资料应该找途径获得。
2. 学习企业以前编制的物料清单模板。
3. 学习办公软件基本使用。
4. 明确小组人员以及职责分工。
5. 拟订工作计划、周期表并获得审定。工作计划内容包括工作环节内容、人员分工、工作要求、时间安排等要素。
6. 调用公司物料清单的样板、蓝牙音箱的 3D 图以及工程图纸，申请物料编码，调用工程图纸编号，根据设计产品时制订的零件要求（物料名称、物料编码、物料规格型号、材料、工程图纸编号、颜色、表面处理、规格、用量等）绘制物料清单表格，物料清单要素齐全。

学习成果：物料清单编制模板、计划书、技能具备项（办公软件等）。

知识点、技能点：物料清单各要素的含义、物料编码的申请流程、工程图纸编号调用技巧、办公软件操作技能。

职业素养：规划能力、学习能力、总结能力。

思政元素：遵循企业标准的规则意识。

工作环节 4

结果申述验收

1. 小组审核：各组将录入好的物料清单与其他组的物料清单进行比对审核，如有不符项、不同项，各组应该对其评审的组进行记录以及批改，期间保留所有审核记录。
2. 经过各组相互审核并且让各组更改后，提交教师作初步审定，并且附上各组的修改记录表。

学习成果：标注后的物料清单、组内检查报告、修改记录。

知识点、技能点：物料清单的内容及零件样品的详细说明。

职业素养：流畅的沟通表达能力，培养于向设计主管汇报物料清单的过程中；认真严谨的工作态度。

工作环节 5

总结评价

5

小组审核并且修改过的物料清单交由企业专业团队与教师进行全面评审，后开评审结果会议，全面点评各个小组的成果（点评修改细节、提出修改方案）并对成果进行成果分析。结束后，各组修改各自的设计方案以及相关工艺报告，直到教师或者企业设计人员审核签字通过。在编制物料清单的过程中，相关资料不能外传。

学习成果：企业点评后的物料清单。

知识点、技能点：物料清单的编制要求、企业规定、制订模板。

职业素养：与人交流的友好态度。

课程 7.《技术文件编制》

学习内容

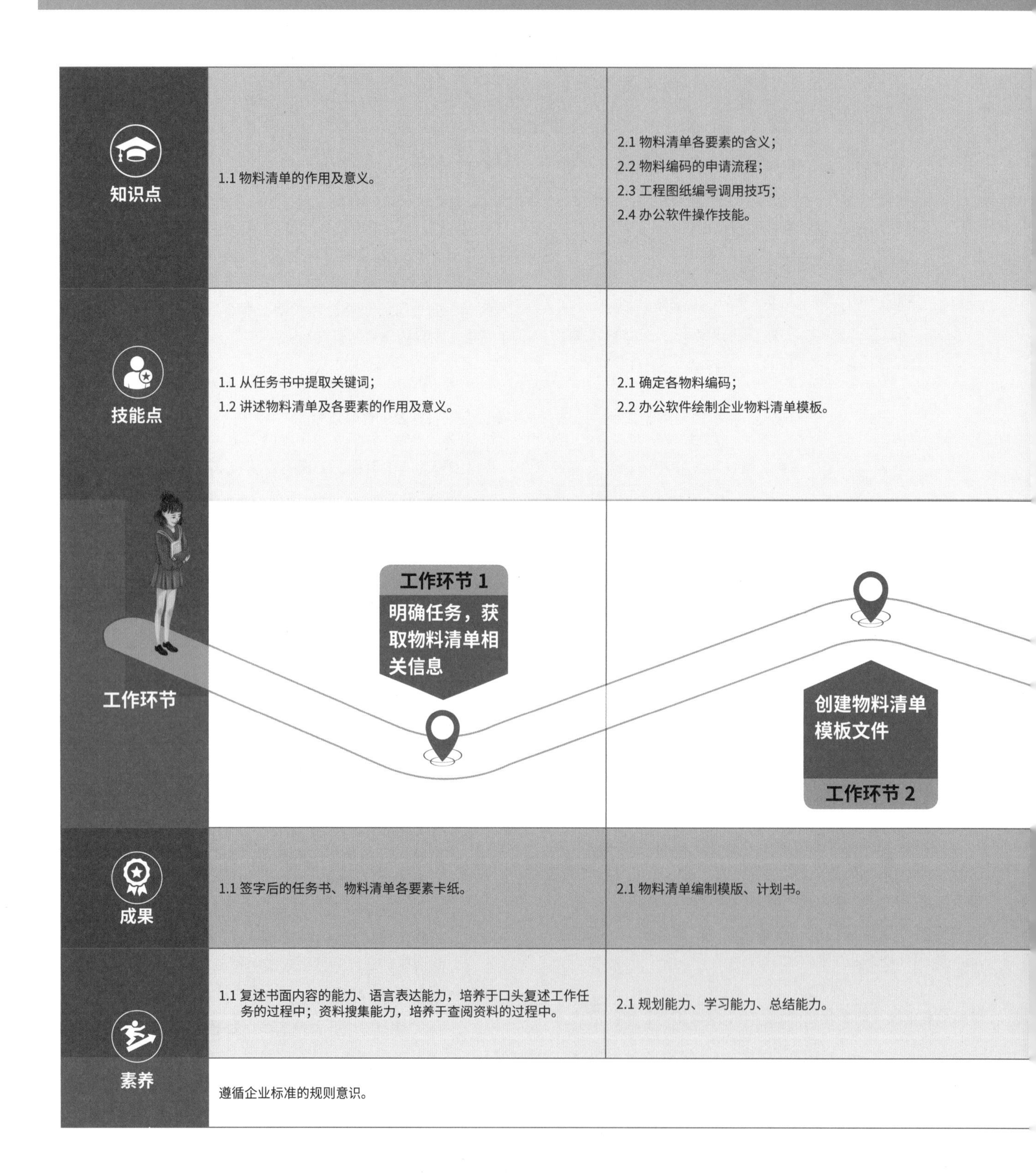

	工作环节 1 明确任务，获取物料清单相关信息	工作环节 2 创建物料清单模板文件
知识点	1.1 物料清单的作用及意义。	2.1 物料清单各要素的含义； 2.2 物料编码的申请流程； 2.3 工程图纸编号调用技巧； 2.4 办公软件操作技能。
技能点	1.1 从任务书中提取关键词； 1.2 讲述物料清单及各要素的作用及意义。	2.1 确定各物料编码； 2.2 办公软件绘制企业物料清单模板。
成果	1.1 签字后的任务书、物料清单各要素卡纸。	2.1 物料清单编制模版、计划书。
素养	1.1 复述书面内容的能力、语言表达能力，培养于口头复述工作任务的过程中；资料搜集能力，培养于查阅资料的过程中。	2.1 规划能力、学习能力、总结能力。
	遵循企业标准的规则意识。	

学习任务 1：物料清单编制

.1 办公软件与绘图软件应用； .2. 工程图的识读； .3. 标准件的调用； .4. 材料选用、工艺确定、颜色确定、表面处理方式的选择。	4.1 物料清单的内容 4.2. 零件样品的详细说明。	5.1 物料清单的编制要求； 5.2 企业内部模板。
.1 确定工程图图号、标准件代号、材料规格、颜色、表面处理工艺等。	4.1 根据零件样品完善物料清单。	5.1 根据审核意见完善物料清单。
工作环节 3 实施编制物料清单	工作环节 4 成果审核验收	总结评价 工作环节 5
.1 物料清单初稿。	4.1 完善后的物料清单。	5.1 根据审核意见修改后的物料清单。
.1 严谨细致的工作态度、求知欲望。	4.1 流畅的沟通表达能力，培养于向设计主管汇报物料清单的过程中；认真严谨的工作态度。	5.1 严谨细致的工作能力、遵循企业标准的能力，培养于修订物料清单的过程。

教学活动

课程 7.《技术文件编制》

学习任务 1：物料清单编制

1 明确任务，获取物料清单相关信息　2 创建物料清单模板文件　3 编制物料清单　4 成果审核验收　5 总结评价

	工作子步骤	教师活动	学生活动	评价
明确任务获取物料清单相关信息	阅读任务书，明确任务要求	1. 通过 PPT 展示任务书，引导学生阅读工作页中的任务书，让学生明确任务完成时间、资料提交要求。举例划出任务书中的一个关键词，组织学生用荧光笔在任务书中画出其余关键词。 2. 列举查阅资料的方式，指导学生通过查阅资料明确物料清单的定义以及物料清单各组成要素的含义。 3. 教师组织学生阐述各卡纸中的内容，并完成工作页中的内容。 4. 组织学生在任务书中签字。	1. 独立阅读工作页中的任务书，明确任务完成时间、资料提交要求，每个学生用荧光笔在任务书中画出关键词，如物料清单信息包括物料编码、物料名称、物料规格型号、材料、工程图纸编号、物料用量、损耗率、供应商、交货周期等。 2. 以小组合作的方式查阅资料，在卡纸上写明物料清单的定义以及物料清单各组成要素的含义。 3. 小组派代表阐述各卡纸中的内容，并完成工作页中引导问题的回答。 4. 对任务要求中不明确或不懂的专业技术指标，通过查阅技术资料或咨询教师进一步明确，最终在任务书中签字确认。	1. 找关键词的全面性与速度。 2. 资料查阅是否全面，复述表达是否完整、清晰。 3. 工作页中引导问题回答是否完整、正确。 4. 任务书是否有签字。
	课时： 4 课时 1. 硬资源：蓝牙音箱等。 2. 软资源：AutoCAD 软件、Creo 软件、办公软件、工作页、蓝牙音箱的 3D 图纸、工程图纸、企业内部物料清单的模板文件等。 3. 教学设施：计算机、投影仪、一体机、白板、荧光笔等。			
创建物料清单模板文件	准备资料	1. 指导学生评估本次任务的资料是否齐全。 2. 提供某企业的物料清单模板。 3. 办公软件 Excel 制作表格操作示范。 4. 提供某企业的物料编码规则文件，讲解物料编码的申请规则、工程图纸编号调用技巧。	1. 分析任务的详细需求，小组成员一起评估此项任务需求的相关资料，若缺少资料应该找途径获得。 2. 学习企业以前编制的物料清单模板。 3. 学习使用办公软件 Excel 制作表格。 4. 调用某企业物料清单的样版、蓝牙音箱的 3D 图以及工程图纸，根据某企业的物料编码规则文件申请物料编码，调用工程图纸编号，根据设计零件时制订的零件要求(物料名称、物料编码、物料规格型号、材料、工程图纸编号、颜色、表面处理、规格、用量等）绘制物料清单表格，并按指定路径保存文档。	1. 资料是否齐全。 2. 物料清单各要素含义是否明确。 3. 办公软件 Excel 操作是否熟练。 4. 物料清单表格各要素是否完整，是否与企业物料清单样板中的要素一致。
	课时： 6 课时 1. 硬资源：蓝牙音箱等。 2. 软资源：AutoCAD 软件、Creo 软件、办公软件、工作页、蓝牙音箱的 3D 图纸、工程图纸、企业内部物料清单的模板文件等。 3. 教学设施：计算机、投影仪、一体机、白板、荧光笔等。			

基准课时：20

工作子步骤	教师活动	学生活动	评价
1. 绘图软件应用、工程图图号编制	1. 示范在 AutoCAD 零件工程图的标题栏填写零件图号。 2. 指导学生完成工作页中的相关内容。 3. 示范在总装配图的明细栏中填写对应的零件图号。	1. 打开蓝牙音箱各零件工程图以及总装工程图，在标题栏图号一栏中根据工程图图号编写规则填入各零件图的图号。 2. 完成工作页中的相关内容。 3. 在总装配图的明细栏中填入相应零件的图号。	1. 工程图图号命名简单明了。 2. 明细栏的零件图号是否与各零件工程图中的图号一致。
课时：2 课时 1. 硬资源：蓝牙音箱、机械制图教材等。 2. 软资源：AutoCAD 软件、Creo 软件、办公软件、工作页、蓝牙音箱的 3D 图纸、工程图纸、企业内部物料清单的模板文件等。 3. 教学设施：计算机、投影仪、一体机、白板、荧光笔等。			
2. 填写标准件代号	1. 用 PPT 展示常用标准件的种类、各标准件代号的含义。 2. 指导学生完成工作页中的相关内容。 3. 指导学生在物料清单中填写各标准件的代号。	1. 打开蓝牙音箱总装配图，确定各标准件的名称及数量，学习常用标准件以及代号的含义。 2. 完成工作页中的相关内容。 3. 将标准件代号填入物料清单中。	1. 标准件代号确定是否正确。 2. 标准件代号填写是否完整。
课时：2 课时 1. 硬资源：蓝牙音箱、机械制图教材等。 2. 软资源：AutoCAD 软件、Creo 软件、办公软件、工作页、蓝牙音箱的 3D 图纸、工程图纸、企业内部物料清单的模板文件等。 3. 教学设施：计算机、投影仪、一体机、白板、荧光笔等。			
3. 确定材料规格	1. 用 PPT 展示常用材料的特性、名称代号以及应用场合。 2. 指导学生完成工作页中的相关内容。 3. 指导学生确定蓝牙音箱各物料的材料。	1. 学习常用材料的特性、名称代号以及应用场合。 2. 完成工作页中的相关内容。 3. 确定蓝牙音箱各物料的材料并填入物料清单中。	1. 常用材料的代号是否有误。 2. 材料是否判断准确。
课时：2 课时 1. 硬资源：蓝牙音箱、机械制图教材等。 2. 软资源：AutoCAD 软件、Creo 软件、办公软件、工作页、蓝牙音箱的 3D 图纸、工程图纸、企业内部物料清单的模板文件等。 3. 教学设施：计算机、投影仪、一体机、白板、荧光笔等。			

课程 7.《技术文件编制》

学习任务 1：物料清单编制

	工作子步骤	教师活动	学生活动	评价
编制物料清单	4. 颜色确定	1. 用 PPT 演示产品外观颜色的确定方法。 2. 指导学生完成工作页中的相关内容。 3. 指导学生确定蓝牙音箱各物料的颜色。	1. 学习常用颜色的搭配方式。 2. 完成工作页中的相关内容。 3. 确定蓝牙音箱各物料的颜色并填入物料清单中。	1. 颜色的确定方法是否有误。 2. 颜色是否判断准确。
	课时： 1 课时 1. 硬资源：蓝牙音箱、机械制图教材等。 2. 软资源：AutoCAD 软件、Creo 软件、办公软件、工作页、蓝牙音箱的 3D 图纸、工程图纸、企业内部物料清单的模板文件等。 3. 教学设施：计算机、投影仪、一体机、白板、荧光笔等。			
	5. 表面处理工艺确定	1. 用 PPT 演示常用材料的表面处理工艺。 2. 指导学生完成工作页中的相关内容。 3. 指导学生确定蓝牙音箱各物料表面处理工艺。	1. 学习常用材料的表面处理工艺。 2. 完成工作页中的相关内容。 3. 确定蓝牙音箱各物料的表面处理工艺并填入物料清单中。	1. 表面处理工艺的确定方法是否有误。 2. 表面处理工艺是否判断准确。
	课时： 1 课时 1. 硬资源：蓝牙音箱、机械制图教材等。 2. 软资源：AutoCAD 软件、Creo 软件、办公软件、工作页、蓝牙音箱的 3D 图纸、工程图纸、企业内部物料清单的模板文件等。 3. 教学设施：计算机、投影仪、一体机、白板、荧光笔等。			
成果审核验收	成果审核验收	1. 组织小组间互相审核物料清单初稿。 2. 审核各组的物料清单。	1. 小组审核：各组将录入好的物料清单与其他组的物料清单进行比对审核，看物料清单要素是否齐全、各零件要素是否满足零件设计要求，各组应该对其评审的组进行记录以及批改，期间保留所有审核记录。 2.物料清单经各组相互审核并修改后，提交给教师作初步审核，并且附上各组的修改记录表。	1. 能否正确指出物料清单中存在的问题并进行标注。 2. 是否根据教师意见对物料清单进行修改。
	课时： 1 课时 1. 硬资源：蓝牙音箱、机械制图教材等。 2. 软资源：AutoCAD 软件、Creo 软件、办公软件、工作页、蓝牙音箱的 3D 图纸、工程图纸、企业内部物料清单的模板文件等。 3. 教学设施：计算机、投影仪、一体机、白板、荧光笔等。			

基准课时：20

总结评价

工作子步骤	教师活动	学生活动	评价
总结评价	1. 组织学生以小组为单位进行汇报展示。 2. 组织学生填写评价表，对各小组的表现进行点评。 3. 强调保密意识。	1. 以小组为单位制作一份 PPT，总结在本次任务过程中遇到的困难及解决方法。 2. 填写评价表，完成整个学习任务各环节的自评和互评。 3. 不外传企业的相关资料，强化保密意识。	1. PPT 内容是否丰富、表达是否清晰。 2. 评价表填写是否完整。

课时： 1 课时

1. 硬资源：蓝牙音箱、机械制图教材等。
2. 软资源：AutoCAD 软件、Creo 软件、办公软件、工作页、蓝牙音箱的 3D 图纸、工程图纸、企业内部物料清单的模板文件等。
3. 教学设施：计算机、投影仪、一体机、白板、荧光笔等。

学习任务2：模具清单编制

任务描述

学习任务课时：20 课时

任务情境：

某公司的蓝牙音箱产品功能样机已开发完成，样品已经客户确认，准备投入小批量试产，生产前要制作模具，现需编制出蓝牙音箱的模具清单提供给模具加工厂。根据零件颜色、材料、零件结构选择是否合模及确定型腔、水口、丝筒、行位、斜顶、模胚、模芯等数量；根据产品特征判断模具的 CNC、线切割、EDM、钳工等工艺加工的特征；根据产品外观要求选择蚀纹、水转印、滚筒印、抛光等表面处理方式；根据模具的使用寿命合理选择模具材料及模架品牌。该清单对于产品设计落地过程来说是非常重要的制造指导性文件，同时也是模具制造费用评估的标准。若清单信息有误，则会导致模具加工后达不到产品要求的标准而导致返工，造成不必要的工期延时与成本增加。该企业与我院工业设计专业关系良好，想以此作为一个学习任务交由学生完成，以检验学生编制模具清单的能力。企业询问我系专业老师我们的学生能否完成此模具清单的编制工作。教师团队认为我校学生通过学习模具清单的相关知识以及企业的相关标准，在老师的指导下可以提交蓝牙音箱的模具清单给企业进行审核。现企业向我们提供企业中应用到的模具清单模板、物料规格型号、材料、供应商、蓝牙音响的 3D 产品图、2D 工程图。完成的模具清单由教师审核签字并举办企业评审会，企业给作品优秀的学生提供面试机会。

具体要求见下页。

工作流程和标准

工作环节 1

明确任务，获取模具清单相关信息

从企业处获取任务详情、任务需求以及模具清单模版等相关资料，要求编制内容包括模具编号、零件名称、零件简图、型腔、水口、丝筒、行位、斜顶、模胚、模芯等数量、产品材料、模具材料、产品表面处理方式等。查阅企业制订的物料清单编制的方式方法文件，明确模具清单的重要性以及各组成部分的作用和意义。对于任务要求中不明确或不懂的专业技术指标，通过查询企业给予的相关资料进行确认。

工作成果：复述工作任务求。

知识点、技能点：模具清单的作用以及各组成部分的作用和意义。

职业素养：沟通能力，培养于与设计主管进行交流的过程中；资料搜集能力，培养于查阅编制模具清单的方式方法的过程中。

工作环节 2

创建模具清单模板文件

1. 分析该任务的详细需求，团队一起评估此项任务需求的相关资料，若缺少资料应该找途径获得。
2. 学习企业以前编制的模具清单模板。
3. 学习办公软件的基本使用。
4. 明确小组人员以及职责分工。
5. 拟订工作计划和周期表并获得审定。工作计划内容包括工作环节内容、人员分工、工作要求、时间安排等要素。
6. 确定模具清单模板，模具清单要素要齐全。
7. 准备资料：调用公司模具清单的模板、蓝牙音箱的 3D 图以及工程图纸。

学习成果：模具清单模版、计划书、能力具备项（公办软件等）。

知识点、技能点：模具加工基础知识、模具设计基础知识、模具清单各要素的含义、编写流程、工程图编号调用技巧、办公软件技能。

职业素养：沟通交流能力、资料搜集能力。

工作环节 3

编制模具清单

3

创建蓝牙音箱的模具清单文档，确定模具编号、零件名称、渲染零件简图、型腔、水口、丝筒、行位、斜顶、模胚、模芯等数量、产品材料、模具材料、工件订单数量、产品表面处理方式等，根据零件的颜色、材料、结构尺寸选择是否合模。

学习成果：模具清单初稿

知识点、技能点：办公软件的应用、绘图软件的应用、产品表面处理方式、工件合模的要求（颜色、材料、结构尺寸）、型腔等模具机构数量的确定、模具加工与模具设计的基础知识、模具材料的了解。

职业素养：严谨细致的工作能力、成本意识。

工作环节 4

成果审核验收

4

1. 小组审核：各组将录入好的模具清单与其他组的模具清单进行比对审核，检查核对模具清单各个要素的准确性。核对模具编号、零件名称、零件简图、型腔数量、产品材料、模具材料、工件订单数量、产品表面处理方式等是否遗漏、正确。如有不符项、不同项，各组应该对其评审的组进行记录以及批改，期间保留所有审核记录。
2. 经各组相互审核并修改后的模具清单提交教师作初步审定，并且附上各组的修改记录表。

学习成果：核对后的模具清单文档、组内检查报告、修改记录。

知识点、技能点：绘图软件及办公软件的应用、模具清单的内容及零件样品的详细说明。

职业素养：自我检查能力、认真严谨的工作态度。

工作环节 5

总结评价

5

提交各组审核并修改过的结果并交由企业专业团队与教师进行全面评审，之后开评审结果会议，全面点评各个小组的成果（点评修改细节、提出修改方案）并对成果进行成果分析。结束后各组修改各自的设计方案以及相关工艺报告，直到教师或者企业设计人员审核签字通过。在编制模具清单的过程中，相关资料不能外传。

工作成果：模具清单终稿、点评结果。

知识点、技能点：模具清单的内容阐述。

职业素养：流畅的沟通表达能力，培养于向设计主管汇报模具清单的过程中。

学习内容

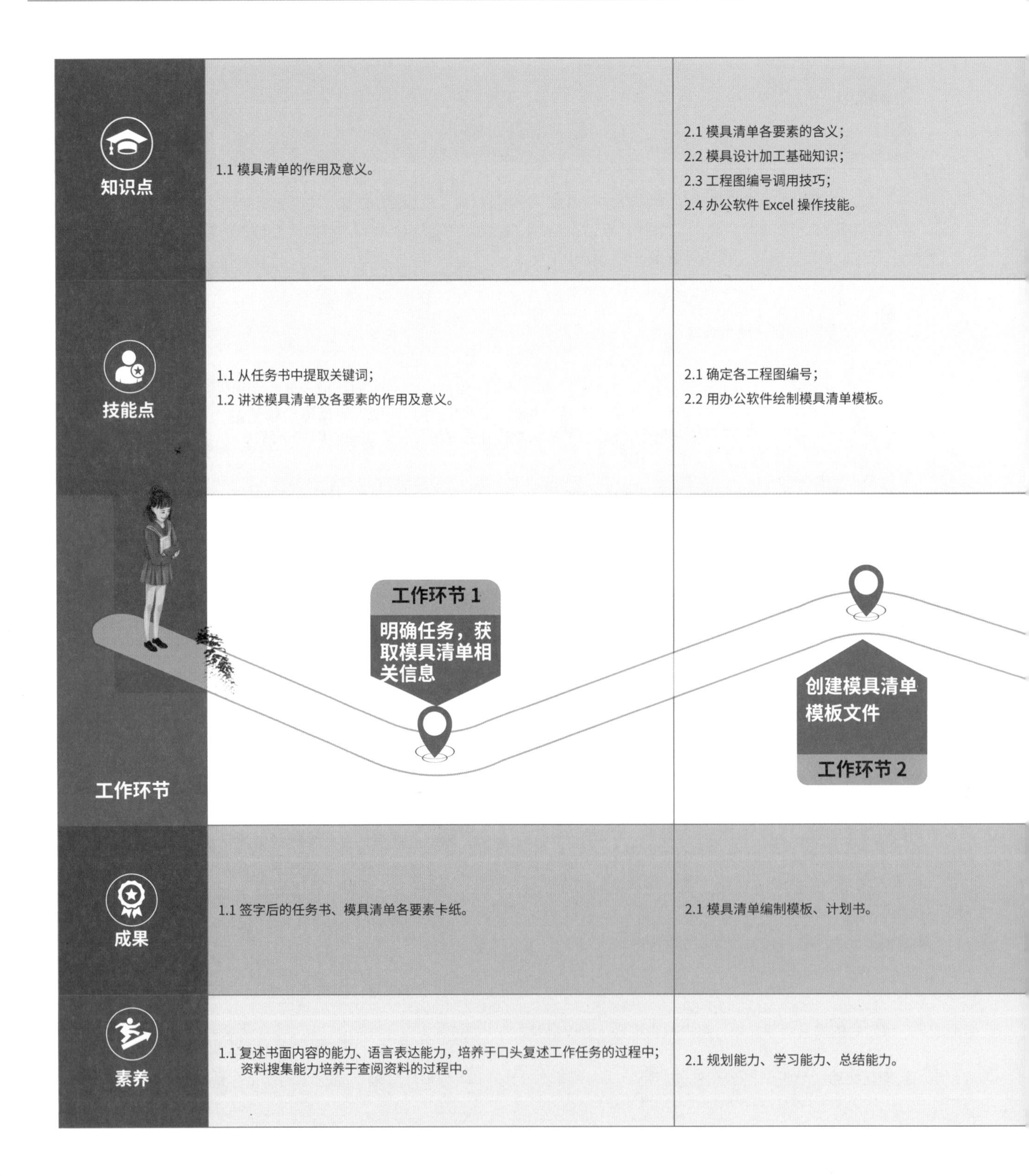

知识点	1.1 模具清单的作用及意义。	2.1 模具清单各要素的含义； 2.2 模具设计加工基础知识； 2.3 工程图编号调用技巧； 2.4 办公软件 Excel 操作技能。
技能点	1.1 从任务书中提取关键词； 1.2 讲述模具清单及各要素的作用及意义。	2.1 确定各工程图编号； 2.2 用办公软件绘制模具清单模板。
工作环节	工作环节 1 明确任务，获取模具清单相关信息	创建模具清单模板文件 工作环节 2
成果	1.1 签字后的任务书、模具清单各要素卡纸。	2.1 模具清单编制模板、计划书。
素养	1.1 复述书面内容的能力、语言表达能力，培养于口头复述工作任务的过程中；资料搜集能力培养于查阅资料的过程中。	2.1 规划能力、学习能力、总结能力。

学习任务 2：模具清单编制

办公软件跟绘图软件应用； 工程图的识读； 工件合模的要求（颜色、材料、结构尺寸）； 型腔等模具机构数量的确定。	4.1 模具清单的内容及零件样品的详细说明； 4.2 办公软件的应用； 4.3 绘图软件。	5.1 模具清单的编制要求； 5.2 企业内部模板。
确定模具编号、零件名称、渲染零件简图、型腔、水口、丝筒、行位、斜顶、模胚、模芯等数量、产品材料、模具材料、工件订单数量、产品表面处理方式等； 根据零件的颜色、材料、结构尺寸选择是否合模。	4.1 根据零件样品完善模具清单。	5.1 根据审核意见完善模具清单。
工作环节 3 编制模具清单	工作环节 4 成果审核验收	总结评价 工作环节 5
模具清单初稿。	4.1 完善后的模具清单。	5.1 根据审核意见修改后的模具清单。
严于律己、严谨细致的态度，成本意识。	4.1 流畅的沟通表达能力，培养于向设计主管汇报模具清单的过程中；认真严谨的工作态度。	5.1 严谨细致、遵循企业标准的能力培养于修订模具清单的过程。

学习任务 2：模具清单编制

1 明确任务，获取物料清单相关信息　2 创建模具清单模板文件　3 编制模具清单　4 成果审核验收　5 总结评价

	工作子步骤	教师活动	学生活动	评价
明确任务，获取物料清单相关信息	阅读任务书，明确任务要求	1. 通过 PPT 展示任务书，引导学生阅读工作页中的任务书，让学生明确任务完成时间、资料提交要求。举例划出任务书中的一个关键词，组织学生用荧光笔在任务书中画出其余关键词。 2. 列举查阅资料的方式，指导学生通过查阅资料明确模具清单的定义以及模具清单各组成要素的含义。 3. 组织学生阐述各卡纸中的内容并完成工作页中的内容。 4. 组织学生在任务书中签字。	1. 独立阅读工作页中的任务书，明确任务完成时间、资料提交要求，每个学生用荧光笔在任务书中划出关键词，如根据零件颜色、材料、零件结构选择是否合模及确定型腔、水口、丝筒、行位、斜顶、模胚、模芯等数量。 2. 以小组合作的方式查阅资料，在卡纸上写明模具清单的作用以及模具清单各组成要素的含义。 3. 小组派代表阐述各卡纸中的内容，并完成工作页中引导问题的回答。 4. 对任务要求中不明确或不懂的专业技术指标，通过查阅技术资料或咨询教师进一步明确，最终在任务书中签字确认。	1. 找关键词的全面性与速度。 2. 资料查阅是否全面，复述表达是否完整、清晰。 3. 工作页中引导问题回答是否完整、正确。 4. 任务书是否有签字。
	课时： 4 课时 1. 硬资源：蓝牙音箱等。 2. 软资源：AutoCAD 软件、Creo 软件、办公软件、工作页、蓝牙音箱的 3D 图纸、工程图纸、企业内部模具清单的模板文件等。 3. 教学设施：计算机、投影仪、一体机、白板、荧光笔等。			
创建模具清单模板文件	准备资料	1. 指导学生评估本次任务的资料是否齐全。 2. 用 PPT 讲解模具加工基础知识、模具设计基础知识。 3. 指导学生完成工作页中的内容。 4. 提供某企业的模具清单模板。 5. 示范操作用办公软件 Excel 制作表格。	1. 分析任务的详细需求，小组成员一起评估此项任务需求的相关资料，若缺少资料应该找途径获得。 2. 学习模具加工基础知识、模具设计基础知识。 3. 完成工作页中的内容。 4. 学习企业以前编制的模具清单模板。 5. 学习用办公软件 Excel 制作表格，制作模具清单空白文档，确定模具清单模版，模具清单要素要齐全，并按指定路径保存文件。	1. 资料是否齐全。 2. 模具清单各要素含义是否明确。 3. 办公软件 Excel 操作是否熟练。 4. 绘制的模具清单表格各要素是否完整。
	课时： 6 课时 1. 硬资源：蓝牙音箱等。 2. 软资源：AutoCAD 软件、Creo 软件、办公软件、工作页、蓝牙音箱的 3D 图纸、工程图纸、企业内部模具清单的模板文件等。 3. 教学设施：计算机、投影仪、一体机、白板、荧光笔等。			
编制模具清单	1. 绘图软件应用、制作零件简图	1. 演示创建蓝牙音箱的模具清单文档，从物料清单中调用零件名称以及图纸编号。 2. 讲解零件 3D 图的渲染技巧以及图片截取技巧。 3. 演示在办公软件 Excel 表格中插入图片的技巧。	1. 创建蓝牙音箱的模具清单文档，从物料清单中调用零件名称以及图纸编号。 2. 使用渲染软件将零件 3D 图渲染成清晰的图片，截取渲染的零件效果图制作成零件简图。 3. 将零件简图插入至模具清单对应的表格中。	1. 零件名称以及图纸编号是否与物料清单以及零件 3D 图工程图一致。 2. 零件简图是否能清晰表达零件的主体特征。 3. 模具清单表格中的零件简图是否清晰恰当。
	课时： 2 课时 1. 硬资源：蓝牙音箱、机械制图教材等。 2. 软资源：AutoCAD 软件、Creo 软件、办公软件、工作页、蓝牙音箱的 3D 图纸、工程图纸、企业内部模具清单的模版文件等。 3. 教学设施：计算机、投影仪、一体机、白板、荧光笔等。			

	工作子步骤	教师活动	学生活动	评价
编制模具清单	2. 根据零件的颜色、材料、结构尺寸选择是否合模。	1. 用 PPT 展示模具加工与模具设计的基础知识、模具材料的基础知识。 2. 指导学生学习工作页中的相关内容。 3. 组织各小组对符合合模条件的零件进行阐述并提出意见。	1. 学习模具编号、型腔、水口、丝筒、行位、斜顶、模胚、模芯、产品材料、模具材料、工件订单数量、产品表面处理方式等相关模具知识。 2. 完成工作页中相关内容的回答。 3. 根据零件的颜色、材料、结构尺寸选择是否合模确定各模具的穴数，小组派代表阐述合模的条件。	1. 是否掌握模具相关基础知识。 2. 工作页中的问题是否完成。 3. 零件合模是否符合条件。
	课时： 6 课时 1. 硬资源：蓝牙音箱、机械制图教材等。 2. 软资源：AutoCAD 软件、Creo 软件、办公软件、工作页、蓝牙音箱的 3D 图纸、工程图纸、企业内部模具清单的模板文件等。 3. 教学设施：计算机、投影仪、一体机、白板、荧光笔等。			
成果审核验收	成果审核验收	1. 组织小组互审模具清单初稿。 2. 审核各组的模具清单。	1. 小组审核：各组将录入好的模具清单与其他组的模具清单进行比对审核，核对模具编号、零件名称、零件简图、型腔数量、产品材料、模具材料、工件订单数量、产品表面处理方式等是否遗漏、正确，如有不符项、不同项，各组应该对其评审的组进行记录以及批改，期间保留所有审核记录。 2. 模具清单经小组互审及修改后提交给教师作初步审核，并且附上各组的修改记录表。	1. 能否正确指出模具清单中存在的问题并进行标注。 2. 是否根据教师意见对模具清单进行修改。
	课时： 1 课时 1. 硬资源：蓝牙音箱、机械制图教材等。 2. 软资源：AutoCAD 软件、Creo 软件、办公软件、工作页、蓝牙音箱的 3D 图纸、工程图纸、企业内部模具清单的模板文件等。 3. 教学设施：计算机、投影仪、一体机、白板、荧光笔等。			
总结评价	总结评价	1. 组织学生以小组为单位进行汇报展示。 2. 组织学生填写评价表，对各小组的表现进行点评。 3. 强化学生保密意识。	1. 以小组为单位制作一份 PPT，总结在本次任务过程中遇到的困难及解决方法。 2. 填写评价表，完成整个学习任务各环节的自评和互评。 3. 不外传企业的相关资料，强化保密意识。	1.PPT 内容是否丰富、表达是否清晰。 2. 评价表填写是否完整。
	课时： 1 课时 1. 硬资源：蓝牙音箱、机械制图教材等。 2. 软资源：AutoCAD 软件、Creo 软件、办公软件、工作页、蓝牙音箱的 3D 图纸、工程图纸、企业内部模具清单的模板文件等。 3. 教学设施：计算机、投影仪、一体机、白板、荧光笔等。			

学习任务3：工程图编制

任务描述

学习任务课时：40 课时

任务情境：

某公司蓝牙音箱的 3D 模型和功能样机已经完成，现需要出所有非标准零件的工程图，用于加工生产、检验、打样等，要求根据设计完成的 3D 模型运用绘图软件（Pro/e、AutoCAD 等）完成该项任务。该企业与我院工业设计专业关系良好，得知我系学生临近毕业实习，有意吸收我系专业学生进行毕业实习，想提前摸查一下学生的能力，询问我系专业老师我们的学生能否完成该蓝牙音箱非标零件的工程图绘制。教师团队认为，我校学生已经掌握机械制图标准、工程制图相关知识，在老师的指导下可以完成这项工作。现企业提供给我们蓝牙音箱的总装配体以及挑选出了需要绘制工程图的 3D 零件，要求学生在 1 周内完成蓝牙音箱非标准零件的工程图编制工作，最后需要将工程图交由企业评审，企业会给优秀的学生工作面试的机会。

具体要求见下页。

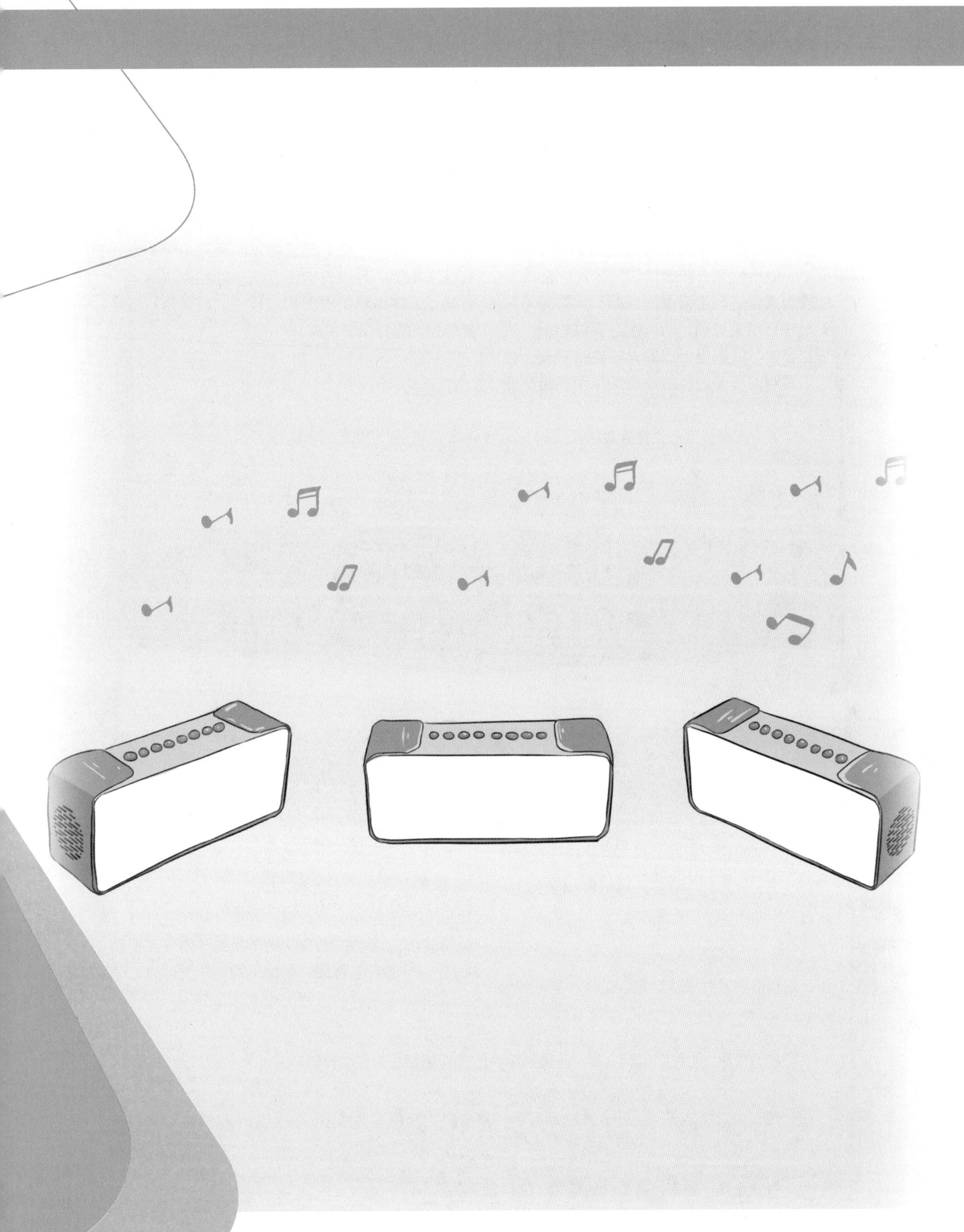

技术文件编制

工作流程和标准

工作环节 1

明确任务，获取工程图相关信息

获取蓝牙音箱的 3D 模型图，根据企业的基本要求、图纸规范、图纸格式及公司内部工程图纸模板文件进行工程图的编制。用荧光笔在任务书中划出关键词，明确任务完成时间、资料提交要求。以小组合作的方式查阅资料，在卡纸上写明工程图的作用以及工程图各组成要素的含义。对于任务要求中不明确或不懂的专业技术指标，通过查询企业给予的相关资料进行确认。在编制工程图的过程中，相关资料不能外传，签订保密协议。

学习成果：工程图各要素卡纸。

知识点、技能点：工程图的作用及意义。

职业素养：复述书面内容的能力，语言表达能力，培养于口头复述工作任务的过程中；资料搜集能力，培养于查阅资料的过程中。

思政元素：树立忠诚担当意识，能对企业技术文件严格保密。

工作环节 2

创建工程模板文件

1. 分析该任务的详细需求，团队一起评估此项任务需求的相关资料，若缺少资料应该找途径获得。
2. 学习企业的工程图规范及工程图模板。
3. 明确小组人员以及职责分工。
4. 拟定工作计划和周期表并获得审定。工作计划内容包括工作环节内容、人员分工、工作要求、时间安排等要素。
5. 从整机装配图中拆解零件模型 - 制作整机爆炸图 - 绘制机加工零件工程图 - 绘制钣金件零件工程图 - 绘制塑胶件零件工程图。创建不同零件类别的工程图模板文件。

学习成果：工程图编制方案、各类别零件的工程图模板文件、计划表。

知识点、技能点：绘图软件应用能力、从整机中拆解零件模型、识别零件材料以及成型方式并进行零件分类。

职业素养：指定方案策略的能力、文件管理的能力。

学习任务3：工程图编制

工作环节3

编制工程图

3

1. 制作整机爆炸图

先在装配环境中将整机模型根据产品装配方式分解成各零部件，整机爆炸图要展示出所有零件，并导入工程图环境中。选择合适的图纸幅面，按照顺时针或逆时针标注零件序号，绘制并填写明细栏，编写装配技术要求。

2. 绘制机加工零件工程图

确定主视图方向，根据零件结构特点选择合适的视图表达方式，标注尺寸，根据零件间的配合关系确定尺寸公差、形位公差等，根据零件表面与粗糙度对比样块确定粗糙度数值，填写技术要求，确定零件材料、数量、比例，填写标题栏。要求所绘制的机加工零件工程图符合国家标准。

3. 绘制钣金件的工程图

确定钣金件的子装配体主视图方向，根据主零件配合特点选择合适的视图表达方式，添加单个钣金零件的展开视图（或视情况决定钣金展开零件是否单独出）。工程图中应包括：尺寸、公差、形位公差、焊接标注、工艺标注（折弯表、总料的大小、展开视图）、技术要求、BOM 信息、标题栏（图号、项目代号、零件代号、相关设计检验人、详细时间、工序表、表面处理信息、零件材料、数量、比例等与钣金零件相关的信息）。

4. 绘制塑胶件零件工程图

确定主视图方向，根据零件结构特点选择合适的视图表达方式，标注尺寸，包括尺寸公差、形位公差等，明确塑胶件的成型方式，填写技术要求，确定零件材料、数量、比例，填写标题栏。

学习成果：1. 整机爆炸工程图；
2. 所有机加工零件的工程图；
3. 所有钣金件的工程图；
4. 所有塑胶件的工程图。

知识点、技能点：1. 产品各零件装配关系、爆炸工程图的制作（明细栏、零件序号、尺寸标注、形位公差的确定等）。
2. 机械制图 - 中华人民共和国标准：零件视图表达、尺寸标注（确定尺寸公差、形位公差）、表面粗糙度的确定、技术要求填写、零件材料确定、视图比例确定。
3. 机械制图 - 中华人民共和国标准：焊接代号《GB-T 5185-2005》、焊缝符号表示法《GB／T324-2008》、技术制图焊缝符号尺寸《GB-T12212-2012》、钣金结构; 释压槽、止裂槽等的表达。钣金工程图规范、技术要求、工艺要求、表面处理表达。
4. 塑胶件的结构特点、零件视图表达、尺寸标注（确定尺寸公差、形位公差）、表面粗糙度的确定、技术要求填写、零件材料及视图比例的确定。

职业素养：1. 考虑周到的能力，培养于制作整机爆炸图时的图纸布局过程中。
2. 负责地做出判断的能力，培养于准确确定各零件的尺寸的过程中。
3. 工程图自检能力、机械制图手册查询能力、资料搜集能力、负责地做出判断的能力，培养于准确确定各零件的尺寸的过程中。

工作流程和标准

工作环节 4

成果审核验收

1. 各组将绘制好的工程图与其他组的工程图进行比对审核，如有不符项、不同项、错误项，各组应该对其评审的组进行记录和批改，在此期间保留所有审核记录。
2. 经各组互审和修改后的工程图提交给教师审定，并且附上各组的修改记录表。教师对图纸进行点评，学生结合教师的点评意见修改图纸。

学习成果：修改后的工程图、组内检查报告、修改记录。

知识点、技能点：机械制图 - 中华人民共和国标准、企业制图规范。

职业素养：严谨的工作精神。

工作环节5

总结评价

5

将蓝牙音箱的所有非标准件零件工程图提交给企业审核。在编制工程图的过程中，相关资料不能外传。对本次工作任务进行总结。

学习成果：审核后的所有零件工程图纸。

知识点、技能点：遵循工程图的标准和规范。

职业素养：严谨的工作精神。

课程 7.《技术文件编制》

学习内容

知识点	1.1 工程图的作用及意义； 1.2. 保密协议的意义及重要性。	2.1 绘图软件应用能力； 2.2 从整机中拆解零件模型； 2.3 识别零件材料以及成型方式并进行零件分类。	3.1 产品各零件装配关系； 3.2 爆炸工程图的制作（明细栏、零件序号、尺寸标注、形位公差的确定等）。	4.1 机械制图 - 中华人民共和国标准：零件视图表达（确定尺寸公差、形位公差）； 4.2 尺寸标注； 4.3 表面粗糙度的确定； 4.4 技术要求填写、确定零件材料、视图比例。
技能点	1.1 从任务书中提取关键词； 1.2 能回答工作页中的引导问题； 1.3 能口述保密协议的重要性并签订保密协议。	2.1 制作工程图模板文件。	3.1 制作爆炸工程图。	4.1 制作机加工零件工程图，确定视图方案、标注尺寸，填写技术要求。
工作环节	工作环节 1 明确任务，获取工程图相关信息	创建工程图模板文件 工作环节 2	3.1 制作整机爆炸图。	4.1 绘制机加工零件工程图。
成果	1.1 签字后的任务书、工程图各要素卡纸。	2.1 工程图编制方案、各类别零件的工程图模板文件。	3.1 整机爆炸工程图。	4.1 所有机加工零件的工程图。
素养	1.1 复述书面内容的能力，语言表达能力，培养于口头复述工作任务中；资料搜集能力，培养于查阅资料的过程中。	2.1 规划能力，培养于工作计划中的时间安排过程中；协调能力，培养于对人员分工进行安排的过程中；考虑周到的能力，培养于制订出全面的工作计划的过程中。	3.1 考虑周到的能力，培养于制作整机爆炸图时的图纸布局过程中。	4.1 负责地做出判断的能力，培养于准确确定各零件的尺寸的过程中。

学习任务 3：工程图编制

机械制图 - 中华人民共和国标准；焊接代号《GB-T 5185-2005》、焊缝符号表示法《GB ／ T324-2008》、技术制图焊缝符号尺寸《GB-T12212-2012》、钣金结构；释压槽、止裂槽等的表达； 钣金工程图规范、技术要求、工艺要求、表面处理表达。	6.1 塑胶件的结构特点； 6.2 零件视图表达； 6.3 尺寸标注（确定尺寸公差、形位公差）。	7.1 零件工程图及装配图工程图的内容及零件样品的详细说明； 7.2 办公软件的应用； 7.3 绘图软件的应用。	8.1 工程图的编制要求； 8.2 企业内部模板。
绘制出钣金件的工程图。	6.1 绘制塑胶件零件工程图。	7.1 完善工程图。	8.1 根据审核意见完善各工程图。
	工作环节 3 编制工程图	工作环节 4	总结评价 工作环节 5
绘制钣金件的工程图。	6.1 绘制塑胶件零件工程图		
所有钣金件的工程图。	6.1 所有塑胶件的工程图。	7.1 完善后的工程图。	8.1 根据审核意见修改后的工程图。
工程图自检能力、机械制图手册查询能力、资料搜集能力、负责地做出判断的能力，培养于准确确定各零件的尺寸的过程中。	6.1 资料搜集能力、负责地做出判断的能力，培养于准确确定各零件的尺寸的过程中。	7.1 流畅的沟通表达能力，培养于向设计主管汇报模具清单的过程中；认真严谨的工作态度。	8.1 严谨细致、遵循国家制图标准及企业标准的能力，培养于修订工程图的过程中。

课程 7.《技术文件编制》

学习任务 3：工程图编制

❶ 明确任务，获取工程图相关信息 ❷ 创建工程图模板文件 ❸ 编绘制工程图 ❹ 成果审核验收 ❺ 总结评价

	工作子步骤	教师活动	学生活动	评价
明确任务，获取工程图相关信息	阅读任务书，明确任务要求	1. 通过 PPT 展示任务书，引导学生阅读工作页中的任务书，让学生明确任务完成时间、资料提交要求。举例划出任务书中的一个关键词，组织学生用荧光笔在任务书中画出其余关键词。 2. 列举查阅资料的方式，指导学生通过查阅资料明确工程图的定义以及工程图各组成要素的含义。 3. 教师组织学生阐述各卡纸中的内容并完成工作页中的内容。 4. 播放保密事故相关视频。 5. 强调学生要树立忠诚担当意识，能对企业技术文件严格保密。 6. 组织学生签订保密协议。	1. 独立阅读工作页中的任务书，明确任务完成时间、资料提交要求，每个学生用荧光笔在任务书中画出关键词。 2. 以小组合作的方式查阅资料，在卡纸上写明工程图的作用以及工程图各组成要素的含义。 3. 小组派代表阐述各卡纸中的内容，完成工作页中引导问题的回答。 4. 观看因保密问题引发责任事故的视频，理解保密的意义。 5. 解读协议内容，随机抽取学生讲述对保密的理解。 6. 在编制工程图的过程中，相关资料不能外传，签订保密协议。	1. 查找关键词的全面性与速度。 2. 资料查阅是否全面，复述表达是否完整、清晰。 3. 工作页中引导问题回答是否完整、正确。 4. 是否能说出保密的重要性，保密协议是否有签字。
	课时： 2 课时 1. 硬资源：蓝牙音箱 2. 软资源：AutoCAD 软件、Creo 软件、办公软件、工作页、蓝牙音箱的 3D 图纸、工程图纸、企业内部工程图的模板文件 3. 教学设施：计算机、投影仪、一体机、白板、荧光笔等。			
创建工程图模板文件	准备资料	1. 指导学生评估本次任务的资料是否齐全。 2. 提供某企业的工程图模板。 3. 用 PPT 讲解机加工零件、塑胶零件材料以及成型方式，指导学生完成工作页中的内容。 4. 示范从整机装配体中拆解零件的技巧，讲解相关注意事项。	1. 分析任务的详细需求，小组成员一起评估此项任务需求的相关资料，若缺少资料应该找途径获得。 2. 学习企业以前编制的工程图模板。 3. 学习零件材料以及成型方式，完成 PPT 中相关内容的学习。 4. 从整机中拆解零件模型，识别零件材料以及成型方式，进行零件分类，按指定路径保存文档。	1. 资料是否齐全。 2. 工程图各要素含义是否明确。 3. 工作页中的问题是否回答正确。 4. 零件分类是否正确。
	课时： 6 课时 1. 硬资源：蓝牙音箱等。 2. 软资源：AutoCAD 软件、Creo 软件、办公软件、工作页、蓝牙音箱的 3D 图纸、工程图纸、企业内部工程图的模板文件等。 3. 教学设施：计算机、投影仪、一体机、白板、荧光笔等。			

基准课时：40

工作子步骤	教师活动	学生活动	评价
1. 制作整机爆炸图。	1. 指导学生查阅爆炸工程图的作用，组织同学回答问题。 2. 用 PPT 讲解装配技术要求，指导学生完成工作页中的内容。 3. 示范讲解在装配环境中将整机模型根据产品装配方式分解成各零部件并导入工程图环境中的过程。 4. 巡回指导。	1. 查阅资料明确爆炸工程图的作用以及爆炸工程图的组成要素。 2. 学习装配图相关技术要求。 3. 先在装配环境中将整机模型根据产品装配方式分解成各零部件，整机爆炸图要展示出所有零件，然后将其导入工程图环境中。 4. 选择合适的图纸幅面，按照顺时针或逆时针方向标识零件序号，绘制并填写明细栏，编写装配技术要求。	1. 是否明确爆炸工程图的作用。 2. 工作页的内容是否完成。 3. 整机拆解是否正确。 4. 爆炸图各要素是否完整。
课时： 6 课时 1. 硬资源：蓝牙音箱、机械制图教材等。 2. 软资源：AutoCAD 软件、Creo 软件、办公软件、工作页、蓝牙音箱的 3D 图纸、工程图纸、企业内部工程图的模板文件等。 3. 教学设施：计算机、投影仪、一体机、白板、荧光笔等。			
2. 绘制机加工零件工程图。	1. 用 PPT 讲解零件主视图方向选用原则。 2. 用 PPT 讲解零件视图表达方式。 3. 用 PPT 讲解尺寸标注以及零件技术要求相关知识。 4. 指导学生完成工作页中相关内容的学习。 5. 巡回指导。	1. 确定零件主视图方向。 2. 根据零件结构特点灵活选择合适的视图表达方式。 3. 标注尺寸，包括根据零件间的配合关系确定尺寸公差、形位公差等，根据零件表面与粗糙度对比样块确定粗糙度数值；填写技术要求，确定零件材料、数量、比例，填写标题栏。要求所绘制的机加工零件工程图符合国家标准。 4. 完成工作页中相关内容的学习。 5. 完成所有机加工零件工程图的绘制。	1. 零件主视图是否选择合适。 2. 零件视图表达是否清晰全面。 3. 尺寸标注是否齐全。 4. 工作页的内容是否完成。 5. 所有机加工零件工程图是否全部完成。
课时： 6 课时 1. 硬资源：蓝牙音箱、机械制图教材等。 2. 软资源：AutoCAD 软件、Creo 软件、办公软件、工作页、蓝牙音箱的 3D 图纸、工程图纸、企业内部工程图的模板文件等。 3. 教学设施：计算机、投影仪、一体机、白板、荧光笔等。			

学习任务 3：工程图编制

1 明确任务，获取工程图相关信息　2 创建工程图模板文件　3 编绘制工程图　4 成果审核验收　5 总结评价

编绘制工程图

工作子步骤	教师活动	学生活动	评价
3. 绘制钣金件的工程图。	1. 用 PPT 讲解钣金件工程图的相关知识。 2. 指导学生完成工作页中相关内容的学习。 3. 演示钣金件工程图的绘制过程，包括视图、尺寸、焊接标注、工艺标注以及技术要求、BOM 信息、标题栏的填写。 4. 巡回指导。	1. 学习钣金件工程图的相关知识。 2. 完成工作页中相关内容的学习。 3. 确定钣金件的子装配体主视图方向，根据主零件配合特点灵活选择合适的视图表达方式，添加单个钣金零件的展开视图（或视情况决定钣金展开零件是否单独出）。工程图应包括：尺寸、公差、形位公差、焊接标注、工艺标注（折弯表、总料的大小、展开视图）、技术要求、BOM 信息、标题栏（图号、项目代号、零件代号、相关设计检验人、详细时间、工序表、表面处理信息、零件材料、数量、比例等与钣金零件相关的信息）。	1. 是否掌握了钣金件工程图的内容。 2. 工作页的内容是否完成。 3. 钣金件工程图的表达是否完整、尺寸标注是否正确、技术要求以及 BOM 信息是否完整。 4. 所有钣金件的工程图是否全部完成。
课时： 6 课时 1. 硬资源：蓝牙音箱、机械制图教材等。 2. 软资源：AutoCAD 软件、Creo 软件、办公软件、工作页、蓝牙音箱的 3D 图纸、工程图纸、企业内部工程图的模板文件等。 3. 教学设施：计算机、投影仪、一体机、白板、荧光笔等。			
4. 绘制塑胶件零件工程图。	1. 用 PPT 讲解塑胶零件的材料以及成型方式，根据塑胶件的结构特点确定主视图的方向。 2. 用 PPT 讲解零件视图表达方式。 3. 用 PPT 讲解尺寸标注以及零件技术要求相关知识。 4. 指导学生完成工作页中相关内容的学习。 5. 巡回指导。	1. 确定塑胶零件主视图方向。 2. 根据零件结构特点灵活选择合适的视图表达方式。 3. 标注尺寸，包括基本尺寸、尺寸公差、形位公差等；明确塑胶件的成型方式，填写技术要求，确定零件材料、数量、比例，填写标题栏。 4. 完成工作页中相关内容的学习。 5. 完成所有塑胶零件工程图的绘制。	1. 是否掌握了塑胶件工程图的内容。 2. 工作页的内容是否完成。 3. 塑胶件工程图的表达是否完整、尺寸标注是否正确、技术要求以及 BOM 信息是否完整。 4. 所有塑胶件的工程图是否全部完成。
课时： 6 课时 1. 硬资源：蓝牙音箱、机械制图教材等。 2. 软资源：AutoCAD 软件、Creo 软件、办公软件、工作页、蓝牙音箱的 3D 图纸、工程图纸、企业内部工程图的模板文件等。 3. 教学设施：计算机、投影仪、一体机、白板、荧光笔等。			

1 明确任务，获取工程图相关信息 2 创建工程图模板文件 3 编绘制工程图 4 成果审核验收 5 总结评价

	工作子步骤	教师活动	学生活动	评价
成果审核验收	1. 制作整机爆炸图。	1. 组织小组互审工程图初稿。 2. 审核各组的工程图。	1. 各组将绘制好的工程图与其他组的工程图进行比对审核，如有不符项、不同项，各组应该对其评审的组进行记录以及批改，期间保留所有审核记录。 2. 将各组互审及修改后的工程图提交给教师作初步审核，并且附上各组的修改记录表。	1. 能否正确指出工程图中存在的问题并进行标注。 2. 是否根据教师意见对工程图进行修改。
	课时： 6 课时 1. 硬资源：蓝牙音箱、机械制图教材等。 2. 软资源：AutoCAD 软件、Creo 软件、办公软件、工作页、蓝牙音箱的 3D 图纸、工程图纸、企业内部工程图的模板文件等。 3. 教学设施：计算机、投影仪、一体机、白板、荧光笔等。			
总结评价	总结评价	1. 组织学生以小组为单位进行汇报展示。 2. 组织学生填写评价表，对各小组的表现进行点评。 3. 强化学生保密意识。	1. 以小组为单位制作一份 PPT，总结在本次任务过程中遇到的困难及解决方法。 2. 填写评价表，完成整个学习任务各环节的自评和互评。 3. 在编制工程图的过程中，相关资料不能外传。	1.PPT 内容是否丰富、表达是否清晰。 2. 评价表填写是否完整。
	课时： 2 课时 1. 硬资源：蓝牙音箱、机械制图教材等。 2. 软资源：AutoCAD 软件、Creo 软件、办公软件、工作页、蓝牙音箱的 3D 图纸、工程图纸、企业内部工程图的模板文件等。 3. 教学设施：计算机、投影仪、一体机、白板、荧光笔等。			

学习任务4：作业指导书编制

任务描述

学习任务课时：20 课时

任务情境：

某企业研发部的蓝牙音箱设计开发阶段已完成，产品样机已通过，模具已全部通过验证，准备进行小批量试产，在小批量试产前需要编制作业指导书，以便指导装配生产中的工位排序、物料及工具准备、工位操作规范及要求、组装方法、包装、检验等，该项工作在产品装配生产中有非常重要的指导意义，需要极大的细心与耐心，且必须通过授权人员审核后方可通过。该企业技术人员咨询我校专业教师，在校生能否帮助他们完成此项繁琐但非常重要的工作，教师团队认为我校学生在老师的指导下，通过拆装样机学习相关的内容后可以胜任此项任务。企业给我们提供了蓝牙音箱的样机、蓝牙音箱的物料清单、产品装配爆炸图、整机工艺要求以及企业内部作业指导书文件模板等资料，要求我们在一周内完成作业指导书的编制工作，编制人员署名为同学的实际姓名，由我院专业教师审核签字确认成果达标。企业技术人员将对该成果进行验收，验收合格的作业指导书将进入该企业岗位作业指导书数据库，学校将把验收合格的成果在系或学院做展示。

具体要求见下页。

工作流程和标准

工作环节 1

明确任务，获取作业指导书相关信息

1. 阅读任务书，接受作业指导书编制任务。通过划关键词和口头复述工作任务以明确任务要求。
2. 查阅资料或通过适当渠道，明确并陈述什么是作业指导书，列举一些作业指导书样例。简述为什么要编制作业指导书，描述作业指导书使用的场合，并将作业指导书中的关键要素写在卡纸上，随机抽取学生讲述卡纸中的关键要素的含义，明确任务后在任务书中签字确认。

学习成果：作业指导书各要素卡纸。

知识点、技能点：作业指导书的作用及意义、作业指导书每一项要素的含义。

职业素养：复述书面内容的能力及语言表达能力，培养于口头复述工作任务的过程中；资料搜集能力，培养于查阅资料的过程中。

工作环节 2

创建作业指导书模板文件

1. 学习企业以前编制的作业指导书模板，分解编制作业指导书的工作内容及步骤。工作环节内容可分为：拆解样机、组装样机、记录装配顺序、制作装配流程示意图、填写工序内容等。
2. 明确小组内人员分工及职责。
3. 估算阶段性工作时间及具体日期安排。
4. 制订工作计划文本并获得审定。工作计划内容包括工作环节内容、人员分工、工作要求、时间安排等要素。
5. 展示汇报工作计划表，针对教师及他人的合理意见进行修订后定稿。

学习成果：工作计划表。

知识点、技能点：明确编制作业指导书的流程。

职业素养：汇报能力的培养于汇报工作计划的过程中；学术争辩的能力，培养于针对他人意见或疑问进行解释说明的过程中；提出改进建议、评估和修订工作计划的能力；明确问题并解决问题的能力，培养于工作计划表的审核修订过程中。

学习任务 4：编制作业指导书

工作环节 3

编制作业指导书

1. 拆解样机，了解样机各零件的装配关系。从企业研发部拿到蓝牙音箱，先进行拍照备份，合理选择拆解工具（螺丝刀、手套）对样机进行拆解，根据样机的结构特征分模块拆解，了解物料清单中各零件之间的装配关系，每一个拆解步骤都需要拍照记录，规范摆放零件，并在计算机指定位置建立文件夹进行保存；按照企业给定的部件名称对应编号，制作一份零部件清单（包括外形、名称、编号、相连接的部件等信息）；绘制一份部件结构示意图。
2. 组装样机，记录组装顺序。掌握装配技巧（如先组装模块、再组装整机、装配先后顺序等）、各工序的装配内容及技术要求，对每一个组装步骤进行拍照记录，记录好各工位的装配工时以及各工序使用电动螺丝刀需设置的扭力大小，并在计算机指定位置建立文件夹进行保存。各小组进行组装竞赛，并将各工序的装配内容以及技术要求记录在组装顺序记录表中。
3. 制作封面。封面信息包括作业名称、版本号、岗位名称、编制人、审核人等必要信息。
4. 制作装配流程示意图。各小组根据产品整机结构装配设计要求、整机爆炸装配图、组装顺序记录表等，使用办公软件将模块各组件装配关系整理成合理的装配流程示意图并进行保存。
5. 根据装配流程图填写各工序内容。依次填写各装配工序所需的物料名称、数量、工序（步）内容及要求、工序注意事项、设备 / 工具（电动螺丝刀、扭力）、装配工时等，插入装配过程中记录的图片并编写说明文字。编写外观检查，填写检测内容及技术要求、检测方法、检验器具（名称、规格及精度）、全检 / 抽检。编写包装要求，填写包装内容及要求。

学习成果：1. 保存有每个拆解步骤的图片的文件夹、根据模块划分摆放整齐的零件；
2. 保存有各工序装配步骤图片的文件夹、组装顺序记录表；
3. 作业指导书的封面；
4. 装配流程示意图；
5. 作业指导书初稿。

知识点、技能点：1. 拆解步骤的记录、各零件之间的装配关系；
2. 各工位的组件装配工艺、电动螺丝刀的正确使用；
3. 作业指导书封面的正确填写、插入新页面；
4. 明确整机装配流程及流程图的绘制技巧；
5. 工位排序、产品装配要求、产品生产工艺要求、工序（步）内容要求及注意事项的编写。

职业素养：1. 8S 管理意识，培养于拆解样机的过程中；
2. 资料整理的能力、文件保存意识，培养于对各工位装配过程中资料进行整理以及保存的过程中；
3. 熟练应用办公软件的能力，培养于在指定的页面中插入指定内容的过程中；
4. 逻辑能力，培养于制作装配流程示意图的过程中；
5. 细致耐心的能力，培养于对装配示意图进行整理过程中。

工作流程和标准

工作环节 4

成果审核验收

将蓝牙音箱的作业指导书提交给教师审核，接受修改意见并对作业指导书进行修改，直至教师审核签字通过。对本次任务进行总结。

工作环节 5

总结评价

学习成果：根据审核意见修改后的作业指导书。

知识点、技能点：作业指导书的编制要求。

职业素养：善于总结的能力，培养于对工作任务进行总结。

学习成果：教师签字后的作业指导书。

知识点、技能点：装配工序是否合理、各工序技术要求是否严谨、是否遵循作业指导书的编制规范。

职业素养：明确问题并解决问题的能力，培养于根据教师的意见对作业指导书进行修改的过程中。

学习任务 4：作业指导书编制

课程 7.《技术文件编制》

学习内容

知识点	1.1 作业指导书的作用及意义； 1.2 作业指导书每一项要素的含义。	2.1 编制作业指导书的流程。	3.1 拆解步骤的记录； 3.2 各零件之间的装配关系。	4.1 各工位的组件装配工艺； 4.2. 电动螺丝刀的正确使用。
技能点	1.1 从任务书中提取关键词； 1.2 能回答工作页中引导问题。	2.1 绘制出编制作业指导书的工作计划表。	3.1 正确使用拆解工具拆解样机。	4.1 正确组装样机。
工作环节	工作环节 1 明确任务，获取作业指导书相关信息	创建作业指导书模板文件 工作环节 2	3.1. 拆解样机，了解样机各零件的装配关系。	4.1 组装样机，记录组装顺序。
成果	1.1 作业指导书各要素卡纸。	2.1 工作计划表。	3.1 保存有每个拆解步骤的图片的文件夹、根据模块划分摆放整齐的零件。	4.1 保存有各工序装配步骤图片的文件夹、组装顺序记录表。
素养	1.1 复述书面内容、语言表达能力，培养于口头复述工作任务中；资料搜集能力，培养于查阅资料的过程中。	2.1 汇报能力，培养于汇报工作计划过程中；学术争辩的能力，培养于针对他人意见或疑问进行解释说明的过程中；提出改进建议的能力、评估和修订工作计划的能力、明确问题并解决问题的能力，培养工作计划表的审核修订过程中。	3.1 8S 管理意识，培养于拆解样机的过程中。	4.1 资料整理的能力、文件保存意识，培养于对各工位装配过程中资料进行整理以及保存的过程中。

学习任务 4：作业指导书编制

作业指导书封面的正确填写； 插入新页面。	6.1 明确整机装配流程； 6.2 流程图的绘制技巧。	7.1 工位排序； 7.2 产品装配及生产工艺要求； 7.3 工序（步）内容要求及注意事项的编写。	8.1 检查作业指导书的方法技巧。	9.1 作业指导书的编制要求； 9.2 企业内部模板。
使用办公软件制作出作业指导书封面。	6.1 制作流程图。	7.1 填写各工序内容。	8.1 能对作业指导书进行修改。	9.1 根据审核意见完善作业指导书。
工作环节 3 编制作业指导书			工作环节 4 成果审核验收	工作环节 5 总结评价
制作作业指导书封面。	6.1. 制作装配流程示意图。	7.1 根据装配流程图填写各工序内容。		
作业指导书的封面。	6.1 装配流程示意图。	7.1 作业指导书初稿。	8.1 完善后的作业指导书。	9.1 根据审核意见修改后的作业指导书。
办公软件的熟练应用能力，培养于在指定的页面中插入指定内容的过程中。	6.1 逻辑思维能力，培养于制作装配流程示意图的过程中。	7.1 细致耐心的能力，培养于对装配示意图进行整理的过程中。	8.1 严谨细致、遵循工程图标准和规范的能力，培养于修订作业指导书的过程中。	9.1 严谨细致、遵循国家制图标准及企业标准的能力，培养于修订作业指导书的过程中。

课程 7.《技术文件编制》

学习任务 4：作业指导书编制

1 明确任务，获取作业指导书相关信息 → 2 创建作业指导书模板文件 → 3 编制作业指导书 → 4 成果审核及验收 → 5 总结评价

明确任务，获取作业指导书相关信息

工作子步骤	教师活动	学生活动	评价
阅读任务书，明确任务要求	1. 通过 PPT 展示任务书，引导学生阅读工作页中的任务书，让学生明确任务完成时间、资料提交要求。 2. 指导学生通过查阅资料明确作业指导书的定义以及作业指导书各组成要素的含义。 3. 教师组织学生阐述各卡纸中的内容，并完成工作页中的内容。 4. 组织学生在任务书中签字。	1. 独立阅读工作页中的任务书，接受作业指导书编制任务。通过划关键词和口头复述工作任务以明确任务完成时间、资料提交要求，每个学生用荧光笔在任务书中划出关键词。 2. 以小组合作的方式查阅资料，在卡纸上写明作业指导书的定义以及作业指导书各组成要素的含义。 3. 小组派代表简述为什么要编制作业指导书,描述作业指导书使用的场合，并将作业指导书中的关键要素写在卡纸上。 4. 对任务要求中不明确或不懂的专业技术指标，通过查阅技术资料或咨询教师进一步明确，最终在任务书中签字确认。	1. 查找关键词的全面性与速度。 2. 资料查阅是否全面，复述表达是否完整、清晰。 3. 工作页中引导问题回答是否完整、正确。 4. 任务书是否有签字。

课时： 1 课时

1. 硬资源：蓝牙音箱等。
2. 软资源：AutoCAD 软件、Creo 软件、办公软件、工作页、蓝牙音箱的 3D 图纸、作业指导书纸、企业内部作业指导书的模板文件等。
3. 教学设施：计算机、投影仪、一体机、白板、荧光笔等。

创建作业指导书模板文件

工作子步骤	教师活动	学生活动	评价
准备资料	1. 指导学生评估本次任务的资料是否齐全。 2. 提供某产品的作业指导书。 3. 讲解作业指导书的编制流程。 4. 指导各小组制订工作计划。 5. 组织各小组汇报制订好的工作计划并提出意见。	1. 分析任务的详细需求，小组成员一起评估此项任务需求的相关资料，若缺少资料应该找途径获得。 2. 学习企业以前编制的作业指导书模板。 3. 分解编制作业指导书的工作内容及步骤。工作环节内容可分为：拆解样机、组装样机、记录装配顺序、制作装配流程示意图、填写工序内容等。 4. 明确小组内人员分工及职责，估算阶段性工作时间及具体日期安排，制订工作计划文本并获得审定。工作计划内容包括工作环节内容、人员分工、工作要求、时间安排等要素。 5. 展示汇报工作计划表，针对教师及他人的合理意见进行修订后定稿。	1. 完成作业指导书的资料是否齐全。 2. 作业指导书各要素是否明确。 3. 作业指导书的编制流程是否清晰。 4. 工作计划表是否合理。

课时： 1 课时

1. 硬资源：蓝牙音箱等。
2. 软资源：AutoCAD 软件、Creo 软件、办公软件、工作页、蓝牙音箱的 3D 图纸、作业指导书纸、企业内部作业指导书的模板文件等。
3. 教学设施：计算机、投影仪、一体机、白板、荧光笔等。

工作子步骤	教师活动	学生活动	评价
1. 拆解样机，了解样机各零件的装配关系。	1. 讲解拆解注意事项，组织学生分小组领取蓝牙音箱以及拆解工具进行拆解，拆解过程中巡回指导，要求学生遵守 8S 管理要求。 2. 用 PPT 展示零部件清单信息。	1. 拆解蓝牙音箱，先进行拍照备份，合理选择拆解工具（螺丝刀、手套）对样机进行拆解，根据样机的结构特征分模块拆解，了解物料清单中各零件之间的装配关系，每一个拆解步骤都需要拍照记录，规范摆放零件，记录拆解顺序，拆解过程中遵守 8S 管理要求。 2. 按照物料清单中的部件名称对应编号，制作一份零部件清单（包括外形、名称、编号、相连接的部件等信息），并按指定路径进行保存。	1. 拆解是否遵守 8S 管理要求。 2. 拆解过程是否有记录，零部件清单信息是否全面。
课时： 2 课时 1. 硬资源：蓝牙音箱、机械制图教材等。 2. 软资源：AutoCAD 软件、Creo 软件、办公软件、工作页、蓝牙音箱的 3D 图纸、作业指导书、企业内部作业指导书的模板文件等。 3. 教学设施：计算机、投影仪、一体机、白板、荧光笔等。			
2. 组装样机，记录组装顺序。	1. 用 PPT 讲解装配技巧、蓝牙音箱各工序的装配内容以及技术要求。 2. 视频讲解电动螺丝刀的正确使用方法。 3. 组织各小组进行组装竞赛，检查各工序的装配内容以及技术要求是否记录在组装顺序记录表中。	1. 学习装配技巧（如先组装模块、再组装整机、装配先后顺序等）、各工序的装配内容及技术要求。 2. 对每一个组装步骤进行拍照记录，记录好各工位的装配工时以及各工序使用电动螺丝刀需设置的扭力大小，并在计算机指定位置建立文件夹进行保存。 3. 各小组进行组装竞赛，并将各工序的装配内容以及技术要求记录在组装顺序记录表中。	1. 各工序的装配内容以及技术要求是否明确。 2. 电动螺丝刀是否使用正确。 3. 各工序的装配内容以及技术要求是否记录在组装顺序记录表中。
课时： 4 课时 1. 硬资源：蓝牙音箱、机械制图教材等。 2. 软资源：AutoCAD 软件、Creo 软件、办公软件、工作页、蓝牙音箱的 3D 图纸、作业指导书纸、企业内部作业指导书的模板文件等。 3. 教学设施：计算机、投影仪、一体机、白板、荧光笔等。			

学习任务 4：作业指导书编制

1 明确任务，获取作业指导书相关信息 → 2 创建作业指导书模板文件 → 3 编制作业指导书 → 4 成果审核及验收 → 5 总结评价

编制作业指导书

工作子步骤	教师活动	学生活动	评价
3. 制作封面	1. 要求学生按指定保存路径保存文件名为“蓝牙音箱作业指导书”的 Word 文档。 2. 演示作业指导书封面文档的创建过程。	1. 使用 Word 办公软件创建空白文档，命名为“蓝牙音箱作业指导书”，按指定路径保存文件。 2. 参考企业作业指导书模板文件创建封面，封面信息包括作业名称、版本号、岗位名称、编制人、审核人等必要信息。	1. 文件名称是否正确、文件保存路径是否正确。 2. 作业指导书的封面信息是否完整。
课时： 2 课时 1. 硬资源：蓝牙音箱、机械制图教材等。 2. 软资源：AutoCAD 软件、Creo 软件、办公软件、工作页、蓝牙音箱的 3D 图纸、作业指导书纸、企业内部作业指导书的模板文件等。 3. 教学设施：计算机、投影仪、一体机、白板、荧光笔等。			
4. 制作装配流程示意图。	1. 演示 Word 中框架流程图的制作，并巡回指导学生完成制作装配流程示意图。 2. 组织各小组展示汇报装配流程示意图并提出意见。	1. 各小组根据产品整机结构装配设计要求、整机爆炸装配图、组装顺序记录表等，使用办公软件将模块各组件装配关系整理成合理的装配流程示意图并进行保存。 2. 各小组展示汇报装配流程示意图。	1. 是否会使用办公软件绘制流程图。 2. 装配流程示意图是否清晰准确。
课时： 4 课时 1. 硬资源：蓝牙音箱、机械制图教材等。 2. 软资源：AutoCAD 软件、Creo 软件、办公软件、工作页、蓝牙音箱的 3D 图纸、作业指导书纸、企业内部作业指导书的模板文件等。 3. 教学设施：计算机、投影仪、一体机、白板、荧光笔等。			
5. 根据装配流程图填写各工序内容。	1. 演示某一个工序内容的填写，包括所需的物料名称、数量、工序（步）内容及要求、工序注意事项、设备 / 工具(电动螺丝刀、扭力)、装配工时等，巡回指导各小组完成每一个工序的内容填写。 2. 讲解外观检查的基本内容并巡回指导。 3. 讲解包装内容以及要求并巡回指导。	1. 根据装配流程图填写各工序内容，依次填写各装配工序所需的物料名称、数量、工序（步）内容及要求、工序注意事项、设备 / 工具（电动螺丝刀、扭力）、装配工时等，插入装配过程中记录的图片，并编写说明文字。 2. 编写外观检查，填写检测内容及技术要求、检测方法、检验器具（名称、规格及精度），全检 / 抽检。 3. 编写包装要求，填写包装内容及要求。	1. 各装配工序的内容填写是否完整。 2. 外观检查的内容是否完整。 3. 包装内容是否完整。
课时： 4 课时 1. 硬资源：蓝牙音箱、机械制图教材等。 2. 软资源：AutoCAD 软件、Creo 软件、办公软件、工作页、蓝牙音箱的 3D 图纸、作业指导书纸、企业内部作业指导书的模板文件等。 3. 教学设施：计算机、投影仪、一体机、白板、荧光笔等。			

	工作子步骤	教师活动	学生活动	评价
成果审核及验收	成果审核验收	1. 组织小组互审作业指导书初稿。 2. 审核各组的作业指导书。	1. 小组对照样机逐项检查各装配工位是否遗漏，示意图是否合理清晰，工序（步）内容要求及注意事项是否全面。工位排序是否合理。在自我检查后的作业指导书中签名。 2. 各组将绘制好的作业指导书与其他组的作业指导书交换进行审核，如有不符项、不同项，各组应该对其评审的组进行记录以及批改，期间保留所有审核记录。 3. 各小组将互审和修改后的作业指导书提交给教师作初步审核，并且附上各组的修改记录表。	1. 能否正确指出作业指导书中存在的问题并进行标注。 2. 是否根据教师意见对作业指导书进行修改。
	课时： 1 课时 1. 硬资源：蓝牙音箱、机械制图教材等。 2. 软资源：AutoCAD 软件、Creo 软件、办公软件、工作页、蓝牙音箱的 3D 图纸、作业指导书纸、企业内部作业指导书的模板文件等。 3. 教学设施：计算机、投影仪、一体机、白板、荧光笔等。			
总结评价	总结评价	1. 组织学生以小组为单位进行汇报展示。 2. 组织学生填写评价表，对各小组的表现进行点评。 3. 强化保密意识。	1. 以小组为单位制作一份 PPT，总结在本次任务过程中遇到的困难及解决方法。 2. 填写评价表，完成整个学习任务各环节的自评和互评。 3. 在编制作业指导书的过程中，相关资料不能外传。	1.PPT 内容是否丰富、表达是否清晰。 2. 评价表填写是否完整
	课时： 1 课时 1. 硬资源：蓝牙音箱、机械制图教材等。 2. 软资源：AutoCAD 软件、Creo 软件、办公软件、工作页、蓝牙音箱的 3D 图纸、作业指导书纸、企业内部作业指导书的模板文件等。 3. 教学设施：计算机、投影仪、一体机、白板、荧光笔等。			

课程 7.《技术文件编制》

考核标准

对讲机的技术文件编制

情境描述:

某企业现需开发一款对讲机，准备进行小批量试产，在小批量试产前需要编制对讲机的技术文件，包括物料清单、模具清单、工程图以及作业指导书，以便指导装配生产中的工位排序、物料及工具准备、工位操作规范及要求、组装方法、包装、检验等。企业提供了对讲机的样机、对讲机的物料清单、产品装配爆炸图、整机工艺要求以及企业内部作业指导书文件模板等资料，要求在一周内完成技术文件的编制工作，不外传企业的技术文件。

任务要求:

根据上述任务要求制订一份尽可能翔实的能完成此次任务的工作方案，并完成对讲机技术文件的编制工作，验收合格的技术文件将进入该企业岗位技术文件数据库。

具体任务要求如下：

一、纸笔测试

1. 详细说明物料清单的作用及各组成要素；
2. 详细说明模具清单的作用及各组成要素；
3. 详细说明零件工程图与装配工程图的作用及各组成要素；
4. 详细说明作业指导书的作用及各组成要素。

二、任务实操

编制出对讲机的物料清单、模具清单、工程图、作业指导书等技术文件。

参考资料:

完成上述任务时，你可能使用专业教材、网络资源、《机械设计手册》《机械制图国家标准》《AutoCAD 国家标准》《计算机安全操作规程》、机房管理条例等参考资料。

评价方式:

一、实操测试考核说明

1. 实操测试内容：制作模板文件 + 任务实操。
2. 实操测试时间：模板文件制订（2 课时）+ 任务操作（8 课时）。
3. 实操测试成绩: 模板文件（占 20%）+ 任务实操（占 80%）。
4. 具体考核要求：

（1）签订保密协议，不外传企业的样板文件，根据企业提供的样板文件制作物料清单、模具清单、工程图、作业指导书等文件的空白模板文件。

（2）在空白模板文件的基础上完成物料清单、模具清单、工程图、作业指导书等技术文件的编制。

任务实操引导及作业记录表

实操任务摸描述	编制物料清单、模具清单、工程图、作业指导书	
项 目	**作业记录内容**	**备 注**
1. 制作物料清单模板文件	1. 使用 Excel 办公软件制作物料清单的模板文件，并按原文件名保存在以你名字命名的文件夹中	提交成果的时候提交整个以你名字命名的文件夹
2. 制作对讲机的物料清单	2. 根据参考文件制作出对讲机的物料清单，以原文件名保存在以你名字命名的文件夹中	
3. 制作模具清单模板文件	3. 使用 Excel 办公软件制作模具清单的模板文件，并按原文件名保存在以你名字命名的文件夹中	
4. 制作对讲机的模具清单	4. 根据参考文件制作对讲机的物料清单，以原文件名保存在以你名字命名的文件夹中	
5. 编制对讲机的工程图	5. 根据提供的三维模型完成对讲机指定零件的工程图，在以你名字命名的文件夹中创建一个“对讲机工程图”的文件夹，并将指定零件以原文件命名保存在此文件夹中	
6. 制作对讲机的作业指导书	6. 根据参考文件制作对讲机的作业指导书，以原文件名保存在以你名字命名的文件夹中	

考核标准

纸笔测试（方案设计）评分表（总分 20）

考 核 内 容	评分细则	配分	得分
1. 物料清单的作用及各组成要素	1. 详细说明物料清单的作用（3 分）； 2. 各组成要素全面（2 分）	5	
2. 模具清单的作用及各组成要素	1. 详细说明模具清单的作用（3 分）； 2. 各组成要素全面（2 分）	5	
3. 零件工程图与装配工程图的作用及各组成要素	1. 详细说明零件工程图与装配工程图的作用（3 分）； 2. 各组成要素全面（2 分）	5	
4. 作业指导书的作用及各组成要素	1. 详细说明作业指导书的作用（3 分）； 2. 各组成要素全面（2 分）	5	

实操测试评分表（总分 80 分）

班级：________________ 姓名：________________

成绩：________________

序号	项目	操作内容	配分	评分标准	扣分
1	编制物料清单	1. 使用 Excel 办公软件制作物料清单的模板文件，并按原文件名保存在以你名字命名的文件夹中 2. 根据参考文件制作对讲机的物料清单，以原文件名保存在以你名字命名的文件夹中	20	1. 物料清单表格各要素是否齐全（5 分）； 2. 格式是否正确（5 分）； 3. 内容是否全面（10 分）	
2	编制模具清单	1. 使用 Excel 办公软件制作模具清单的模板文件，并按原文件名保存在以你名字命名的文件夹中； 2. 根据参考文件制作对讲机的物料清单，以原文件名保存在以你名字命名的文件夹中	20	1. 模具清单表格各要素是否齐全（5 分）； 2. 格式是否正确（5 分）； 3. 内容是否全面（10 分）	
3	编制工程图	1. 根据提供的三维模型完成对讲机指定零件的工程图，在以你名字命名的文件夹中创建一个“对讲机工程图”的文件夹，并将指定零件以原文件命名保存在此文件夹中	20	1. 是否从装配体拆解出指定的各零件三维模型（5 分）； 2. 工程图是否正确（10 分）； 3. 尺寸标注是否规范（5 分）	
4	编制作业指导书	1. 根据参考文件使用 Word 办公软件制作对讲机的作业指导书，以原文件名保存在以你名字命名的文件夹中	20	1. 作业指导书各要素是否齐全（5 分）； 2. 格式是否正确（5 分）； 3. 内容是否全面（10 分）	
	合计				

学习任务：USB 电动小风扇

任务描述

学习任务课时：100 课时

任务情境：

某电器厂通过市场调查发现 USB 电动小风扇市场巨大，准备设计一款外观时尚、便携的 USB 电动小风扇。现在委托你们工业设计工作室进行产品设计，于是你们组建项目团队，全力开发便携微型风扇。

根据委托方的要求，具有卡通熊猫外形的充电小风扇产品包括以下功能：

1. 该款风扇具有薄膜按键、可调风速等功能。
2. 风扇叶顶部到格栅的距离不小于 9 mm、前后壳的止口（高度为 1.25 mm，厚度 0.8 mm、间隙 0.1 mm）、设计周期、通用件要求等。
3. 外观时尚、方便携带，可以满足公众日常出行需要。
4. 可以根据客户需求定制化不同外观以及结构。

在未来的 5 周时间内，将在创业导师的帮助下，讨论项目的可行性、规划项目的设计思路、挖掘小风扇产品的目标客户群、拟定推广方式，并完成市场调研、设计商业模式、撰写商业计划书、策划和实施项目、融资路演等过程，要求完成最少一个小风扇的设计和制作。

具体要求见下页。

专创融合学习任务

学习内容

专业知识与技能	1.1 服务对象的确定； 1.2 主营业务的确定； 1.3 涉及的技术要求汇总； 1.4 团队的组建与人员分工。	2.1 专业技术上的创新，包括： 结构工程师在设计过程中按照塑料注塑模标准《GB4169-4170》、《JB/T 11703-2013》空气调节器风扇用无刷直流电动机行业标准、装配工艺要求，通过计算机软件（Pro/E,UG,SolidWorks）进行外观模型重建、建立产品基本框架结构、外观验证、结构细化、结构自检、干涉检查。 2.2 这些技术创新点怎样形成技术壁垒： 相关发明专利、实用新型专利、外观专利、软件著作权等； 初、中、高档产品线的丰富程度。	3.1 项目技术的可行性： 为什么团队可以做这件事，有何技术优势？ 3.2 项目的技术风险： 技术力量是否足够？不够的话怎么解决？怎么保护知识产权？ 3.3 竞品的技术分析。
创新创业知识与技能	1.1 市场调查的基本知识。 1.2 制定调研方案： 确定调研对象； 选择调研形式； 编制调研问卷。 1.3 开展调研实践活动： 在线问卷调研； 线下调研； 网络大数据调研。 1.4 调研报告的撰写： 调研数据统计分析； 编写调研报告。 1.5 调研报告分享： 制作分享 PPT； 分享调研过程与结论。	2.1 市场调查的基本知识。 2.2 制定调研方案： 确定调研对象； 选择调研形式； 编制调研问卷。 2.3 开展调研实践活动： 在线问卷调研； 线下调研； 网络大数据调研。 2.4 调研报告的撰写： 调研数据统计分析； 编写调研报告。 2.5 调研报告分享： 制作分享 PPT； 分享调研过程与结论。	3. 调研项目在市场方面的可行性：为什么团队可以做这件事？有什么市场优势？ 3.2 项目在市场营销、运营管理等方面存在哪些风险？ 3.3 竞品及其市场分析。
工作环节	工作环节 1 挖掘商机 市场调研 （获取信息）	编制商业计划书 （制订计划） 工作环节 2	工作环节 3 优化商业计划书 （做出决策）
输出成果	1.1 市场调查方案； 1.2 市场调查过程材料（照片 / 录音 / 小视频）； 1.3 市场调查报告； 1.4 市场调查汇报 PPT 文稿。	2.1 商业模式画布； 2.2 商业计划书。	3.1 定稿版商业计划书。

学习任务：USB 电动小风扇

4.1 产品零件测绘； 4.2 产品建模； 4.3 机械加工类产品结构设计； 4.4 钣金成型类产品结构设计； 4.5 塑料成型类产品结构设计； 4.6 多种材料组合产品结构设计； 4.7 技术文件编制； 4.8 产品手绘。	5.1 如何测风扇设计方案是否满足顾客们的要求？ 5.2 如何填写质量工作报告？ 5.3 第一位使用者有哪些反馈？ 5.4 根据反馈进行哪些调整？ 5.5 原来预测的成本，现在有什么变化？确定新的成本预算。 5.6 定价策略是否需要调整？请确定新的定价方案。 5.7 基于成本与定价的调整，确定利润情况。 5.8 基于确定的利润情况，预测未来三年的发展规划。	6.1 总结项目有哪些技术创新点； 6.2 分析项目的成本与收益； 6.3 项目亮点在 PPT 和汇报中的体现； 6.4 路演陈述中如何介绍产品技术。
4.1 这个任务所包含的创新意识有： 创新动机：某电器厂通过市场调查发现 USB 电动小风扇市场巨大，现需要设计一款外观时尚、便携的 USB 电动小风扇。现在委托我专业进行产品设计工作。 创新兴趣：如何颠覆传统的电动小风扇设计。 创新情感：让事业结合所学专业，促进创业项目的成功。 4.2 这个学习任务所包含的创新技能有： 学习能力：对电路板、1225 型风扇（标准件）、USB 接口（标准件）进行外观建模及结构设计。 创造能力：该款风扇具有薄膜按键、可调风速等功能，根据提供的材质说明、结构特征、功能特点、外观模型、产品效果图，进行出风格栅、前后壳（柔风、噪音小）的结构设计。 4.3 这个学习任务所包含的创业精神有： 超越历史的先进性：基于传统、超越传统，需要具备良好的创新创业意识。 鲜明的时代特征：大众创业万众创新。 4.4 这个学习任务所包含的创业技能有： 自我学习能力：对电路板、1225 型风扇（标准件）USB 接口（标准件）进行外观建模及结构设计，都需要确保自身具有优秀的自我学习能力。 团队建设与管理能力：形成设计团队管理章程，确保项目按时按质有效落地。	5.1 产品的质量在创业中有什么影响？ 5.2 如何向客户承诺产品质量？ 5.3 产品质量报告需要哪些权威部门认证？ 5.4 正确把握质量与广告的关系、避免法务风险。 5.5 成本的核算。 5.6 销售定价的一般依据。 5.7 利润的计算方法。 5.8 未来发展的预测依据。	6.1 项目路演评价标准。 6.2 制作路演 PPT，提升逻辑思维能力； 6.3 完成路演环节，提升专业性的口头表达能力。 6.4 完成个人总结，培养归纳能力，养成反思及持续改善的职业习惯。 6.5 客观评价组员的任务表现。
产品设计制造 / 服务提供 （实施计划） 工作环节 4	工作环节 5 产品 / 服务 验证 （检查控制）	工作环节 6 产品 / 服务 发布 （评价反馈）
4.1 设计方案； 4.2 一款具有卡通熊猫外形的充电小风扇产品； 4.3 实施过程（照片、视频、文档）。	5.1 质量检测报告 / 总结报告。	6.6 路演资料一套（PPT 及视频）。

教学活动

学习任务：USB 电动小风扇

挖掘商机 市场调研（获取信息）

教师活动	学生活动	评价
1. 提醒学生阅读工作页上的“情境描述”。 某电器厂通过市场调查发现 USB 电动小风扇市场巨大，现需设计一款外观时尚、便携的 USB 电动小风扇。 小风扇具有卡通熊猫外形，包括以下功能： ①该款风扇具有薄膜按键、可调风速等功能。 ②风扇叶顶部到格栅的距离不小于 9 mm、前后壳的止口（高度为 1.25 mm，厚度 0.8 mm、间隙 0.1 mm）、设计周期、通用件要求等。 ③外观时尚、便携，可以满足公众日常出行需要。 ④可以根据客户需求定制化不同外观以及结构。	1. 听老师布置任务，阅读工作页上的“情境描述”， ①用荧光笔划出其中的关键词。 ②跟组员讨论关键词的含义。 ③对学习任务中存疑的地方向老师提问，直至弄清楚任务的情景。	1. 对专创融合学习任务是否理解。 2. 是否清楚创业的方向，表达是否清晰有条理。 3. 扮演顾客的，是否能清楚全面地提出自己的需求；扮演创业者的，是否能清楚全面地提供解决方案。 4. 组内人员分工是否科学合理。 6. 调研问卷的问题是否科学有效。 7. 有否开展调研实践，调研报告是否符合要求。
2. 组织学生讨论这个项目的价值主张和目标定位： 我们提供什么服务？这些服务可以解决哪些问题？谁会需要我们提供的这些服务？各组列个海报并安排人说明一下。	2. 讨论项目的价值主张和服务对象，绘制海报并安排人上台分享。把价值主张和服务对象记录在工作页上。	
3. 组织学生讨论这个项目的主营业务： 我们具体做什么？涉及哪些技术？需要哪些资源？我们有什么优势？用角色扮演来带入学生思考，提醒各组的角色分工如下： ①每两组为一对，A 组扮演消费者，向 B 组提出自己的需求（2 项）；B 组扮演工业设计工作室的经营者，向 A 组解释自己将会怎样满足对方的需求（把方案说得清晰具体），并尽量使对方满意。 ② A 组和 B 组角色互换再进行（也是 2 项）。 ③如果还能从顾客角度想出更多需求，回到①项。 ④创业者的这一组负责安排人详细记录顾客需求和针对性的解决方案。 ⑤组织学生汇总、整理记录，得出创业团队的主营业务。	3. 认真思考、激烈讨论，得出“如果我是消费者，我可能需要这家工业设计工作室给我提供哪些服务？”罗列在纸上，准备向对方提出需求。 ①听完对方的解决方案，觉得是否满意？不满意的地方继续发问，直至满意。 ②认真听取对方提出的需求，组内讨论，针对这些需求，我们可以怎样解决问题。用关键词列出解决方案，并向对方说明解决方案 ③各组的需求和解决方案汇总到一起，拼凑出创业者要提供的服务内容。记录在工作页上。	
4. 组织学生讨论团队的组建与人员分工： 创业团队一般需要哪些人员？ 谁是项目负责人？ 各位组员分别负责什么？ 给团队起个什么名字？	4. 讨论组内分工，绘制组织架构图海报并分享给其他各组（介绍一下团队），把组织架构图绘制到工作页上。	
5. 介绍市场调查在创业过程中的重要性和市场调研的基本方法。	5. 听老师介绍市场调查在创业过程中的重要性和市场调研的基本方法，补充完整工作页。	
6. 组织学生小组制订调研方案。 ①确定调研对象。 ②选择调研形式：在线问卷、纸质问卷、会议调查、网络大数据调研。 ③编制调研问卷（10 个问题，含选择题和简答题）。	6. 各组制订调研方案，编制调研问卷。	
7. 安排开展调研实践活动： ①课外时间完成，每一组最少回收 10 份有效问卷，各组的调研对象不能出现相同。对象可以包括在校的学生或教师。 ②组织各组分享调研的情况。 ③收取各组调研报告，并给出该环节的学习评价。	7. 开展调研实践活动： ①回收 10 份有效问卷； ②进行数据统计分析，得出一些结论； ③以海报或者 PPT 形式完成调研报告提纲及调研结论，向全班分享； ④ 编写调研报告并提交给老师评价。	

1. 硬资源：一体化课室等。
2. 软资源：工作页、参考教材、授课 PPT 等。

教师活动	学生活动	评价
1. 展示一份商业计划书，介绍商业计划书的一般结构，阐述商业计划书的作用，让学生对商业计划书有一个初步认识。 2. 展示一张完整的商业模式画布，简要说明商业模式画布的结构。 3. 组织学生讨论商业画布各项要素的含义。 ① 组织各组通过百度等途径，了解商业模式画布中“客户细分”的含义，提醒每组做好说明“客户细分”的准备；抽取某一组来说明“客户细分”的含义，并以本项目为例，说明“客户细分”的对象都有哪些。 ② 组织各组通过百度等途径，了解商业模式画布中“价值主张”的含义，提醒每组做好说明“价值主张”的准备；抽取某一组来说明“价值主张”的含义，并以本项目为例，说明“价值主张”是什么。 ③组织各组通过百度等途径，了解商业模式画布中“客户关系”的含义，提醒每组做好说明“客户关系”的准备；抽取某一组来说明“客户关系”的含义，并以本项目为例，说明“客户关系”有哪些。 ④组织各组通过百度等途径，了解商业模式画布中“渠道通路”的含义，提醒每组做好说明“渠道通路”的准备；抽取某一组来说明“渠道通路”的含义，并以本项目为例，说明“渠道通路”有哪些。 ⑤ 组织各组通过百度等途径，了解商业模式画布中“关键业务”的含义，提醒每组做好说明“关键业务”的准备；抽取某一组来说明“关键业务”的含义，并以本项目为例，说明“关键业务”有哪些。 ⑥ 组织各组通过百度等途径，了解商业模式画布中“核心资源”的含义，提醒每组做好说明“核心资源”的准备。 ⑦ 组织各组通过百度等途径，了解商业模式画布中“重要伙伴”的含义，提醒每组做好说明“重要伙伴”的准备；抽取某一组来说明“重要伙伴”的含义，并以本项目为例，说明“重要伙伴”有哪些。	1. 观察一个完整的商业计划书，分析商业计划书的一般结构，听老师说明商业计划书，有疑问的地方要提出来。 2. 观察一个商业模式画布案例，分析商业模式画布的一般结构，听老师说明商业模式画布，有疑问的地方要提出来。 3. 讨论商业画布各项要素的含义 ①通过百度等途径，了解商业模式画布中“客户细分”的含义，讨论本项目的“客户细分”的对象都有哪些，向其他组分享自己的看法（假如被抽到）。 ②了解商业模式画布中“价值主张”的含义，讨论本项目“价值主张”的对象都有哪些，向其他组分享自己的看法（假如被抽到）。 ③了解商业模式画布中“客户关系”的含义，讨论本项目“客户关系”的对象都有哪些，向其他组分享自己的看法（假如被抽到）。 ④了解商业模式画布中“渠道通路”的含义，讨论本项目“渠道通路”的对象都有哪些，向其他组分享自己的看法（假如被抽到）。 ⑤了解商业模式画布中“关键业务”的含义，讨论本项目“关键业务”的对象都有哪些，向其他组分享自己的看法（假如被抽到）。 ⑥了解商业模式画布中“核心资源”的含义，讨论本项目“核心资源”的对象都有哪些，向其他组分享自己的看法（假如被抽到）。 ⑦了解商业模式画布中“重要伙伴”的含义，讨论本项目“重要伙伴”的对象都有哪些，向其他组分享自己的看法（假如被抽到）。	1. 对专创融合学习任务的理解。 2. 是否清楚创业的方向？表达是否清晰有条理？ 3. 扮演顾客的，是否能清楚全面地提出自己的需求？扮演创业者的，是否能清楚全面地提供解决方案？ 4. 组内人员分工是否科学合理？ 6. 调研问卷的问题是否科学有效？ 7. 有否开展调研实践？调研报告是否符合要求？

学习任务：USB 电动小风扇

1 挖掘商机 市场调研（获取信息） → 2 编写商业计划书（制订计划） → 3 优化商业计划书（做出决策） → 4 产品设计制造 / 服务提供（实施计划） → 5 产品 / 服务验证（检查控制） → 6 产品 / 服务发布（评价反馈）

<table>
<tr><th></th><th>教师活动</th><th>学生活动</th><th>评价</th></tr>
<tr><td rowspan="2">编写商业计划书（制订计划）</td><td>⑧ 组织各组通过百度等途径，了解商业模式画布中“成本结构”的含义，提醒每组做好说明“成本结构”的准备；抽取某一组来说明“成本结构”的含义，并以本项目为例，说明“成本结构”有哪些。

⑨ 组织各组通过百度等途径，了解商业模式画布中“收入来源”的含义，提醒每组做好说明“收入来源”的准备；抽取某一组来说明“收入来源”的含义，并以本项目为例，说明“收入来源”有哪些。

4. 组织各组根据以上的讨论，绘制并展示分享商业模式画布。

5. 布置课后完成商业计划书的编写。</td><td>⑧了解商业模式画布中“成本结构”的含义，讨论本项目“成本结构”的对象都有哪些，向其他组分享自己的看法（假如被抽到）。

⑨了解商业模式画布中“收入来源”的含义，讨论本项目“收入来源”的对象都有哪些，向其他组分享自己的看法（假如被抽到）。

4. 组根据以上的讨论，绘制商业模式画布（海报），安排人上台展示与分享商业模式画布。

5. 完成商业计划书编写（课后）。</td><td></td></tr>
<tr><td colspan="3">1. 硬资源：一体化课室等。
2. 软资源：工作页、参考教材、授课 PPT、商业计划书案例等。</td></tr>
<tr><td rowspan="2">优化商业计划书（做出决策）</td><td>组织各组学生深入讨论：
1. 项目的可行性怎样？
为什么团队可以做这件事？有什么市场优势？抽取一组上台分享他们的观点。
2. 项目在市场营销、运营管理等方面存在哪些风险？抽取一组上台分享他们的观点。
3. 目前市场上有哪些类似的竞品？竞品有哪些特点？我们与之相比有哪些差异？抽取一组上台分享他们的观点。</td><td>从市场和技术的角度，深入讨论：
1. 项目的可行性怎样？
为什么团队可以做这件事？有什么市场优势？上台分享本组的观点（如果被抽到）。
2. 项目在市场营销、运营管理等方面存在哪些风险？上台分享本组的观点（如果被抽到）。
3. 目前市场上有哪些类似的竞品？竞品有哪些特点？我们与之相比有哪些差异？上台分享本组的观点（如果被抽到）。
4. 结合教师的批改和以上的讨论，修订商业计划书，提交定稿版商业计划书。</td><td>1. 评价论点是否到位；
2. 商业计划书框架是否完整。</td></tr>
<tr><td colspan="3">1. 硬资源：一体化课室等。
2. 软资源：工作页、参考教材、授课 PPT、商业计划书案例等。</td></tr>
</table>

基准课时：100

教师活动	学生活动	评价
1. 引导学生复习产品零件测绘知识 完成小风扇电机及电池的尺寸测绘。 2. 复习回顾产品建模的知识 指导各组完成小风扇外壳的建模，并组织各组进行分享。 3. 复习机械加工类产品结构设计知识 指导各组完成小风扇结构件的设计，并组织各组进行分享。 4. 塑料成型类产品结构设计 指导各组完成小风扇外壳的结构设计，并组织各组进行分享。 5. 多种材料组合产品结构设计 指导各组完成小风扇各种组合件的建模，并组织各组进行分享。 6. 技术文件编制 指导各组完成小风扇加工、装配与检测的技术文档编制，并组织各组进行分享。 7. 产品手绘 指导各组完成小风扇外观的绘画，并组织各组进行分享。	1. 产品零件测绘 完成小风扇的电机及电池的尺寸测绘，形成数据文档。 2. 产品建模 完成小风扇外壳的建模，并向其他组进行分享。 3. 机械加工类产品结构设计 完成小风扇结构件的设计，并向其他组进行分享。 4. 塑料成型类产品结构设计 完成小风扇外壳的结构设计，并向其他组进行分享。 5. 多种材料组合产品结构设计 完成小风扇各种组合件的建模，并向其他组进行分享。 6. 技术文件编制 完成小风扇加工、装配与检测的技术文档编制，并向其他组进行分享。 7. 产品手绘 完成小风扇外观的绘画，并向其他组进行分享。	1. 汇报表现。 2. 设计的可行性及工程图标准，BOM 表的完善情况。 3. 实物使用情况展示 4. 过程符合企业标准及 6S 标准。 5. 小组成员的参与度。

1. 硬资源：一体化课室等。
2. 软资源：工作页、参考教材、授课 PPT、电脑、投影等。

学习任务：USB 电动小风扇

1 挖掘商机 市场调研（获取信息） → 2 编写商业计划书（制订计划） → 3 优化商业计划书（做出决策） → 4 产品设计制造/服务提供（实施计划） → 5 产品/服务验证（检查控制） → 6 产品/服务发布（评价反馈）

优化商业计划书（做出决策）

教师活动	学生活动	评价
引导学生小组寻找种子客户进行应用体验，并收集反馈意见并进行分享。	1. 在目标客户中，找 3 位人员对小风扇设计方案提供反馈意见。 2. 根据反馈意见修改维修流程，并邀请上述 3 位用户再次提出建议，收集修改意见并再次修订。 3. 修订商业计划书中的财务分析与未来规划。	
1. 硬资源：一体化课室等。 2. 软资源：工作页、参考教材、授课 PPT 等。		
1. 说明项目路演的评价标准 2. 组织各组制作路演 PPT 并进行项目路演。 3. 布置完成个人总结，客观评价组员的任务表现。	1. 听老师介绍项目路演的评审标准，总结项目有哪些技术创新点，分析项目的成本与收益，注意项目在 PPT 和汇报中体现项目亮点。 2. 小组制作路演 PPT，从项目背景、市场分析、产品介绍、创新做法、市场定位、营销渠道、财务预测、风险预测、三年规划、团队介绍等方面进行项目路演。 3. 在工作页中填写个人工作总结，客观评价组员的任务表现。	1. 从项目的创新性、商业价值、财务分析、团队介绍、答辩情况等方面综合评价学生的路演。
1. 硬资源：一体化课室等。 2. 软资源：工作页、参考教材、授课 PPT、路演 PPT 案例、路演录像、路演技巧讲解教学视频等。		

评价方式与标准

1. 评价方式

评价方式可参照创新创业大赛的形式，或直接参加校级创新创业大赛，通过现场展示进行考核评价，各项目团队制作展示的 PPT、视频等材料，上台介绍项目的基本情况、商业价值、技术创新、商业模式、财务状况、团队分工等情况，现场评分。

2. 评委组成

由任课教师、创新创业指导中心教师、校外创业导师组成。

3. 评审标准

评审内容	评审细则	配分
商业价值	1. 符合国家产业政策、地方产业发展规划及现行法律法规相关要求。 2. 竞品分析充分，对项目的产品或者服务、技术水平、市场需求、行业发展等方面定位准确、调研清晰、分析透彻。 3. 商业模式设计可行，具备盈利能力。 4. 在竞争与合作、技术基础、产品或服务方案、资金及人员需求等方面具有实践基础。	
创新水平	1. 具备产教融合、工学结合、校企合作背景。 2. 突出原始创意和创造力，体现工匠技艺传承创新。 3. 项目设计科学，体现“四新”技术。 4. 体现面向职业、岗位技术创新、工种的创意及创新特点（如加工工艺创新、实用技术创新、产品 / 技术改良、应用性优化、民生类创新和小发明小制作等），具有低碳、环保、节能等特色。	
社会效益	1. 服务精准扶贫、农民增收、绿色发展等需要。 2. 具有示范作用，可复制可推广。 3. 具备可持续发展潜力，促进社会就业。	
团队能力	1. 团队成员的价值观、专业背景和实践经历、能力与专长、业务分工情况。 2. 指导教师、合作企业、项目顾问和其他资源的有关情况和使用计划。 3. 项目或企业的组织架构、股权结构与人员配置。	
回答问题	答辩过程中，回答问题准确、有条理。	

参考文献

[1] 人力资源社会保障部 . 计算机网络应用专业国家技能人才培养标准及一体化课程规范（试行）. 北京：中国劳动社会保障出版社，2015.

[2] 人力资源社会保障部职业能力建设司 . 国家技能人才培养标准编制指南（试行），2013.

[3] 人力资源社会保障部职业能力建设司 . 一体化课程规范开发技术规程（试行），2013.

[4] 中国就业培训技术指导中心 . 一体化课程开发指导手册：2020. 北京：中国劳动社会保障出版社，2020.

[5] 周可爱 , 梁廷波 . 钣金成型类产品结构设计 . 广东：华南理工大学出版社，2019.

[6] 张競龙 , 陈泽群 . 产品建模 . 广州：华南理工大学出版社，2019.

[7] 李爽 . 产品手绘 . 广州：华南理工大学出版社，2019.

[8] 伍平平 . 产品零件测绘 . 广州：暨南大学出版社，2018.